우리, 골목에서 만나자

01
지금 가장 뜨거운 서울

강남구 | 서초구 | 용산구 | 성동구
마포구 | 서대문구 | 종로구 | 중구

SK planet

시대공감메신저
플래닛맵

상상출판

우리, 골목에서 만나자

주머니는 가벼워도

느낌 있게 즐기는

서울 골목학 개론

우리, **골목**에서 만나자

초판 1쇄 | 2016년 10월 18일

글과 사진 | SK플래닛 대학생 체험 리포터 플리터 4기
강지현, 강하렴, 강혜지, 공정현, 곽민지, 권시아, 김나영, 김나운, 김다은, 김동언,
김민서, 김정연, 김지현, 김태경, 박윤정, 송지선, 양진호, 왕아란, 이건행, 이동현,
이병철, 이은영, 이종의, 이하영, 이현무, 임찬주, 장진화, 정준혜, 진가윤, 홍에스더, 황희덕
감수 | 조경희, 김기현, 이영진, 이진욱, 오세창, 이도연, 박영미, 이종민

발행인 겸 편집인 | 유철상
책임편집 | 장다솜
기획 | SK플래닛 마케팅본부
디자인 | 박미영
지도 및 로고 디자인 | SK플래닛 대학생 체험 리포터 플리터
교정 · 교열 | 장다솜
마케팅 | 조종삼, 조윤선
진행 | 이원탁, 김도희, 김종윤, 박하림, 노윤재

펴낸 곳 | 상상출판
주소 | 서울시 동대문구 정릉천동로 58, 103동 206호(용두동, 롯데캐슬피렌체)
구입 · 내용 문의 | 전화 02-963-9891, 070-8886-9892 팩스 02-963-9892
이메일 | cs@esangsang.co.kr
등록 | 2009년 9월 22일(제305-2010-02호)
찍은 곳 | 다라니

※ 가격은 뒤표지에 있습니다.

ISBN 979-11-86517-93-2(13980)

© 2016 SK플래닛

www.esangsang.co.kr

서울의 24개 구, 50개 골목에서 찾아낸

재기발랄 청춘들의
362개 핫 플레이스!

CONTENTS

매력적인 글로벌 거리 강남구

예술에 물든 명품거리, 마음의 부유함을 선물하다
청담동 미술거리

소스	014
CAFÉ Z	015
인터뷰 CAFÉ Z	016
미 카페토(Mi Cafeto)	017
IF 이자벨 마랑 플래그십 스토어	018
갤러리 타워 네이처포엠	018
K스타로드 & 강남돌HAUS	019

나만의 아지트, 유니크한 감성 골목 세로수길

딸부자네 불백	022
노박주스(Novac Juice)	023
틱택톡(Tic Tac Toc)	024
마이페이브리트(My Favorite)	025
인터뷰 마이페이브리트(My Favorite)	026
해야(バーグ)	027
코엑스몰	028

신나는 변화, 푸른 서초 서초구

봉쥬르, 낭만의 거리 서래마을 골목

레드 브릭(Red Brick)	034
냅킨 플리즈(NAPKIN PLEASE)	035
오뗄두스(Hôtel Douce)	036
코즈모 갤러리	037
몽마르뜨 공원	037

자연과 함께 부드러운 커피 한 잔 쉼표거리

양재 꽃시장	040
릴리블랑	041
걸 위드 벌룬	042
이노메싸	043
플라워 카페 티파니	043
어썸 그루브	044
인터뷰 어썸 그루브	045

참 예쁘고 고마운 단어 하나, 바로 '사이'
방배 사이길

마미앤모미	048
리블랑제	049
향수공방	050
인터뷰 향수공방	051
켈리(Kelly)	052
달 앤 스타일(DALL & STYLE)	053
뉴코아아울렛 강남점	054

다름을 녹여내는 문화의 용광로 용산구

알짜배기 맛 플레이 스 경리단 앞길

마루쿠식당	060
갈로할로(GALOHALO)·밀크공방·멜팅몽키	061
오베이(5BEY)	062
수향	063
더 리틀 파이(The Little Pie)	064
달려라 개미	065
인터뷰 달려라 개미	066

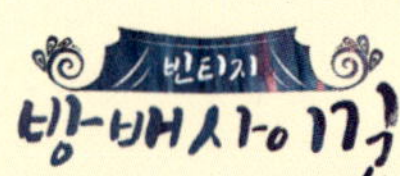

Made in the past 앤틱가구거리

지구촌　070
시소스시(SISOSUSI)　071
불독스(Bulldogs)　072
피셔맨즈(Fisherman's)　072
바바리아　073

일상에 엣지를 더하다 한남동 T자 골목

카페 노르딕(Kafe Nordic)　076
옹느세자매　076
코스믹 맨션(Cosmic Mansion)　077
[인터뷰] 코스믹 맨션　078
라운드 어바웃(Round About)　079
모모(MOMO)　080
밀이그램(Mill2gram)　081

가만히 내게 물처럼 밀려오라 성동구

'가치' 창작소 메이드 바이 성수

From SS　086
핑거팁스(Fingertips)　087
[인터뷰] 핑거팁스　088
우콘 카레　089
[인터뷰] 우콘 카레　090
그레이스톤(Graystone)　091
레 필로소피(Les Philosophy)　092
자그마치　093

앨리스가 되어봐 서울숲길

리퀴드랩　096
더 페어 스토리(The Fair Story)　097
소녀방앗간　098
더 키쉬(The Quiche)　099
언더스탠드에비뉴(Under Stand Avenue)　099
하트 앤 애로우　100
[인터뷰] 하트 앤 애로우　101
파크에비뉴 엔터식스 한양대점　102

전통의 깊이와 건강한 젊음의 관문 마포구

**청춘 에너지가 느껴지는 골목
홍대 주차장 골목(상)**

미나리 식당　108
미미네 떡볶이　108
코노미　109
[인터뷰] 코노미　110
트릭아이 미술관　111
득템마켓　112
홍대 놀이터 예술시장　113

**독특한 감성의 거리, 감각을 느끼다
홍대 주차장 골목(하)**

그날그날　116
[인터뷰] 그날그날　117
홍대 개미　118
수지앤파스타　119
405 COFFEE　120
aA디자인 뮤지엄　121

CONTENTS

아날로그 감성을 느끼다
망원동 느리게 걷는 골목

주오일식당　124
소쿠리　125
시들지 않는 정원　125
카페 부부(CAFE BUBU)　126
일렌토(il Lento)　127
060 버거앤비어　128
인터뷰 060 버거앤비어　129

여유와 낭만을 즐기다
당인리 발전소 골목

메르시네코　132
인터뷰 메르시네코　133
민혁이네 외국포차　134
카페 루프　135
상수동블루스　136
바로그림　136
베로니카 이펙트　137

나만의 아지트를 찾다
홍대 커피프린스 골목

마켓 밤삼킨별　140
아오이토리(AOITORI)　141
소년식당　142
인터뷰 소년식당　143
소소한 술집　144
뽈랄라 수집관　144
가챠샵　145

우리의 역사에 희망을 불어넣는 서대문구

모두가 하나 되는 청춘 교차로 신촌명물거리

뉴욕비앤씨(뉴욕B&C)　150
대포찜닭　151
하나　152
인터뷰 하나　153
연대포　154
팝 컨테이너(POP CONTAINER)　155

시간이 머무는 거리 연희동 카페골목

밀스(MEAL'S)　158
인터뷰 밀스　159
봉쥬르 밥상　160
인디앨리(IN D ALLEY)　161
뱅센느(Vincennes)　162
보스토크(VOSTOK)　163
메리앤올리버(MARY&OLIVER)　164
준에이치 아트주얼리(Jun.H)　165

봄에 놓인 마을 홍제동 개미마을

개미마을 벽화　168
인왕산 유아숲체험장　169
솔분식　170
보다더카페　171
파덜스도넛(Father's Doughnut)　172
인터뷰 파덜스도넛　173
신림순대곱창막창　174
두 번째로 맛있는 집　175
신촌 유플렉스(U-PLEX)　176

전통미와 현대미의 공존 종로구

전통이 살아 숨쉬는 서촌, 통인시장을 품다
서촌 통인시장 골목

박노수 생가	182
대림미술관	183
통인동 커피공방	184
효자 베이커리	185
밥+(밥 플러스)	186
인터뷰 밥+(밥 플러스)	187
하와이카레	188
인터뷰 하와이카레	189

전통에 세련을 더하다, 인사동 문화의 거리
인사동 문화의 거리

박물관은 살아 있다	192
개성만두 궁	193
반짝반짝 빛나는	194
사과나무	195

성대 앞 젊음이 살아 숨쉬는 대학로
성대 앞 대학로

학림다방	198
독일주택	199
식탁의 목적	200
인터뷰 식탁의 목적	201

그 밤에도 잠들지 않는, 서울의 심장 중구

사랑이 불어오는 길 정동길

르풀	206
아하바브라카	207
마제인	208
림벅와플	209
어반가든	210
인터뷰 어반가든	211

천의 얼굴 명동거리 명동거리

명동성당	214
명동 길거리 음식	215
명동피자	216
카페코인	217
모리도너츠	218
인터뷰 모리도너츠	219

일상탈출 넘버원 광희동 중앙아시아 거리

사마리칸트	222
인터뷰 사마리칸트	223
임페리아(IMPERIA)	224
잘루스(Zaluus Mongolian Restaurant)	225
음악의 숲	226
인터뷰 음악의 숲	227

남산의 그늘에 뺨을 대보면 필동 동국대거리

파스타마켓	230
BBQ마켓	231
인터뷰 BBQ마켓	232
치아바타 몽스(Ciabatta Mong's)	234
돈천동식당	235
동대문 디자인 플라자(DDP)	236

골목.

편리함을 우선으로 신작로를 내기만 하던 우리가
모퉁이 너머를 알 수 없는 구비 진 골목을 따라 걷고,
소소하고 정감 있는 가게를 발견하고 기뻐하며,
그곳에서 여유를 찾고 새로움을 발견하고 있습니다.

디지털 시대의 앞선 혁신만을 고민하는 기업에겐 낯선 현상입니다.
아날로그적 감성에 공감하고 호응하는 우리 시대 사람들이
갈수록 많아지고 있습니다.

그리고, 기업도 그들의 감성에 함께하고 싶고, 제 몫을 다하고 싶어집니다.

사람, 소상공인, 그리고 기업.
이질적인 부류들이 서울의 골목에서 만나 친구가 되는 모습을 보며,
더 많은 분들이 골목에서 만나길 바라는 마음이 이 책의 시작이었습니다.
그리고 마침내, '시대공감메신저'를 지향하는 플래닛맵『우리, 골목에서 만나자』가
탄생했습니다.

시대의 공감과 화해를 찾아 골목 여행을 시작할 여러분들을 응원하는
아주 작은 노력인 플래닛맵과 함께
더 많은 분들의 골목 한나절 여유를 기대해 봅니다.

따뜻한 여정이 되길 바랍니다.

2016년 가을
SK플래닛 드림

강남구

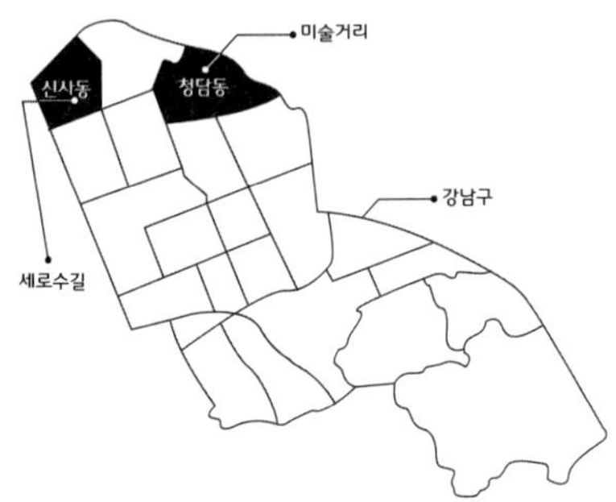

1963년, 서울에 편입될 때까지 강남은 그저 고요한 농촌 마을이었다. 1970년대 중반까지도 강남은 허허벌판이었고, 역삼동과 대치동, 말죽거리 모두 개구리가 울던 논밭이었다. 강남이 서울시로 편입된 것은 1963년 1월 1일이었다. 그러나 '무작정 상경 시대'에 서울로 몰려든 인구는 사대문 안의 도심을 중심으로 강북 지역에 집중돼 있었다. 강남 개발을 본격화시킨 것은 다름 아닌 북한과의 대립과 그로 인한 안보 불안이었다.

한강 이남에 위치해서 '강남'이란 이름이 붙은 강남구는 세계 최대 규모인 'G20 정상회의'와 '세계 핵안보 정상회의'의 성공적 개최로, 이젠 국제적인 도시로 자리매김하고 있다. 여기에 싸이의 '강남스타일' 열풍까지 더해져 그 위상이 더욱 높아지고 있다.

이야기가 담긴 강남의 거리는 균형 있는 발전을 꿈꾼다. 테헤란로의 ASEM센터 주변은 무역, 금융과 벤처, 첨단산업의 요새가 되고 있고 압구정, 청담동 지역은 패션, 예술, 영상, 애니메이션, 유통의 거리로 거듭나고 있다. 또한 삼성동, 논현동 지역은 화랑, 도예, 가구 업종이 특화된 거리로 자리 잡고 있다.

©Mr.kototo

청담동 미술거리

흔히 럭셔리의 상징이라고 불리는 청담동,
그리고 화려한 명품숍들이 즐비해
붙여진 이름, 청담동 명품거리.
아름다운 욕망으로 가득 찬 명품에
둘러싸여 있던 그 거리는 이제 그 어느 것보다도
순수한 것이 피어올랐다. 바로 예술이다.
청담동의 명품거리라는 말이 인색할 정도로 청담동은
예술의 거리로 바뀌어 가고 있다.
명품백을 들고 고급 외제차를 가지고 다니며
자신의 재력을 자랑하던 이 거리가 이제는
만 원짜리 티셔츠를 걸치고도 털털한 웃음을 짓는
젊은이들에게 마음의 부유함을 선물하는 곳으로
바뀌고 있다.
플리터 4기 왕아란, 임찬주, 장진화

GANGNAMDOL HAUS
K★ROAD
압구정로데오역
3
갤러리아백화점
table 강남고을
LF이자벨마랑
플래그십스토어
OK CASHBAG
Gallery Tower
네이처포엠
ART
BURBERRY
한국시티은행
청담사거리
CAFE
Mi cafeto
CAFE Z
소스 돈까스
청담성당
청담역
8

운치 있는 중독
소스

🏠 서울시 강남구 삼성로 16길 4
🕐 10:00~22:00(일요일 휴무)
📱 02-518-3177
🅿 주차 불가

🍴 옛날 돈가스 8,000원, 카레 돈가스 9,000원,
김치찌개 돈가스 11,000원
⭐ 포장이 가능하고 단체석과 놀이방을 제공한다.

#옛날돈까스 #푸짐함 #데이트장소 #카페인테리어

운치 있는 곳에서 찾은 중독적인 맛 '소스'는 청담동 사거리 쪽에 있는 숨은 돈가스 맛집이다. 청담역에서 나와 대로변을 따라 걸으면 바로 보이는 곳으로, 간단하고 여유 있게 식사를 해결할 수 있어 인기가 많다. 아기자기한 소품과 밝은 색감의 벽이 돈가스집이라기보다 예쁜 카페 같다는 느낌을 준다.

메뉴는 다양한데 그중에서도 특히나 단호박 돈가스, 김치찌개 돈가스가 인기메뉴다. 이 외에도 치즈 돈가스, 햄버거 가스, 옛날 돈가스 등이 준비되어 있다. 이 중에서도 옛날 돈가스는 푸짐한 양과 바삭해 보이는 튀김으로 시작해 비주얼부터 오감을 만족시킨다. 화려해 보이지는 않지만 정말 옛날 돈가스처럼 큼직한 돈가스에 새콤달콤한 맛의 소스가 얹어져 그 시절 그 맛을 떠올리게 하는 것 같다.

돈가스라는 음식 자체가 돈가스끼리 비교했을 때 맛으로는 확실한 우열을 가를 수 없는 음식이긴 하지만 소스의 돈가스는 깔끔하고 색다른 맛이 돋보인다. 언제고 다시 생각나서 들르게 되는 소스에서 자신의 취향에 맞는 돈가스를 선택해 그 맛을 음미해본다면 그 맛에 바로 중독되어 버릴 것이다.

청담동 속 홈메이드 르꼬르동블루
CAFÉ Z

🏠 서울시 강남구 삼성로 149길 3-9(101호)
🕐 10:00~21:00(일요일 휴무)
📱 02-517-4495
🅿 주차 불가

🍴 아메리카노 3,500원, 라테 4,500원,
　 당근주스 6,000원
⭐ 사장님께서 혼자 카페를 운영하시기 때문에 손님들과
　 대화를 많이 하신다. 사장님과 친해지고 맛있는 메뉴도
　 소개받는다면 일석이조!

#홈메이드디저트 #한끼식사가능 #아담한분위기 #커피한잔의여유

분위기에 취하고 홈메이드 음식에 취하는 CAFÉ Z는 청담동 사거리 부근에 위치한 작은 카페다. 큰 건물에 둘러싸여 바쁘게 돌아가는 청담동 도심 속에서 벗어나 한적한 골목에 있는 이곳은 아담하고 조용한 느낌의 카페다. 카페 자체는 크지 않지만 화이트톤 인테리어로 되어 있는 실내와 밖에 있는 조그만 테라스는 편안한 골목 카페 특유의 분위기를 지니고 있다.

카페 안에는 벽면마다 특이한 미술 액자들이 많이 걸려 있고 화분과 작은 인형으로 꾸며져 있었다. 직원이 없고 혼자서 운영하시는 카페이니만큼 곳곳에 사장님의 손때가 많이 묻어 있는 것을 느낄 수 있다.

음료와 음식은 카페의 분위기에 딱 알맞게 맛있었다. 샐러드, 샌드위치, 파스타, 음료 등 다양한 메뉴가 있는데 이 모든 것을 사장님께서 직접 만드셔서 서빙까지 해주신다. 카페 밖을 보면 'COFFEE & DESSERT HOMEMADE'라고 써져 있는데 정말로 케이크과 쿠키 하나까지 직접 만드신다고 하니 그 맛의 깊이가 남다르다.

아메리카노는 쓴맛이 강하지 않고 부드러우면서 농도가 적당했다. CAFÉ Z는 겉보기에는 여느 카페와 다를 바 없어 보이지만 사장님과 도란도란 이야기를 나누며 마시는 커피의 맛은 그 어느 곳보다 특별하다.

Q 청담동 골목에 매장을 오픈한 이유가 있나요?

이전부터 요리와 미술 쪽을 공부해서 평소에도 음식을 직접 만드는 걸 좋아했었습니다. 그러던 어느 날 동생이 본인이 살고 있는 곳의 골목길에서 카페를 해보는 것은 어떤지 물어왔어요. 청담동 골목길은 골목길의 특성 때문인지 사람들이 많지 않은 한적한 공간이었는데 그 점이 마음에 들어 동생과 상의 후 인테리어부터 시작해 손수 작업을 하며 매장을 열게 되었습니다.

Q 본인만의 운영 철학이 있으신가요?

무엇보다도 '손때'가 묻어나는 카페로 만들고 싶어요. 틀에 박힌 형식에서 벗어난 카페를 만들기 위해 처음부터 욕심내지 말고 조금씩 가자는 취지를 가지고 시작했습니다. 그렇게 시작해서 지금의 모습까지 오게 된 것 같아요. 누구나 쉽게 마실 수 있는 저렴한 커피를 만들고 싶었고 메뉴 역시 커피와 함께 간단하게 먹을 수 있는 것들을 위주로 정했습니다.

Q 골목 상권의 한계를 뛰어넘기 위해서 갖춘 경

쟁력이 있나요?

적정한 가격과 식(食)의 즐거움을 느끼게 해주기 위한 맛, 그리고 음식을 만드는 정성, 이 세 가지입니다. 특히 저를 포함해서 여성 쉐프들은 남성 쉐프들에 비해 감성적이라고 생각해요. 그렇기 때문에 저의 감성에 따라 음식의 맛이 달라지므로 맛의 균형을 맞추기 위해 노력을 많이 합니다. 전반적으로 한쪽으로 치우치지 말자는 마음가짐이 경쟁력의 핵심이라 할 수 있겠네요.

Q 고객들과 장기적인 관계는 어떻게 유지하시나요?

고객들과의 관계 유지를 위해서는 그들의 특성을 잘 파악해야 해요. 고객 대부분이 주민들이므로 항상 기본적인 관계만 유지하려고 노력합니다. 즉 너무 아는 척을 하는 것도 안 좋고 너무 무관심해도 좋지 않은 것 같아요. 일정 선을 넘지 않는 관계를 유지하려고 하는데 혼자 운영하는 카페이기 때문에 내가 카페의 주인이자 얼굴이니 아무래도 손님 개개인에 신경이 많이 쓰일 수밖에 없는 건 사실이에요.

마음에 꽃을 피우는 음미
미 카페토(Mi Cafeto)

🏠 서울시 강남구 도산대로 454 청담휴먼스타빌
🕙 10:00~20:00
📱 02-3445-5100
🅿 발렛 주차

🍴 핸드드립 콜롬비아나 5,500원, 아메리카노 4,800원, 카페라테 6,000원
⭐ 카페에 전시 중인 작품은 시즌마다 바뀐다.

#청담동이색카페 #갤러리카페 #온돌침대 #분위기좋은카페 #고급원두

커피와 함께 예술을 음미하는 갤러리 카페 Mi Cafeto는 일본의 유명 프리미엄 커피 브랜드이다. 바로 여기 청담동 미술거리에 위치해있는 Mi Cafeto는 유일한 한국 지점으로 아직 국내에 소개되지 않은 품종의 고급 원두를 선보이고 있다. 이곳에 오는 사람들은 카페에서는 보기 힘든, 온돌 침대 위에 앉아 뜨뜻하게 올라오는 열기에 몸을 녹이고 은은하게 피어오르는 카페인 향에 취해 카페 내부 곳곳에 전시되어 있는 미술 작품을 감상한다.

찾아가는 미술관이라는 콘셉트의 전시로 생활과 연관된 다양한 공간에서 누구나 부담 없이 편하게 작품을 감상하며 소장의 기쁨을 누릴 수 있게 하겠다는 취지로 만들어진 이 공간은 '리스톤'이라는 온돌 침대 가구점과 콜라보로 인테리어해 감각적인 분위기를 연출하고 있다. 맛있는 커피와 함께 음미하는 예술, 뜨뜻한 온돌 침대까지 5천 원이면 이 모든 것을 누릴 수 있다는 것이 새삼 놀라울 뿐이다. 마음의 꽃을 피우기에 이보다 더 따뜻한 온실이 또 어디 있으랴.

내가 바로 톱 모델
IF 이자벨 마랑 플래그십 스토어

🏠 서울시 강남구 압구정로 80길 6
🕐 11:00~20:00
📱 02-516-3737
🅿 건물 앞 주차장 이용

#이자벨마랑 #파리지앵 #청담플래그십스토어 #에뜨왈

청담에서 파리지앵으로 태어나다 IF 이자벨 마랑은 LG패션의 국내 첫 플래그숍 스토어다. 한적한 골목에 있어 부담 없이 들어갈 수 있는 것이 장점이다.

'이자벨 마랑'은 프랑스 출신의 차세대 여성 디자이너로, 파리패션위크숍 시즌마다 관심을 모으고 있으며 프랑스 파리지앵의 자신감과 아름다움을 럭셔리 스타일과 빈티지한 멋으로 표현한다. 20~40대 여성을 주 타깃으로 하고 있으며, 현재 파리 시내의 단독 매장 이외에 '라파예트', '프랭탕' 등 유명 백화점에 입점해 있다. 중국, 일본 등에서도 최근에 마련된 플래그십 스토어를 중심으로 빠르게 성장하고 있다.

청담동의 아트 페스티벌
갤러리 타워 네이처포엠

🏠 서울시 강남구 압구정로 461
🕐 09:00~19:00
🅿 네이처포엠 민영 주차장(08:00~23:00 /
　최초 1시간 6,000원, 추가 1시간당 600원)
⭐ 요일이나 기간에 따라 오픈 준비 중이거나 휴관인
　갤러리들이 있으니 미리 확인해보고 가야 한다.

#청담동갤러리 #박여숙화랑 #365일아트페스티벌중

마음을 부유하게 채워주는 아트 페스티벌 청담동 네이처포엠은 미술 거리에 있는 미술복합단지와 같은 곳이다. 6층 규모의 건물에는 10여 개가 넘는 다양한 갤러리가 있는데, 그중 지금의 청담동 미술거리를 있게 만든 원조 갤러리 박여숙 화랑과 조현화랑 등 유명 갤러리들이 이곳에 자리하고 있다.

건물 전체가 유닛 형태로 구성되어 있어 다양한 갤러리의 작품을 감상할 수 있다. 그러다 보면 마치 하나의 큰 예술 축제에 온 듯한 느낌이 든다. 그 안에는 아름다운 풍경이 있고 우리들의 아픔과 기쁨도 있으며 과거와 현재, 미래가 다양한 차원으로 존재하고 있다.

한류의 중심지 스타일리시 로드
K스타로드 & 강남돌HAUS

🏠 갤러리아 백화점 명품관부터 압구정과 청담동 일대
　약 1km 구간
🕐 강남돌HAUS 10:00~19:00
📱 강남돌HAUS 02-3445-0111

🅿 주차 불가
⭐ 좋아하는 스타의 강남돌과 인증샷을 찍어보자

#K스타로드 #강남돌 #압구정로데오 #갤러리아백화점 #한류

한류스타거리, 즉 K스타로드는 대형 연예 기획사가 주를 이루고 있는 청담동 일대를 의미한다. K스타로드는 꼭 외국인 관광객을 위한 것이라기보다는 K-POP을 좋아하는 모두를 위한 거리이며 누구나 부담 없이 걸으며 즐길 수 있는 거리이다.

강남구는 '강남돌'이라는 캐릭터를 활용해 아이돌 인형을 제작하여 한류 스타의 이야기가 담긴 K스타로드를 조성했다. 강남에 있는 아이돌의 인형이라는 의미를 지닌 '강남돌'은 형태는 유지하되 외관 색상의 변화를 통해 다양한 캐릭터를 만들 수 있는 아트토이이다. 압구정 갤러리아 백화점 동관에 설치된 대형 강남돌을 시작으로 K스타로드가 시작된다. 바닥에 그려진 삼색선을 따라 한 걸음씩 걷다보면 도로면을 따라 한류 아이들을 표현한 강남돌들을 구경할 수 있다. 지하철 분당선 압구정로데오역 2번 출구에는 강남돌HAUS가 있는데 이곳에서는 강남돌을 축소해 아기자기한 토이로 판매하고 있다.

세로수길

유행의 산실로 불리우던 가로수길의
비싼 임대료와 경쟁을 피해
좀 더 아늑하고 조용한 골목길을
선택한 사람들이 모여
그들만의 개성이 담긴 가게를 만들었다.
그렇게 하나둘 각자의 매력을 드러내며
생겨난 가게들로 만들어진 가로수길 옆,
또 다른 트렌드 골목 세로수길.
나만의 아지트, 나만의 독특한 감성을
만족시킬 특별한 장소를
찾아 헤매는 이들에게 개성 넘치는
세로수길은 바람이 살랑이는
아늑한 사랑채 같은 곳이 되고 있다.

플리터 4기 왕아란, 임찬주, 장진화

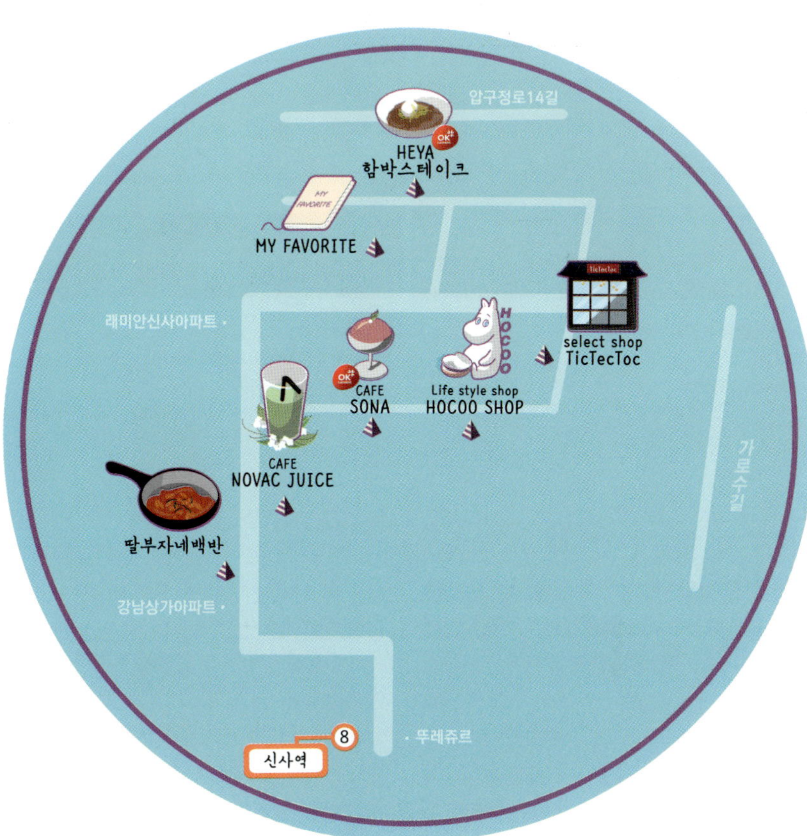
압구정로14길
HEYA
함박스테이크
MY FAVORITE
래미안신사아파트
TicTecToc
select shop
TicTecToc
HOCOO
CAFE
SONA
Life style shop
HOCOO SHOP
CAFE
NOVAC JUICE
가로수길
딸부자네백반
강남상가아파트
신사역
8
뚜레쥬르

24시간 언제든지 한 상 가득
딸부자네 불백

서울시 강남구 강남대로 158길 21
24시간
02-3444-3295

주차 가능
딸불백 7,000원, 소불백 9,000원, 낙지 8,000원,
김치찌개 7,000원

#세로수길맛집 #불백 #딸부자네불백 #24시맛집

남녀노소 중독되는 한 상 가득 '딸부자네 불백'은 세로수길에 있는 24시간 불백집이다. 예쁜 인테리어의 카페 사이에 털털한 인테리어로 손님들을 반기는 이곳의 불백은 정말 꿀맛이다. 그 인테리어 덕분인지 이곳은 오히려 남녀노소 부담 없이 올 수 있는 명소가 되었다. 커플뿐만 아니라 외국인 관광객은 물론 지나가던 아저씨들도 모두 같은 맛을 맛보고 즐기고 있다. 정감 가는 내부가 발길을 이끈다.

이곳의 상차림은 불백을 주문하면 옛날 도시락통에 든 밥과 그 위에 계란프라이를 얹어 주고 뚝배기에 끓인 구수한 된장찌개와 부들부들한 뚝배기 계란찜이 함께한다. 거기에 옛날식 도시락을 만들어 먹을 수 있도록 볶은 김치와 김 가루도 함께 주는 센스가 돋보인다.

도시락 뚜껑을 열면 그 안에서 윤기가 흐르는 하얀 계란프라이가 반기고 그 위에 고기 한 점 올려 입속으로 넣으면 정말 끝내주는 맛이다. 요즘 이곳저곳 양식 음식점들이 많은 가운데 편하고 든든하게 한 끼를 해결할 수 있는 한식집을 찾는다면 정말 추천해주고 싶은 곳이다.

세로수길의 조그만 정원
노박주스(Novac Juice)

🏠 서울시 강남구 강남대로 162길 20
🕐 08:00~20:00(일요일 휴무)
📱 02-6407-9616
🅿 주차 불가

🍴 노박주스 6,800원~, 아메리카노 4,000원,
　아보카도 파니니 6,300원
⭐ 배달도 가능하다

#건강주스 #세로수길분위기좋은카페 #힐링장소

자연의 푸른 내음, 건강한 푸른 맛 노박주스는 이 가게의 이름이자 대표 메뉴이다. 세로수길 작은 골목에 있는 가게는 건강 주스인 착즙 주스를 파는 곳이다. 자연의 재료를 이용해 주스를 만드는 곳이어서 그런지 결이 예쁘게 진 나무 가구들과 그 사이로 큼지막한 이파리를 자랑하는 식물들, 더불어 아기자기한 꽃과 화분들이 저마다의 향긋하고 싱그러운 향기를 뿜내 가게 자체가 하나의 자연인 것처럼 느껴진다. 가게에 배어 있는 자연의 향과 은은하게 퍼지는 촛불의 빛은 눈앞에 몽환의 숲을 만들어낸다.

이곳에서 먹는 신선한 야채와 과일로 만든 건강한 주스, 그리고 즉석에서 만드는 파니니는 향긋하고 싱그러운 자연의 맛 그 자체다. 도심 속에서 자연의 푸름을 느끼고 싶다면, 몸과 마음까지 푸르게 채워 줄 노박주스로 오는 것이 어떨까.

세로수길의 아늑한 다락방
틱택톡(Tic Tac Toc)

서울시 강남구 강남대로 162길 45

13:00~22:00

070-7527-8612

주차 불가

아트 캔버스 30,000원~, 아티스트 폰 케이스 20,000원~, 드라이 플라워 엽서 3,000~8,000원

인터넷 쇼핑몰(www.tictectoc.co.kr)도 운영 중이며 최근에는 북촌에 2호점을 오픈했다.

#선물사기좋은곳 #나만의인테리어 #세로수길편집숍 #세로수길소품숍

빈티지한 감성을 채워줄 아트 편집숍 세로수길에 작지만 외관부터 심상치 않은 틱택톡이 있다. 이곳은 그래픽 디자인 및 현대 작가의 예술 작품을 아트 상품으로 판매할 뿐만 아니라 다양한 수제 공예품과 소품을 판매하는 곳이다.

아트 상품과 핸드메이드 제품을 판매하는 곳이어서 그런지, 세로수길에 트렌디함을 자랑하는 모던한 편집숍들과는 달리, 앤티크한 분위기와 어두운 실내를 은은히 밝히는 조명이 기억 저 편에 잊혔던 다락방에 온 듯한 정서적 아늑함을 선사한다.

들어서자마자 예쁜 향을 풍기며 놓여 있던 드라이 플라워부터 멋스러운 한마디를 건네는 캘리그라피 엽서, 아기자기한 수제공예품, 추억의 LP판, 팝적이면서도 감성적인 아트 캔버스 등 가게 안을 구경하고 있으니 진열되어 있는 소품 하나하나가 아날로그에 젖은 감성을 새록새록 피어오르게 한다. 프랜차이즈가 넘쳐나는 요즘 유니크한 나만의 빈티지한 감성을 틱택톡에서 채워보는 건 어떨까?

나의 숨은 보물 창고
마이페이브리트(My Favorite)

🏠 서울시 강남구압구정로 4길 27-5
🕐 13:00~19:00(주말 휴무)
📱 02-544-9319

🅿 주차 불가
🌐 www.alicesugar.com

#보물창고 #이색서적 #마니아중마니아 #컬렉션

세로수길의 숨은 보물 창고 세로수길 골목에 있는 '마이페이브리트'는 빈티지 장난감과 팝업북을 판매하는 곳이다. 주인의 색깔이 그대로 묻어나는 이 작은 상점은 문을 열자마자 양옆으로 다양한 책들과 아기자기하고 특이한 장난감들로 가득 차 있으며 전반적으로 오랜 역사가 느껴진다. 상점 안의 구조가 특이하면서도 이곳에 딱 적합한 배치라는 생각이 든다.

건축, 디자인, 푸드, 사진 등 장르를 가리지 않고 구비된 서적들부터 한정판 장난감들, 120년 전 기법을 이용해 만들어진 아트북까지, 이 분야에 문외한인 사람들도 신기한 물건의 자태에 눈이 휘둥그레질 수밖에 없다. 예술적 안목과 취향을 가진 사람들에게 이곳은 보물 창고 같은 곳이다. '마이페이브리트'의 단골은 이곳을 운영하는 시인 배용태씨의 안목을 믿는다. 원산지에서 살 수 있는 물건들도 굳이 이곳까지 와서 구매하는 이유는 손님들의 취향에 맞추어 좋은 제품을 엄선하여 선정해 판매하고 있는 주인을 신뢰하기 때문.

다양한 제품들이 수시로 나가고 들어오기 때문에 따끈따끈한 신상에 주목하자. 유년시절 속 만화영화에 대한 향수를 가지고 있거나 다른 곳에서 볼 수 없는 특색 있는 서적들, 아기자기한 피규어들에 관심이 있다면 부지런히 발걸음을 옮겨 좋은 물건들을 놓치지 말자.

나의 숨은 보물 창고
마이페이브리트(My Favorite)

다른 곳에서 쉽게 찾을 수 없는, 구하기 힘든 물건들을 한 곳에 모아놓은 곳이 있다. 바로 세로수길의 '마이페이브리트'이다. 손님들이 북적거리지는 않지만 한 번 이곳에 들어온 사람이라면 인정하는 마니아 중 마니아들의 보물 창고 같은 이곳! 이곳을 운영 하신지도 어느 덧 11년. 오랜 시간 동안 본인만의 색깔로 매장을 운영하신 배용태 시인을 만나보았다.

2~3개월에 한 번씩 방문해 직접 보고 물건을 선택합니다. 그 외에도 잘 알려진 대형사이트가 아닌 해외의 다양한 서적 사이트를 즐겨찾기에 추가해 수시로 들어가서 확인하기도 하죠. 그렇게 한지도 벌써 11년 정도가 되었는데 그래도 옛날에 비해 책을 찾기가 쉬워져 편리해졌다는 느낌을 많이 받고 있습니다.

Q 특별한 타깃 고객층이 있나요? 고객과의 장기적인 관계는 어떻게 유지하시나요?

굳이 따지자면 대체로 전문직에 종사하시는 분들께서 많이 오시는 것 같아요. 예를 들어 미술 분야의 사람들이 자신의 일 때문에 그림책을 사 간다든가 그 분야에서 공부를 하거나 참고하는 등의 쓸 일이 생겨 구매하는 경우가 많습니다. 고객과의 관계 유지 같은 경우는 손님들과의 커뮤니케이션을 많이 하는 편이에요. 단골손님들 같은 경우에는 그분들의 성향을 이미 잘 알고 있기 때문에 새로운 물건이나 책이 들어오면 먼저 문자를 보내 추천을 해드리기도 합니다. 전반적으로 쌍방향 커뮤니케이션이 잘 이루어져야 하죠.

Q 세로수길 골목에 매장을 오픈한 이유가 있나요?

처음 시작할 땐 가로수길이었으나 임대료가 많이 올라 다른 곳을 알아봐야 했었습니다. 가로수길 근처로 알아보던 중에 단골손님의 제안으로 세로수길 쪽으로 옮기게 되었습니다.

Q 창업을 한 취지와 매장을 운영하면서 얻게 된 본인만의 철학이 있으신가요?

손님들의 기호에 맞게 판매하거나 추천을 해드립니다. 일본에는 우리나라에 없는 책들이 많아

Q 향후 목표가 있다면 어떤 것인가요?

이곳은 제가 하고 싶은 것, 좋아하는 일을 할 수 있는 곳입니다. 국문과를 졸업해 이전에 전시도 몇 번하고 책을 출판했던 적이 있는데 올해엔 10년 동안 이곳을 운영하면서 직접 수집하고 판매했던 책들을 소개하는 내용의 책을 출간하려 합니다. 책을 좋아하고 수집하는 것 역시 좋아하기 때문에 내가 판매했던 물건들 중 인상 깊었던 것들을 한 권의 책으로 묶는다면 의미 있는 일이 될 것 같아요.

정성 한가득 입에서 사르르
해야(バーグ)

🏠 서울시 강남구 압구정로 4길 13-3
🕐 11:30~21:00, 브레이크 타임 15:00~17:00
📱 070-7613-6610
🅿 발렛 주차

🍴 오또꼬노 함바그밥상 8,800원,
　온나노 함바그밥상 8,800원
⭐ 물, 숟가락, 나이프 등은 셀프로 챙겨야 한다.

#일본식수제함바그 #함박스테이크 #반숙계란 #저렴한맛집

함바그와 수란의 행복한 조화 가로수길 맛집하면 꼭 언급되어야 하는 이곳! 함바그로 유명한 해야다. 이름에 걸맞게 방(해야)이라는 느낌을 주는 아늑한 인테리어와 아기자기한 소품들이 편안한 곳이다. 생각보다 넓은 내부 덕에 많은 손님들이 찾아오지만 그럼에도 줄을 서서 먹는 정도의 인기를 끌고 있다.

'해야'는 소스의 종류가 다른 두 가지 함바그 스테이크 메뉴를 선보이고 있다. 오리지널 데미그라스 하야시 소스의 깊은 맛과 월계수향이 함박의 육질을 더 풍부하게 만들어 주는 오또꼬노 함바그밥상과 우유와 휩, 그리고 치즈가 만나 더욱 고소하고 진한 크림소스로 맛을 한층 높여주는 온나노 함바그밥상이 있다. 이곳의 특징은 함바그 위에 수란을 함께 올려 주는 것이다. 함바그 위에서 톡 터지는 노른자의 부드러움에 반할 수밖에 없을 것이다. 또한 이곳의 음식은 MSG 화학조미료를 사용하지 않아 건강하다. 두툼한 고기로 한 끼 든든히 먹을 수 있다.

나랑 쇼핑하러 갈래? 전시는 덤이야!

코엑스몰

오빠 강남스타일♫ 강남구를 대표하는 명소 중의 명소. 코엑스, 코엑스는 각종 전시회로 유명한 곳이다. 하지만 지하로 내려가 보면 3만 6,000평 규모의 거대한 지하 쇼핑몰의 세계가 펼쳐지는 곳이기도 하다. 2000년에 설립된 코엑스몰은 5개의 Main plaza로 나누어져 있으며 Central Plaza, Live Plaza, Millennium Plaza, Asem Plaza, Airport Plaza로 구성되어 있다.

Central Plaza는 현대식 패션부터 뷰티, 라이프스타일 브랜드의 플래그십 스토어를 만날 수 있는 특별한 공간이며, Millennium Plaza는 국내 대형기획사 소유의 SM타운이 특징이다. 케이팝 아이돌 공연을 홀로그램으로 볼 수 있는 극장과 체험 스튜디오, 케이팝 카페 등이 있다. Live Plaza는 글로벌 스포츠 브랜드부터 국내 디자이너 편집숍, 그리고 지하 2층으로 펼쳐진 디지털, 캐릭터, 키즈카페가 특징이다. Asem Plaza는 테이스팅 룸, 버거비, 카페 마마스, 폴바셋 등 맛집이 대거 포진해있다. 그리고 마지막 Live Plaza는 계단식 공연장을 갖추고 있으며 a#(에이샵), 삼성딜라이트숍과 같은 IT 브랜드, 카카오 프렌즈숍. 건담베이스와 같은 어린이들을 위한 점포도 들어서 있다.

플리터 4기 양진호, 이병철, 황희덕

🏠 서울시 강남구 영동대로 513
🕙 10:30 ~ 22:00(매장별 상이)
📱 02-6002-5300
🅿 최초 30분 2,400원, 15분당 1,200원, 1일 주차 시 최고 48,000원
@ www.coex.co.kr

제휴 정보 : syrup wallet

신나는 변화, 푸른 서초

서초구

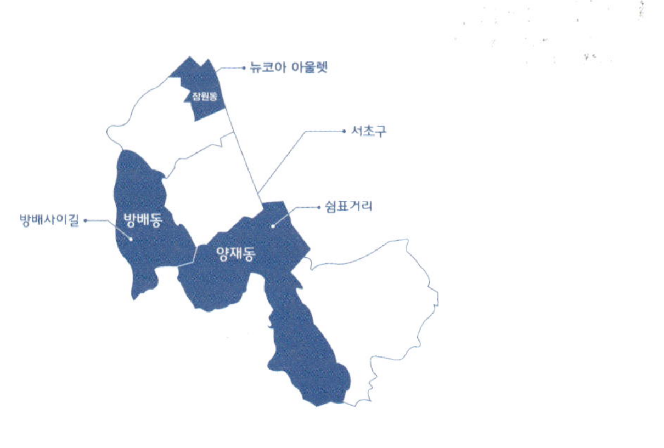

'서초'는 '서리풀'에서 나온 말로, '상초'라고도 불렀다. 고구려 때에는 쌀을 '서화'라 했는데, 옛날부터 서초동에서 나는 쌀을 임금님께 바쳤다는 기록을 보아 서초란 좋은 일이 일어날 예감을 주는 풀, 즉 '벼'를 뜻한다고 할 수 있다. 서초구라는 이름을 처음 갖게 된 것은 1988년 1월 1일 강남구로부터 서초구가 분리 신설되면서부터이다.

서초구 지역이 현대 도시로 본격적으로 개발되기 시작한 것은 1965년부터다. 그 후 매년마다 토지 구획 정리 사업에 의해 급속한 도시화가 진행되어 오늘날과 같은 살기 좋고 아름다운 선진 도시가 되었다. 서초는 청계산과 우면산, 한강으로 둘러싸여 자연과 아름다운 조화를 이루고 있으며, 구 전체 면적 중 60%가 녹색 자연인 쾌적한 곳이다. 산과 하천이 어우러진 늘 푸른 생활환경 때문에 노인들이 타 지역보다 많이 살고 있다.

생활환경이 편리해 외국인들이 많이 거주하는 곳으로도 유명한데, 특히 프랑스 학교를 중심으로 형성된 프랑스 타운은 '서초 안의 작은 프랑스'라 할 정도로 잘 가꾸어져 있다. 그 외에 예술의 전당, 국립국악원, 대한민국예술원 등이 자리해 문화·예술의 메카이기도 하다.

서래마을 골목

마을 앞의 개울이 서리서리 굽이쳐
흐른다고 해서 '서래마을'이라
이름 붙여진 이곳.
서래마을의 아주 평범했던 한 골목에
1985년 주한 프랑스학교가
이전하게 되면서부터 많은 프랑스인들이
이곳에 거주하게 되었다.
그렇게 서리서리 흐르는 물이란 이름처럼
프랑스의 문화가 서래마을 골목으로
자연스레 스며들게 되었고, 오늘날에는
프랑스의 골목을 꼭 빼닮은
아기자기한 상점들과 유럽풍의 카페,
레스토랑, 그리고 그 골목 끝에는 토끼들이
뛰어다니는 몽마르뜨 공원까지 소박하고
자유로운 그들의 낭만적인 일상이
이곳에 머무르게 되었다.

플리터 4기 왕아란, 임찬주, 장진화

몽마르뜨 공원
MONTMARTRE PARK
프랑스학교
아폴로 서울
APOLLO SEOUL
냅킨 플리즈
table
NAPKIN PLEASE
스퀘어 가든
SQUARE GARDEN
레드 브릭
RED BRICK
코즈모 갤러리
COSMO GALLERY
OK
오멜두스
table
HOUTE DOUCE
스타벅스
서래마을입구
(정류장)
서초13
서초역

고소함이 일품인 화덕구이 피자
레드 브릭(Red Brick)

🏠 서울시 서초구 서래로6길 17 오삼빌딩
🕐 11:30~23:00(월요일 휴무)
📱 02-591-7878
🅿 발렛 주차

🍴 고르곤졸라 피자 19,000원, 포모도로 스페셜 피자 24,000, 쉬림프 갈릭 크림 파스타 16,000원, 알리오 올리오 파스타 15,000원
⭐ 예약이 가능하다

#서래마을맛집 #화덕피자 #레드브릭 #이탈리아음식 #파스타맛집

맛있는 냄새로 가득한 곳 서래마을의 터줏대감이자 맛집으로 소문난 곳이다. 아늑한 조명을 따라 발걸음을 옮기면 화덕구이 피자의 고소함이 풍겨오고 실내에서는 쉐프들의 하얀 빵모자가 분주히 움직인다. 얇은 도우에 꿀을 찍어 먹는 '고르곤졸라 피자'와 진하지만 부드러운 고소함으로 여심을 사로잡은 '쉬림프 갈릭 크림 파스타'가 레드 브릭의 인기 메뉴이다. 살라미와 너트가 얹어져 고소함과 짭조름함의 조화가 맛있는 '살라미 너트 피자', 신선도 좋은 샐러드를 얹은 '루꼴라 피자', 토마토와 모차렐라 치즈가 풍부한 '포모도로 스페셜 피자' 등 서래마을을 찾는 많은 사람들에게 피자 잘하는 레스토랑으로 손꼽

힌다. 2만원에서 5만원 대의 하우스 와인이 구비되어 있어 와인과 식사 혹은 치즈도 즐길 수 있는 곳이다. 긴 접시에 색색의 마른 안주와 브리치즈가 함께 등장하는 메뉴인 '브리치즈와 견과류'와 토마토, 모차렐라, 올리브의 합이 훌륭한 '카프레제 샐러드'는 와인 안주로도 손색이 없다. 입 안 끝까지 맴도는 맛을 느끼고 싶은 이에게 추천한다.

단짠단짠, 최고의 조화
냅킨 플리즈(NAPKIN PLEASE)

🏠 서울시 서초구 서래로2길 27
🕐 화~토 12:00~23:00(월요일 휴무)
　　일 11:30~22:00
📱 02-599-7180
🅿 서래마을 공영 주차장 이용 시 주차권 제공

🍴 필리 치즈 스테이크 샌드위치 11,000원,
　　피자 스테이크 샌드위치 11,500원
⭐ 테이크아웃이 가능하고, 평일엔 런치 메뉴가 따로 있다.

#미국식샌드위치 #이색맛집 #서래마을맛집 #미국맥주

미국 정통 샌드위치를 맛보고 싶다면 서래마을 골목에서 이색적인 분위기와 함께 한 끼 식사를 즐기고 싶다면 냅킨 플리즈를 추천한다. 마치 뉴욕의 펍에 온 듯한 착각을 불러일으키는 이곳에서는 미국 정통 샌드위치를 판매하고 있다. 그중에서도 '피자 스테이크 샌드위치'를 본다면 그 자태에 반하지 않을 수 없을 것이다. 넘쳐나는 피자 소스와 그 위에 흘러내리는 치즈의 풍부한 조화는 이곳을 다시 찾게 하는 매력 포인트. 얇게 썬 등심을 구워서 양파와 그린 페퍼를 호밀빵에 얹고 그 위에 화이트 아메리칸 치즈로 마무리한 '4인치 필리 치즈 스테이크 샌드위치' 또한 매력적이다. 자칫 느끼하다고 느낄 수 있을 타이밍에 투박하게 놓여 있는 피클을 한입 베어 물면 입속에서 침샘을 더욱 자극시킨다.

냅킨 플리즈의 또 다른 매력은 맥주다. 이곳에서는 다양한 미국 맥주를 즐길 수 있는데 맥주마다 전용 잔에 담아져 나와 감칠맛을 배가 시킨다. 이곳만의 색다른 맥주를 맛보고 싶다면 'Watermelon Wheat'를 추천한다. 수박맛이 상큼하게 감도는 맥주인데 이곳의 인기 메뉴다.

프랑스의 달콤함
오뗄두스(Hôtel Douce)

🏠 서울시 서초구 서래로10길 9 서래 1층
🕐 10:00~21:00
📱 02-595-5705
🅿 주차 불가

🍴 에클레어 5,000원, 까눌레 3,000원, 마카롱 2,000원
⭐ 보통 오후 5~6시쯤이면 에클레어와 까눌레는
품절되므로 그 전에 방문하는 것을 추천한다.

#프랑스수제디저트 #서래마을디저트카페 #정홍연파티시에 #에클레어

입 안 가득 프랑스를 채우다 푸른빛이 은은한 가게 내외부와 분홍색 간판의 감각적인 조화, 자연의 빛깔을 뽐내며 진열되어 있는 계절을 담은 향긋한 잼, 그리고 무엇보다 우리의 오감을 자극하는 아름다운 모양의 풍부한 맛의 빵, 이 모든 것들이 조화를 이루는 오뗄두스는 마치 그림에서 튀어나온 곳 같다.

'행복한 호텔'이라는 콘셉트의 디저트 베이커리 카페 오뗄두스는 동경제과 출신의 정홍연 파티시에가 만든 프렌치 수제 디저트를 프랑스의 맛 그대로 느낄 수 있는 곳이다. 서래마을의 한적한 길 안쪽에 자리 잡고 있지만 손님이 끊이지 않아 줄을 서서 빵을 사갈 정도로 많은 사람들이 찾는 곳이다. 이곳 오뗄두스의 대표 제품인 빵 안에 크림이 들어간 얇고 긴 모양의 디저트 '에클레어'는 쫀득하게 물리는 빵 사이로 크림이 새어 나오며 은은한 꽃향기와 함께 온 혀를 감싸는데 그 달콤함이 매우 낭만적이다.

서래마을 골목 안, 가장 낭만적으로 우리의 눈과 입, 배를 채워줄 오뗄두스에서 프랑스의 달콤함을 느껴보는 건 어떨까?

낭만을 기념하다
코즈모 갤러리

🏠 서울시 서초구 서래로 27 1층
🕐 10:00~22:00
📱 02-591-7571
🅿 주차 불가
@ www.cosmogallery.co.kr

#서래마을편집숍 #수입용품 #디자인용품 #팬시용품

이국적 감성, 색다른 감각 서래마을 입구에서부터 조금 걸어올라 가다보면 만날 수 있는 '코즈모 갤러리'는 기프트 콘셉트 스토어이자 수입 디자인 브랜드의 문구류 또는 소품을 판매하는 편집 숍이다.

서래마을 골목 대로변에 바로 있는데 심플한 가게 간판이 눈에 잘 띄지는 않지만 가게 쇼윈도에 장식된 독특한 소품들이 저절로 눈길을 사로잡는다. '코즈모 갤러리'의 내부는 아담한 편이지만, 한국에서 쉽게 접하기 힘든 색다른 감각으로 보는 이를 매료시킨다.

서래마을 속 작은 프랑스 공원
몽마르뜨 공원

🏠 서울시 서초구 반포대로37길 59(반포동) 부근
🕐 24시간(연중 개방)
📱 02-21585-6861(서초구 공원녹지과)
🅿 서래마을 제일은행 건너편 골목 공용 주차장 이용 가능

#몽마르뜨공원 #서울근교공원 #산책로 #누에다리

바쁜 일상의 조그만 힐링 서래마을 메인도로에 있는 예쁜 카페들을 구경하며 걸어 올라가다보면 어느 새 공원 입구에 다다르게 된다.

비록 프랑스의 '몽마르뜨 언덕'은 아니지만 넓은 잔디를 거닐며 귀여운 토끼들이 돌아다니는 모습을 보게 된다면 푸른 녹음의 자유로움을 만끽하게 될 것이다. 게다가 공원 안에는 프랑스 유명 시인들의 작품을 새긴 시비가 세워져 있어 시를 음미하며 사색에 잠길 수도 있다. 몽마르뜨 공원의 유명한 볼거리 중 하나가 '누에다리'인데 하트 모양의 두 마리 누에가 소원을 들어준다는 말이 있다. 특히 밤에 찾아가게 되면 다리 전체에 조명이 켜져 낮과는 또 다른 매력을 느낄 수 있다.

쉼표거리

양재천의 카페골목은
신분당선 양재시민의숲역에서 나와
양재천을 향해 걸으면 찾을 수 있다.
역에서 나오자마자 한적한 거리,
푸르른 나무들이 보일 것이다.
너무 고요하지도 너무 북적이지도 않는
딱 좋은 평온함이다.
양재천 산책로를 걷다가
커피 한 잔과 달콤한 디저트,
혹은 풍경과 어울리는 식사가
하고 싶어질 것이다.
예쁜 소품부터 각자의 테마와
콘셉트가 다른 다양한 맛집까지,
이 모든 것들이 양재천에서
당신을 기다리고 있다.
플리터 4기 왕아란, 이현무, 임찬주, 장진화

table 플라워 카페 티파니
table 릴리블랑
이노메싸
table 하피덕
table 걸 위드 벌룬
양재천
메타세쾨이어 길
②
Tous Les Jours
뚜레쥬르 OK
세븐일레븐 OK
양재 꽃시장
④

미소를 선물하다
양재 꽃시장

- 서울시 서초구 강남대로 27 AT Center
- 생화도매시장 월~토 24:00~13:00
  분화온실 매일 7:00~19:00
  화환점포 매일 6:00~20:00

- 생화도매시장 02-579-3417
  분화온실 02-573-8108
  화환점포 02-576-9875
- 최초 1시간 1,000원(15분 초과마다 500원)
- 도매가로 판매하니 동네 꽃집보다 훨씬 저렴하다.

#양재꽃시장 #꽃선물 #꽃다발 #마음을전하는방법

아름다운 빛깔과 향기를 느낄 수 있는 곳 서울의 꽃시장 하면 바로 떠오르는 곳. 꽃을 논할 때 양재 꽃시장이 빠지면 섭섭하다. 정확한 명칭은 'aT화훼공판장'이지만 우리에게는 양재 꽃시장으로 익숙한 이곳은 절화뿐만 아니라 분묘, 화환, 부자재까지 판매하는 곳이다.

신분당선 양재시민의숲역 4번 출구로 나와 조금만 걷다보면 초록색 간이문으로 크게 세워진 간판이 보인다. 간판 너머로 집채만한 비닐하우스가 겹겹이 보인다. 이곳에 처음 오는 사람들은 어마어마한 그 규모에 다들 깜짝 놀라곤 한다.

누가 꽃시장 아니랄까봐 아름다운 빛깔과 향기로 가득 채워진 비닐하우스 안에는 그 아름다움을 선물하려는 사람들, 또는 그 푸른 마음을 자신의 공간에서 간직하려고 하는 사람들로 북적북적하다. 꽃들도 예뻤지만 소중한 누군가를 위해 설레는 마음으로 정성스레 꽃을 고르는 사람들의 눈빛이 더 예쁜 곳. 꽃만큼 마음을 예쁘게 전할 수 있는 것이 더 있을까. 꼭 특별한 날이 아니더라도 사랑하는 이들에게 감동적인 꽃말로 소소한 행복을 선물해보자.

귀족의 삼시세끼와 디저트
릴리블랑

🏠 서울시 서초구 양재천로 19길 52 우리빌딩 1층
🕐 07:30~23:00(일요일 휴무)
📱 02-573-3080
🅿 건물 지상 주차장에 주차 가능

🍴 1단 쁘띠릴리 세트 11,500원, 2단 그랑블랑 세트 19,000원,
3단 클래식 세트 30,000원, 아메리카노 4,500원
📍 드라마 <신사의 품격> 촬영지였던 카페로 극 중 인물인
도진이와 이수가 먹었던 3단 클래식 세트가 인기다

#디저트맛집 #영국디저트 #귀족디저트 #신사의품격촬영지

영국 귀족의 우아함을 맛보다 릴리블랑은 〈테이스티 로드〉와 드라마 〈신사의 품격〉에 나왔던 양재동의 유명한 디저트 카페다. 이곳의 메뉴는 주로 영국 귀족들이 즐겨먹던 디저트다. 그렇기 때문에 차 한 잔, 샌드위치 하나에도 영국 고유의 고풍스러운 우아함이 담겨 있다. 들어서자마자 기품 있게 행동해야 할 것 같은 느낌을 주는 고급스러운 인테리어부터가 그러한 우아한 맛을 더해준다. 대표 메뉴로 판매되고 있는 애프터눈 트레이는 1단부터 3단으로 이루어져 있으며 1단에는 스콘과 샌드위치, 2단에는 케이크, 3단에는 쿠키와 미니 타르트를 올린다. 1단부터 한 층씩 올라가며 순서대로 맛보면 되는데 은근한 성취감도 느껴진다.

릴리블랑의 디저트는 입안에서 살살 녹는다는 표현이 가장 잘 어울린다. 포크로 살짝 떼어낸 케이크 조각이 혀와 맞닿는 순간 살살 녹아버린다. 게다가 이런 트레이로 한 번에 고급스러운 디저트를 맛볼 수 있는 것도 릴리블랑에서 즐길 수 있는 특별한 경험. 저렴하지는 않지만 우아한 디저트를 즐기다 보면 그 맛과 아름다움에 마치 유럽 여행을 온 듯한 기분을 만끽할 수 있을 것이다. 돈이 아깝지 않으니 쉼표거리의 릴리블랑에서 우아한 여유를 만끽해보자.

쉼표거리의 쉼표 식당
걸 위드 벌룬

🏠 서울시 서초구 양재천로 99-2 유림빌딩 1층
🕐 11:00~25:00(연중무휴)
　　브레이크 타임 14:00~17:00
📱 02-578-1417

🅿 전용 무료 주차(7대 가능)
🍽 허니 갈릭 피자 17,000원, 아마트리치아나 16,000원,
　　케이크 6,500원
⭐ 런치 시간 동안 메인 메뉴에 2,000원 추가 시
　　아메리카노 한 잔과 디저트 무제한 제공

#양재천카페거리맛집 #분위기좋은이탈리안레스토랑 #데이트코스 #피자 #파스타

분위기와 맛, 두 마리 토끼를 잡다 '걸 위드 벌룬'은 기존 양재천 카페거리에서 유명했던 맛집 '하늘소'에서 이름이 바뀐 것이라고 한다. 바뀐 지는 꽤 됐지만 아직도 양재천 카페거리 맛집 '하늘소'로 알고 찾아오는 사람들이 많다. 하지만 이름만 바뀌었을뿐 기존처럼 이탈리아 요리와 와인이 맛있는 집임은 분명하다.

이곳의 인기 메뉴는 허니갈릭피자다. 치즈가 노릇노릇 구워진 모습이 얼핏 고르곤졸라 피자와 비슷해 보이지만 마늘이 가지런히 썰려 곳곳에 박혀있다. 얇아 보이지만 한입 베어 무니 입안 가득 퍼지는 치즈가 묵직하게 녹아든다. 그리곤 박혀 있던 마늘이 함께 씹힌다. 짭짤한 치즈에 고소한 마늘향이 감도니 남녀노소 누구나 좋아할 만한 맛이다. 피자와 함께 먹은 아라비아타 파스타는 이곳의 인기 있는 매콤한 해산물 토마토파스타이다. 다른 파스타와는 달리 소스가 국물처럼 되어 있다. 적당히 매콤하게 해산물로 간이 된 토마토소스는 한 번 먹기 시작하면 계속 손이 간다. 피자 한 입, 국물 한 입. 입안에서 느낄 수 있는 최고의 금상첨화가 아닐 수 없다.

어디서 왔니?
이노메싸

🏠 서울시 서초구 양재천로 127 이노메싸 빌딩
🕐 월~금 10:30~19:00, 토 10:30~17:00(일요일 휴무)
📱 02-3463-7752
🅿 건물 뒤 주차 가능
✴ 쇼핑몰도 함께 운영 중이다.
@ www.innometsa.com

#가구편집샵 #북유럽가구 #디자인가구 #인테리어디자인

북유럽 디자인 가구 편집숍 'Innovation'과 'Metsa(핀란드어, 숲)'를 합친 이름 이노메싸, 이곳에 들어서면 이름대로 정말 가구의 숲처럼 가구와 소품들이 빼곡히 진열되어 있다. 이노메싸의 디자인 가구는 개인 디자이너들의 제품을 지속적으로 발굴해 들여오기 때문에 다른 편집숍보다도 더욱 창의적이다. 소소하지만 알찬 아이디어 상품부터 라이프스타일에 맞춘 실용적이고 편리한 가구, 톡톡 튀는 포인트 가구까지 총 3개의 층에 걸쳐 전시되어 있다. 내부는 각 공간에 어울리는 이상적인 인테리어를 보여주고 있으므로 신혼부부나 인테리어 전공 학생들에게 최고의 장소가 될 듯하다.

꽃향기와 함께 티파니에서 아침을
플라워 카페 티파니

🏠 서울시 서초구 양재천로 135-10 아름빌딩
🕐 09:30~22:30(일요일 휴무)
📱 070-4177-1358 🅿 주차 1~2대 가능
🍴 아메리카노 3,000원, 카야 토스트 3,500원, 인디카 8,000원
✴ 10,000원 이상 주문하면 미니 꽃다발을 증정한다
@ cafe.naver.com/tiffanyflower

#꽃다발 #플라워카페 #로맨틱 #보드게임카페

꽃과 디저트와 보드게임의 조화 '플라워 카페 티파니'는 신분당선 양재시민의숲역에서 양재천으로 이어지는 한적한 골목에 있다. 파란 벽돌의 디자인과 푸르른 잔디가 우리를 반긴다. 카페 내부는 생화를 비롯해 드라이플라워, 비누꽃, 화분 등 다양한 꽃으로 장식되어 있으며 한쪽에서는 화려하게 수놓은 꽃을 판매중이다. 티파니에서는 메뉴를 만 원 이상 주문했을 때 미니 꽃다발을 준다. 기본 음료부터 연꽃 녹차와 같이 특이한 음료가 준비되어 있으며 디저트 역시 케이크부터 빵까지 다양하다. 거기다 여러 보드게임도 제공하니 친구들과 함께 방문하기에도 좋은 카페라 할 수 있다.

그대만의 하와이
어썸 그루브

🏠 서울시 서초구 논현로27길 104
🕐 주스카페 10:00~18:00
　 펍 18:00~

🅿 주차 1~2대 가능
🍴 산티아고, 왕진명 등 모든 생과일주스 5,900원
⭐ 오늘의 음료는 할인을 받을 수 있다

#생과일주스 #과일디저트 #하와이 #휴식 #펍 #맥주와인

디저트가 된 생과일 주스와 은은한 촛불 아래 맥주 한 잔 너무 요란하지도 너무 고요하지도 않은 양재 카페거리 골목을 지나다보면 바나나, 사과, 당근, 파인애플 등 많은 과일이 비치된 가게가 보인다. 과일 가게인지 싶지만 분위기가 심상치 않다. 가게 내부에 들어서면 수많은 와인과 함께 자메이카나 하와이를 연상시키는 그림과 소품들이 눈에 들어온다. 그렇다고 색색으로 물든 공간은 아니다. 벽장과 같은 빈티지한 느낌을 살린 카페는 휴양지 속 나만의 별장에 온 느낌이다.

어썸 그루브는 낮에는 생과일 주스 카페로, 저녁 6시를 기점으로 밤에는 맥주, 와인, 안주를 파는 펍으로 변신한다. 어썸 그루브의 생과일 주스는 탄성을 부르는 비주얼을 자랑한다. 다양한 허브와 꽃으로 장식해 시각과 미각을 만족시키고, 최대한 본연의 맛을 살렸다. 한 잔 들고 바다로 가야 할 것 같은 느낌이다. 상큼한 맛의 산티아고부터 달콤한 바나나 주스까지 메뉴가 다양하다. 밤에는 은은한 촛불이 켜지며 로맨틱한 분위기로 변신한다. 다양한 맥주와 와인, 안주를 제공해 분위기와 맛에 취한다.

그대만의 하와이
어썸 그루브

양재 카페거리 골목에 있는 '어썸 그루브'는 자유로움과 감각 있는 인테리어가 돋보이는 곳이다. 어썸 그루브는 세 청년이 운영하고 있는데 인테리어부터 메뉴까지 신선한 느낌의 이곳을 어떻게 시작하게 된 것인지 그 이야기가 궁금해 찾아가게 되었다.

Q 어썸 그루브를 시작하신 동기가 무엇인가요?

원래 이곳은 펍으로 운영되고 있었습니다. 1년 조금 넘게 운영하다가 아침에 공간을 그냥 두기가 아깝다는 생각이 들어 낮에는 주스를 메인으로, 저녁에는 맥주나 와인 등을 팔며 펍으로 운영하자는 아이디어를 내봤습니다. 젊은 감각을 많이 살리면서 좀 더 재밌게 팔 수 있는 상품이 무엇이 있을까 생각하던 중 '과일'이라는 소재를 떠올리게 되었던 거죠. 과일을 조금 더 재미있게 패키징을 해서 시작해보자. 이것이 처음의 아이디어였습니다.

Q 어썸 그루브만의 영업 철학은 무엇인가요?

'스스로가 좋아하는 것을 하자'가 영업 철학입니다. 메뉴판도 보다시피 평소에 좋아하는 걸로 만들어 놓았고 주스에 들어가는 과일이나 허브 등의 재료들 역시 좋아하는 것들 위주로만 넣습니다.

Q 어썸 그루브의 대표 메뉴는 무엇인가요?

산티아고 로드리게스입니다. 평소 오렌지를 과일 중에 제일 좋아합니다. 좋아하는 것을 위주로 하다 보니 내가 제일 자신 있게 만들 수 있는 메뉴가 무엇이 있을까 생각하다가 오렌지와 잘 어울릴 것 같은 당근도 첨가하게 되었죠. 음료 이름도 휴양지 느낌을 주고 싶어 이렇게 지었습니다. 산티아고 로드리게스는 특별한 정열을 담고 있는 장미를 추가해 열정적인 휴양지의 느낌을 더 살려주었어요. 이 장미는 다른 메뉴에는 절대 들어가지 않습니다.

Q 어썸 그루브의 향후 목표는 무엇인가요?

가게 앞에 걸린 그림 속 마약왕을 롤 모델로 삼고 있어요. 이 마약왕이 어둠의 세계에서 나와 과일의 왕이 될 수 있게 하는 것이 목표입니다. 즉 우리 자체가 과일의 왕이 되자는 것이 향후 목표라 할 수 있겠네요 . 주스로도 이렇게 예쁘고 느낌 있는 음료를 만들 수 있다는 것을 사람들에게 알리고 싶고 많은 사람들에게 조금 더 맛있고 쿨한 주스를 선보여 드리고 싶어요. 맛도 있으면서 건강도 있는 그런 주스로.

방배 사이길

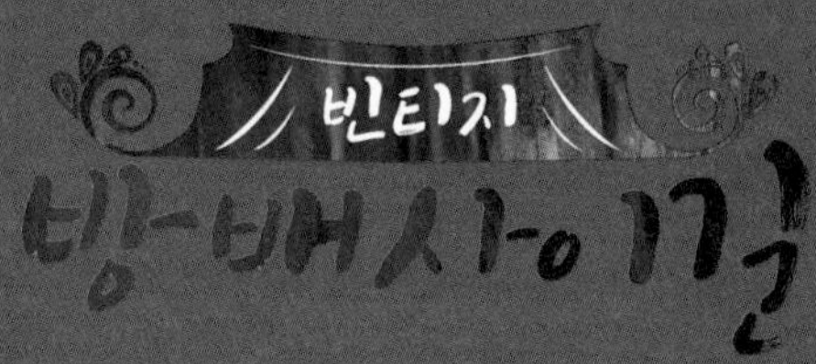

고운 단어를 이름으로 갖게 된 길이 있다.
'방배로42길'. 이제는 '방배 사이길'로
더 잘 알려진 이곳은 '사이'라는 그 이름처럼
큰 길 사이에 난 작고 좁은 길이다.
하지만 그만큼 이웃과 더 가까울 수 있고,
더 자세히 그리고 천천히 살펴보는 기쁨도 있는 곳이다.
방배 사이 길은 서래초등학교 뒷길부터 이어지는
350m의 짧은 길과 그 사이사이의 골목을 포함한다.
2012년 5개의 매장이 문화예술거리를 만들기 위해
'방배 사이길 예술거리조성회'를 만들었고,
현재 31개의 매장이 회원으로 가입해 활동하고 있다.
제 2의 가로수길을 상상하며 화려하고
아기자기한 거리를 기대했다면 다소 실망할 수 있다.
생각보다 고요하고 한적하기 때문. 그냥 앞만 보고 걷는다면
10분도 채 걸리지 않는 곳이지만 원한다면 하루 종일
시간 가는 줄 모르고 머무를 수 있는 곳이기도 하다.
방배 사이길의 숍은 비슷한 곳이 단 한 군데도 없다.
천천히 걷다가 가게 문을 살짝 열고 들어가 보자.
생각지도 못한 즐거움을 마주할 수도 있다.

플리터 4기 왕아란, 이현무, 임찬주, 장진화

내방역
7
148 , 142
Bus
방배프라자 정류장
향지박사거리
리블랑제
아우름
향수공방
KFC
캘리&
토니스팬케익
달앤스타일
사이길공원
서래초등학교
마미&모미
Donna.L
방배4길
table
table
table

맛에 취하고, 분위기에 취하고
마미앤모미

🏠 서울시 서초구 방배로42길 61 우일빌딩 1층
🕐 10:00-22:00
📱 02-533-9116
🅿 전용 주차장(발렛 파킹) 이용

🍴 팬케이크 브런치 플레터 18,000원, 누텔라 프렌치
토스트 15,000원, 감자 치킨 콥샐러드 18,000원,
아메리카노 6,000원, 바닐라 카페라테 8,000원
⭐ 4명 이상 휴일에 브런치를 즐기러 온다면
미리 예약하는 것이 좋다.
@ blog.naver.com/mammymommy

#MAMMY&MOMMY #데이트코스 #테이스티로드 #브런치집

방배사이길의 유명 브런치 카페 〈테이스티 로드〉에서도 소개되었던 '마미앤모미'는 방배사이길에 있는 예쁜 브런치 카페로 유명하다. 내부 곳곳에 수놓아진 아기자기한 꽃 장식에 기분이 절로 말랑말랑해지는 곳이다.

넓은 공간의 어느 자리에 앉아도 한결 같이 예쁜 '마미앤모미'는 입구 쪽에는 발코니가 있고 안쪽에는 테라스가 있어 야외에서 식사를 즐길 수도 있다. 음료, 브런치, 일반 식사 메뉴, 디저트 등이 다양하게 준비되어 있는데 그중에서도 15,000원에 샐러드, 감자 팬케이크, 소시지, 아메리카노를 15,000원에 즐길 수 있는 '쁘띠 브런치 세트'가 이곳의 대표 메뉴 중 하나다. 마미앤모미의 음식은 주변의 꽃향기와 예쁜 인테리어가 더해져 그 맛이 더 좋다.

그중에서도 시원한 망고주스는 망고의 진한 맛이 느껴지면서도 적절한 단맛을 유지하고 있어 전반적으로 깔끔한 느낌이다. 커피 메뉴도 다양해 취향에 따라 골라 마실 수 있다.

그 외에도 팬케이크 브런치 플레터, 매운 미트볼로네제 떡볶이 그라탱, 누텔라 프렌치 토스트 등 맛있는 메뉴들이 있으니 예쁜 카페의 모습을 눈으로 담으면서 그 분위기 속으로 빠져보길 바란다.

프랑스 밀가루로 만든 보석 같은 빵집
리블랑제

🏠 서울시 서초구 방배로42길 46
🕙 10:00~20:00(월요일 휴무)
📱 02-532-6410
🅿 주차 불가

🍴 발아 현미빵 4,500원, 캄파뉴 half 5,000원,
　 hole 9,500원, 올리브 바게트 2,800원,
　 뺑오 쇼콜라 3,000원, 삼촌빵 3,500원
⭐ 세시셀라 당근 케이크도 판매한다.

#프랑스빵집 #캄파뉴 #리블랑제 #방배사이길맛집 #유기농빵

정성스런 마음을 담아 굽는 빵 함지박 사거리를 지나 골목으로 들어서면 길모퉁이에 자리 잡고 있는 프랑스 전통 빵집이 보인다. 프랑스 하면 생각나는 먹음직스럽고 예쁜 디저트의 모습과 달리 투박한 모습으로 생긴 빵이 가득한 곳이다. 하지만 생김새와 다르게 맛은 너무나 매혹적이다. 또한 빵의 이름과 이에 대한 설명을 감성적으로 표현해 더 먹음직스러워 보이게 한다.

리블랑제는 인공 첨가물을 사용하지 않고 프랑스에서 수입한 밀가루와 천연효모를 사용하여 발효시킨 빵을 구워낸다. 대표적인 빵은 겉은 바삭하고 속은 부드러운 발아 현미빵이다. 주방이 오픈되어 있어서 빵 만드는 과정을 구경하는 것도 재미있다. 맛있다고 소문난 빵들은 아침부터 소식을 듣고 찾아오는 사람이 많아 금세 동이 난다. 프랑스의 전통 빵을 맛보고 싶다면 조금 서두르는 게 좋겠다.

세상에 하나뿐인 나만의 향수
향수공방

🏠 서울시 서초구 방배로 42길 24
🕐 11:00~21:00
📱 070-4521-7737

🅿 주차 불가
⭐ 체험 전에 예약을 해야 한다.
@ blog.naver.com/diyperfume

#나만의향수 #나만의시그니처향 #내취향에맞게맞춤제작 #방배동향수공방

나만의 향기를 만들다 국제 1세대 조향사인 정미순 대표의 향수공방으로 내게 꼭 어울리는 맞춤 향수를 만들 수 있는 국내 최초의 향기 제작 스튜디오이다. 150여 가지의 조합 향료와 향수 베이스, 20여 가지의 천연 향료 중 나만의 향을 어떻게 찾을 수 있을까? 향수 디자이너의 도움을 받는다면 누구나 쉽고 즐겁게 '나만의 향수'를 만들 수 있다. 소중한 사람이 있다면 오직 그 사람을 위한, 또는 오직 나만을 위한 향수를 만들어 선물하기 좋은 최적의 장소이다. 생각만으로는 굉장히 어려울 것 같지만, 체험 과정은 매우 간단하다. 먼저 각자의 취향을 알 수 있는 설문지에 답을 하고, 거기에 맞는 원액을 받은 뒤 전문가가 알려주는 양에 맞게 배합하면 끝! 세상에 단 하나뿐인 향기를 품게 된다. 100여 가지가 넘는 향수 원료가 매장에 한 가득이니 문을 열기도 전에 향이 코끝을 간질이는 곳이다.

세상에 하나뿐인 나만의 향수
향수공방

방배 사이길의 수많은 공방 중 시각보다 후각을 먼저 자극한 곳인 향수공방은 그 어떤 공방보다 인상 깊다. 향수에 대한 로망을 담은 낭만적 분위기와 조향 오르간이 시선을 끄는 곳. 우리에게 향수는 가까이하기엔 먼 당신 같은 분야이지만 향수에 대해 더 알고 싶은 사람은 주목하자.

Q 어떻게 해서 향수공방을 시작하게 되셨나요?

저희는 공방으로 처음 시작을 했습니다. 이곳은 1세대 조향사이신 정미순 조향사와 함께 운영하고 있습니다. 이 향수공방 외에도 향수박물관이 옆에 있어서 향수공방을 들른 뒤 박물관을 방문해도 좋을 것 같습니다. 회사 업무 분담은 보통 본사에서 이루어지고 공방 외에도 아카데미를 운영하고 있습니다. 본사에서는 센트마켓도 진행 중입니다.

Q 향수공방의 영업 철학은 무엇입니까?

첫 번째는 사람들이 나만의 시그니처 향을 갖는 것입니다. 그리고 두 번째는 그것을 대중화하는 것입니다. 향수는 대중들에게 사치품이라고 알려진 경우가 많습니다. 하지만 향수 역시 친숙한 이미지로 쉽고 편안하게 대중에게 다가갈 수 있다고 생각해 향수 제작 클래스 역시 편안함을 기본으로 하고 있습니다. 그러면서도 공방의 열기를 유지하고 싶습니다. 우리 공방은 경제적 이윤보다는 향수의 친숙한 이미지를 도모하고 있습니다.

Q 향수공방을 대표하는 향수는 무엇인가요?

우리 공방의 주 업무는 향수 제작 클래스입니다. 조향을 하는 것입니다. 옆에 보이는 조향 오르간을 참고 하시면 정말 다양한 향료 베이스가 있다는 것을 알 수 있습니다. 조향 오르간은 피아노 오르간처럼 생겼다고 해서 그렇게 불리는데요, 향료 베이스를 잘 조합해서 자기만의 향을 만드는 것이 DIY 클래스입니다. 가장 추천하고 싶은 향수는 맥&로건 화이트와 블랙입니다. 맥&로건은 패션 브랜드로, 수석 조향사 대표님이 화이트와 블랙 드레스에서 영감을 받아 만드신 것입니다. 화이트가 베스트이긴 하지만 블랙도 그에 못지 않게 잘 나가고 있습니다.

Q 향후 목표가 있으시다면요?

지금은 지점을 늘리는 과정 중에 있습니다. 해외에 향수공방을 입점하고 DIY로 진행하는 클래스를 보편화하는 것이 목표입니다. 해외 수출에 주력하고 있으며 그 주력 분야는 항상 교육적인 부분입니다.

모든 걱정은 잠시 잊으세요
켈리(Kelly)

🏠 서울시 서초구 방배로 42길 20
🕐 10:30~21:30
📱 02-533-5803
🅿 주차 불가

🍴 바질&토마토 피자 L 19,000원/XL 24,000원,
   새우&날치알 파스타 13,000원,
   매콤 오일 리소토 9,000원, 미트볼 25,000원,
   리코타 치즈 팬케이크 4,500원
⭐ 전 메뉴 테이크아웃 가능(주문은 마감 30분 전까지)하다.

#홈메이드레스토랑 #방배사이길맛집 #팬케이크맛집 #브런치맛집

정성 가득한 홈메이드 스타일 레스토랑 모든 걱정은 잠시 내려놓기. 귀여운 토끼 '켈리'와 토끼가 되고 싶은 원숭이 '토니'가 함께하는 유쾌한 레스토랑이다. 피자, 파스타, 볶음밥, 떡볶이, 팬케이크 등 다양한 메뉴를 선보이는 패밀리 레스토랑 켈리는 심각한 걱정도 순식간에 잊어버리게 하는 맛있는 음식으로 넘쳐난다. 직접 반죽하고 발효시킨 도우를 최대한 얇게 밀어 탄수화물은 줄였으며, 오랜 시간 끓여 만든 소스와 좋은 토핑 재료로 맛을 최대한 살린 건강한 피자 사이즈는 14, 16인치로 크기부터 남다르다. 파스타는 면, 야채, 고기를 볶을 땐 100% 올리브 오일만을 사용하고, 토핑을 할 때는 엑스트라 버진 올리브 오일을 듬뿍 뿌린다고 한다. 소스도 직접 오랜 시간 정성스럽게 만든 홈메이드 스타일의 파스타이다. 한국인의 입맛에 맞는 깔끔한 맛이 일품이다. 메뉴 하나하나에는 재료 본연의 맛이 그대로 살아 있어 입안의 감칠맛을 돋운다. 정성을 가득 담은 편안하고 따뜻한 요리를 맛보고 싶다면 꼭 들러보자.

공간 속 소소한 행복을 찾다
달 앤 스타일(DALL & STYLE)

🏠 서울시 서초구 방배로42길 20
🕐 월~금 10:00~19:00, 토 11:00~16:00(일요일 휴무)
📱 02-535-4544 FAX 02-3448-4544

🅿 매장 앞 전용 주차장 이용(1대 가능)
@ www.dallstyle.com

#달앤스타일 #DALL&STYLE # 인테리어숍 #가구 #인테리어스타일링

감각 있는 인테리어와 홈 스타일링을 원한다면 방배사이길의 '달 앤 스타일'은 백지영, 정석원 부부의 집 인테리어를 담당한 스타일리스트 반지현 실장의 오프라인 매장이다. 인테리어와 홈 스타일링으로 유명한 이곳에서는 직접 제작한 패브릭 제품부터 리빙 오브제까지 다양한 소품을 만나볼 수 있다.

방배사이길의 매장 특성상 '달 앤 스타일' 역시 큰 공간을 차지하는 것은 아니지만, 공간을 잘 활용해 여러 가구들과 소품이 알차게 배치되어 있다. 컬러풀한 쿠션과 커튼, 하일리 힐즈의 북유럽풍 그림 액자, 틸 테이블의 선인장과 화분, BsaB의 친환경 캔들 등 아기자기하면서도 모던한 감각으로 꾸며져 있다.

이곳의 특징은 '친근함과 편안함'이다. 다른 인테리어숍들과는 다르게 길을 가다 우연히 들어와 아이템들을 구경하고 디자이너에게 스타일링을 상담해도 어색할 게 없는 분위기다. 쿠션이나 화분은 가격대가 부담스럽지 않아 가성비면 측면에서 만족스럽고, 디자이너의 실질적인 스타일링 팁까지 덤으로 얻을 수 있으니 그야말로 일석이조인 셈. 모던하고 세련된 느낌, 젊은 감각의 '달 앤 스타일'에서 공간 속 일상의 소소한 행복을 누려보는 것은 어떨까?

특별한 브랜드가 내 안에 스며들다

뉴코아아울렛 강남점

뉴코아아울렛은 기존 아울렛을 넘어선 곳이다. 이랜드만의 특별한 시각으로 유통 기업인 이랜드 리테일 소속으로 식품 할인점인 킴스클럽, 의류 매장인 NC픽스, 인테리어 디자인의 모던하우스, 디자인 상품을 판매하는 버터 등을 운영하고 있다. 뉴코아아울렛 강남점은 1관과 2관으로 나누어져 있다. 1관에는 이랜드 리테일의 브랜드들 위주이며 2관에는 일반 의류 잡화 매장이 있다. 1관 지하 1층에는 리미니 가든, 아비꼬를 비롯한 식당가가 위치하고, 1층에는 NC픽스, 2층에는 버터가 자리하고 있다. 3층에는 유아 휴게실과 아동 브랜드가 있고 4층에는 모던하우스, 5층에 있는 문화센터에서는 다양한 문화를 즐길 수 있는 열린 공간이 마련되어 있다. 2관의 지하 1층에는 킴스클럽이, 1층부터 5층까지는 수입 명품부터 영캐주얼, 스포츠, 남성 아웃도어가 자리하고 있다. 2관이 일반 아울렛과 비슷한 구조라면 1관은 뉴코아와 이랜드 리테일만의 특별한 기획이 가미되어 있다. 뉴코아아울렛 홈페이지에서는 때마다 열리는 행사 정보를 미리 체크할 수 있으며 이랜드 클럽 멤버십 카드를 통해 이랜드 그룹 계열사까지 혜택을 누릴 수 있다.

플리터 4기 왕아란, 이현무, 임찬주, 장진화

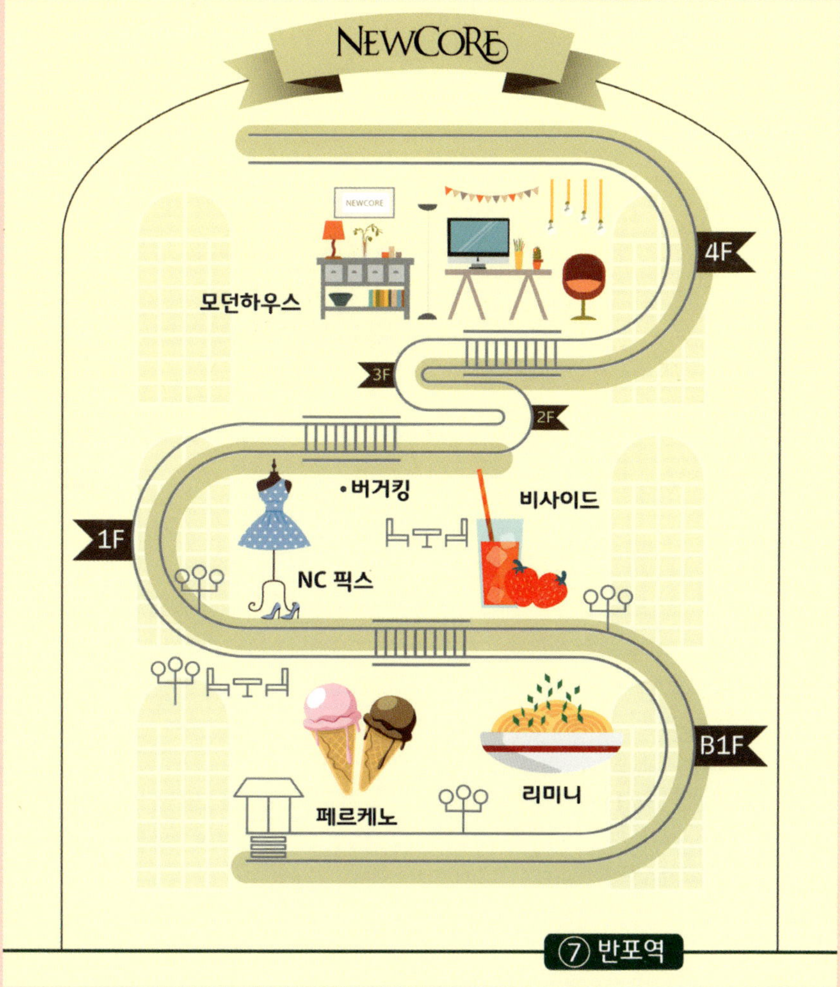

NEWCORE

🏠 서울 서초구 잠원로 51
🕐 패션&모던 10:30~22:00, 킴스클럽 08:00~24:00(매월 2주, 4주 일요일 휴무)
📱 02-530-5000
@ www.elandretail.com/store01.do?branchID=00110001&lang=000600KO

제휴 정보 : 

다름을 녹여내는 문화의 용광로
용산구

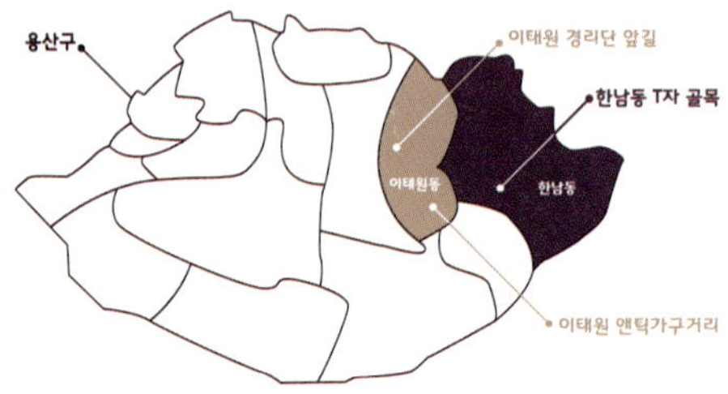

서울의 중심에서 언제나 묵묵히 흐르고 있는 한강을 지나 조금 올라오다 보면, 전 세계에서 온 낯선 이 방인들을 쉽게 만나볼 수 있다. 저마다의 이유와 목적은 다르겠지만 용산구의 중심 이태원은 그들의 열정이 하나 되어 끓어 넘치고 있다.

오래전부터 자연스레 형성된 역사적 아픔으로 인해 미 8군 기지가 자리하고 있는 용산구는 우리나라의 그 어느 곳보다 가장 먼저 이방인을 맞이한 곳이다. 동시에 그들이 가지고 온 서양의 색이 이곳으로 스며들어 경리단길이나 한남동 등 특유의 개방적이고 자유로운 느낌을 만들었다. 그 덕분인지 몰라도 이제 용산구 어디를 가든 새로움을 받아들이고 이해하는 일은 더 이상 낯선 풍경이 아닌 듯하다. 총 6개의 한강대교가 있으며 지리상 6개의 자치구와 접하고 경부철도로 인해 도심을 이어주는 관문 역할을 해내고 있는 경제 및 교통 문화의 중심지, 용산구는 남쪽으로는 한강을 마주하고, 북쪽은 남산이 버티고 있으며 효창공원, 용산가족공원, 전쟁기념관, 한강시민공원 등과 같은 자연 휴식 공간이 넘쳐나 그 가치를 다 헤아리기 어려울 정도다. 거기에 외국 공관 저들과 미 8군 기지로 대표되는 명실상부한 한국의 외교 자치구라 할 수 있다. 이토록 하나 되고 알찬, 다름을 녹여낼 줄 아는 용산구. 이곳이야말로 진정한 문화의 용광로라 할 수 있다.

The Little Pie
동성관
Chinese Restaurant
795-8684
5BEY

경리단 앞길

이태원을 걷다 보면 느낄 수 있는
자유로운 분위기와 각국의 독특한 문화들을
우리나라의 고유한 색 위에 덧입혀
경리단길이라는 새로운 핫 플레이스를 만들어 냈다.
경리단에 가기 전, 매력적인 가게들이 모여
색다른 실험을 진행하고 있는 이 골목을 우리는
경리단 앞길이라 부르고자 한다.
저마다 기존엔 볼 수 없었던
개성을 무기로 많은 사람들을 끌어 모으고 있는
아직 어린, 하지만 성숙한 맛의 거리.
알짜배기 맛 플레이스를 만날 시간이다.

플리터 4기 김다은, 김동언, 이동현

The Little Pie
GALOHALO
수향
마루쿠식당
5BEY
밀크공방
멜팅몽키
COLLAGE
달려라개미
table
CU
2
1
6호선 녹사평역

예상치 못한 만남이 주는 놀라움처럼
마루쿠식당

🏠 서울시 용산구 녹사평대로46길 27
🕐 12:00~21:30, 브레이크 타임 15:00~18:00
　　(월요일 휴무)
📱 02-794-2582
🅿 주차 불가

🍴 갈릭 함박스테이크 13,900원, 불닭 파스타 13,900원,
　　고대미 오므라이스 10,900원
⭐ 점심시간이나 저녁 시간엔 사람이 많으니
　　사람이 적은 오픈시 간을 노리는 것을 추천!

#분위기좋은레스토랑 #이색파스타 #퓨전오므라이스 #따뜻한점심

재밌지만 진지하며 심각하지만 행복한 이 세상 모든 사람들이 그러하겠지만, 새로운 만남에 있어서 꼭 비슷한 것들끼리의 만남이 정답이 아닐 때가 많다. 새로움이 주는 짜릿함이 있기 때문. 서로 많이 다르지만, 이제는 없어서는 안 될 사이가 되어버린 우리의 모습을 보는 것 같은 음식이 마루쿠식당에 있다. 〈마스터 셰프 코리아3〉에 출연했던 이창석, 강형구 쉐프의 음식점으로 현대적이면서 동시에 동서양의 맛을 퓨전으로 잘 버무려냈다. 이태원 초등학교를 지나 해방촌 방향으로 걸어 내려오다 보면, 마루쿠식당의 노란색 나무판자 간판이 눈에 들어온다. 안으로 들어가 보면 외관의 장난기 어린 모습보다는 하나하나 벽돌을 손수 붙이고 다듬은 벽과 같이, 사뭇 진지한 분위기가 느껴진다. 특히 오른쪽의 통유리 창은 낮에는 햇살을, 저녁에는 근사한 시간을 만들어주는 역할을 하고 있다. '포동포동 살찌다, 둥글둥글하면서 모나지 않다.'라는 뜻의 '마루쿠'라는 이름에 걸맞게 어느 음식 하나 정석인 것이 없다. 그런 면에서 불닭 파스타는 입이 닳도록 추천해도 모자람이 없는 대표 메뉴다. 이제는 익숙해져버린 불닭이라는 콘셉트를 갖고 전혀 새로운 맛을 만들어내는 놀라움을 선사한다. 이름과 간판에서 주는 가벼운 재미 요소에 속지 말자. 작은 그릇에서 나오는 예상치 못한 진지함과 놀라움이 우리를 기다리고 있을 테니.

갇히지 않아 만날 수 있던 그 거리
경리단 길거리 음식 컬렉션

그리 길지 않은 경리단 앞길을 걷다 보면 많은 이들이 저마다 손에 무언가를 들고 다니는 모습을 흔히 볼 수 있다. 언제부턴가 경리단 앞길을 정복하기 시작한 각종 길거리 음식들. 공간의 한계를 뚫고 나와 음식을 거리의 풍경과 함께 즐길 수 있게 해준 대표 길거리 음식점을 소개한다.

#경리단길미식코스 #길거리음식 #닭꼬치 #아이스크림 #샌드위치

갈로할로(GALOHALO)

- 서울시 용산구 녹사평대로46길 9
- 12:00~22:00(월요일 휴무)
- 02-790-9238
- 주차 불가
- 클래식 닭꼬치 3,500원,
  쌈 닭꼬치 3,800원

각종 토핑이 얹어진 닭꼬치를 맛볼 수 있는 곳으로 그냥 지나치기 힘든 매운 소스의 향이 코를 자극하는데 꼭 한번 먹어보길 추천한다. 간식거리로 딱이다!

밀크공방

- 서울시 용산구 녹사평대로46길 16
- 11:30~22:30
- 02-790-2999
- 주차 불가
- 소프트 아이스크림
  (우유맛, 두유맛) 4,000원

우유와 두유, 두 가지 맛으로 준비되어 있는 아이스크림은 갈로할로의 닭꼬치에 데인 속을 깔끔하게 마무리해 준다. 달달한 맛으로 깜짝 놀란 혀를 달래주자.

멜팅몽키

- 서울시 용산구 녹사평대로46길 16
- 11:20~21:30, 브레이크 타임
  14:00~15:00
  (주말에는 브레이크 타임 없음)
- 02-792-2205 주차 불가
- 클래식 4,900원, B플러스 5,500원

작은 빵에 치즈를 가득 넣고 각종 야채로 맛을 낸 이곳의 샌드위치는 경리단길로 사람들을 불러 모은 일등공신. '마루쿠식당'의 이창석, 강형구 쉐프의 또 다른 작품이니 믿고 먹어 보는 걸로!

하루종일 부르는 거리의 노래
오베이(5BEY)

🏠 서울시 용산구 녹사평대로46길 10
🕐 12:00~23:00(월요일 휴무)
📱 02-794-5239　🅿 주차 불가
🍴 오베이 웍스 버거 9,000원, 맨해튼 버거 10,500원,
　코튼캔디 프로즌 마가리타 11,000원,
　드렁큰덕 프로즌 마가리타 11,000원

✪ 칵테일은 논알콜로도 주문할 수 있으니
　부담 없이 즐기자!
@ instagram.com/5beykorea
　www.instagram.com/5BEYkorea
　blog.naver.com/5BEYkorea

#수제햄버거 #핫도그 #이색마가리타 #러버덕마가리타 #자유로운분위기

테라스에서 즐기는 센스 있는 캠핑의 맛 매일매일 지겨운 술과 안주로 입맛이 지쳐가고 있다면, 시원한 창가에 앉아 바람과 함께하고 싶다면 이곳을 주목해도 좋다. 이태원 경리단길로 가는 거리를 걷다 보면 많은 사람들이 연신 카메라 셔터를 눌러대는 알록달록한 색감의 벽이 보이는데, 이 집이 바로 수제버거집 오베이다.

입구로 들어가는 문보다 경리단 앞길을 대표하는 장소로 더 유명하다. 혹시나 모르고 지나쳐도 걱정할 필요 없다. 뒤편의 테라스에서 여유를 만끽하는 사람들을 본다면 당장 안으로 들어가 보고 싶을 것이기 때문.

치즈, 케이준, 김치, 갈비 등의 푸짐한 토핑과 함께 안주로 손색이 없는 사이드인 감자튀김, 160g의 수제 패티를 비롯해 재료 모두를 직접 만든 정성스러운 수제버거가 있고, 컨셉 강한 마가리타 칵테일들이 오베이의 대표 메뉴라고 할 수 있다. 버거보다도 먼저 마가리타를 추천하는데, 술술 넘어가는 기존의 칵테일을 생각했다면 오산이다. 여기에, 2명이서도 먹기 힘든 많은 양을 자랑하므로 하나만 시켜 끝까지 도전해보자. 운이 좋아 자리가 난다면 거리 쪽으로 나 있는 창가의 테라스나 반대편의 오픈 테라스에 앉아 완벽한 밤하늘에 찬사를 보내는 것도 좋을 듯하다.

당신을 사랑한다 말하겠어요
수향

🏠 서울시 용산구 녹사평대로46길 13
🕐 13:00~19:00
📱 02-790-0258

🅿 주차 불가
🍴 다양한 종류의 캔들, 향수, 디퓨저
⭐ 소중한 친구의 선물을 고민한다면 강추!

#향초 #디퓨저 #스타일있는향 #33가지캔들

조심스레 담아온 그 날의 설렘 사랑하는 사람에게 향을 선물하거나, 받아본 적이 있다면 작은 상자에 담긴 소량의 투명한 액체가 가져다주는 무한한 감동과 사랑의 가치를 느껴본 적 있을 것이다.

특히 많은 여성들에게는 이미 오래전부터 기념일 같은 특별한 날의 로망으로 자리 잡은 수향은 이태원의 경리단 앞길을 따라 걷다 보면 보이는 자그마한 가게이다. 안이 모두 들여다보이는 커다란 통유리로 되어 있는데, 다른 집들에 비해 유달리 눈에 띄는 민트색으로 가게의 모든 벽을 채워놓았다. 기존의 향수 가게와는 달리 인테리어에 신경 쓰지 않고 상품만을 전면에 내세운 모습은 강한 자신감을 느껴볼 수 있는 동시에 믿음이 가는 대목이기도 하다. 20대의 젊고 감각적인 여성들이 사랑하는 수향의 대표적 제품들은 크게 두 종류로 나누어 볼 수 있다.

흔히 사용하는 스프레이식의 향수와 투명 액체에 나무로 만든 스틱을 꽂아 공간 구석구석에 은은한 향을 채우는 디퓨저가 있다.

장소와 이유를 불문하고 눈에 보이지 않는 향을 선물하는 것은 어쩌면 자신의 마음을 알아봐 달라는 간절한 마음이 만들어낸 데서 나온 것은 아닐까. 당신을 사랑한다는 고백. 향수의 또 다른 이름일 것이다.

나른한 주말의 소박함이 주는 행복
더 리틀 파이(The Little Pie)

🏠 서울시 용산구 녹사평대로46길 5
🕐 11:00~23:00
　 식사 시간(파이 주문 가능) 11:00~14:00, 17:00~19:00
📱 02-794-4426
🅿 주차 불가

🍴 소고기 치즈파이 6,000원, 닭고기 치즈파이 6,000원,
　 시저 샐러드 4,000원
⭐ 주문 즉시 파이를 굽기 때문에 15분정도 시간이 걸리니
　 여유를 갖고 주문하자!

#파이가게 #다양한내용물 #든든한디저트 #식사저리가라

한입에 베어져 오는 경리단의 풍경 경리단길로 이어지는 이태원 녹사평대로를 따라 이리저리 구경하며 걷다 보면 어디선가 달콤한 향기가 날아온다. 외관에는 작은 메뉴 사진이 옹기종기 모여 있고, 기분 좋은 파이 향이 코를 찌르는, 이곳이 어떤 공간인지 단박에 알아차릴 수 있는 더 리틀 파이이다. 더 리틀 파이는 경리단 앞길을 자주 찾는 마니아들에게는 모던하고 세련된 디자인으로 정평이 나 있는데, 작은 조명 하나에도 섬세하게 신경을 쓴 모습에 각 공간마다 절로 만족스러운 웃음을 짓게 하기에 충분하다. 입구부터 이어진 콘크리트로 투박하지만 멋스럽게 깔아놓은 바닥을 넘어 안으로 들어가 보면 싱그러운 식물들이 마음을 편안하고 기분 좋게 해준다. 입구에서 보이는 왼쪽의 작은 카페도 이런 분위기를 받쳐주는데, 서로 구분되어 있지 않고, 한 공간에서 두 가게가 있다는 점이 신기하면서도 매력적이다. 더 리틀 파이는 주로 고기류를 베이스로 한 파이를 선보이고 있다. 뜨거운 치즈와 안에 촉촉히 젖어 있는 닭고기가 인상적인 치킨 치즈파이, 소고기로 만들어 부드럽고 식감이 살아 있는 미트파이를 최고로 꼽을 수 있겠다. 즉석에서 바로 뽑아주는 생맥주 한 잔까지 곁들인다면 주말 오후 나른한 일과와 딱 어울리는 궁합이 탄생한다.

앞만 보고 달리는 당신에게 바치는 찰나의 찬사
달려라 개미

🏠 서울시 용산구 녹사평대로46길 18 2층
🕐 16:00~01:00
📱 02-794-5955
🅿 주차 불가

🍴 치즈 김치전 17,000원, 유자 항정살구이 22,000원,
　하우스막걸리(750ml) 6,000원,
　유자 막걸리(750ml) 9,000원
🏃 김치가 이 집의 자랑이니 꼭 먹어보도록!

#한식주점 #막걸리바 #특별한막걸리 #대한민국명주

쉬지 않고 일한 당신이여 다시 달려라 이태원 경리단길의 초입 격인 경리단 앞길에는 이국적이고 세련된 분위기와는 다르게 푸근하고 마음 편한 노래가 흘러나오며 사람들의 웃음이 끊이지 않는 곳이 있다.

퓨전 동동주 주막인 달려라개미는 그런 집이다. 안으로 들어가면 과거의 향수를 자극하는 조명과 소품들이 세련된 모습의 테이블과 놓여 있다. 안으로 좀 더 들어가보자. 앞서 걸어 올라왔던 언덕 쪽으로 방향을 틀어 가다보면 총 두 곳의 테라스를 만나볼 수 있다. 특히 2인석의 테라스에서 해질녘의 하늘을 바라보는 경험은 잊기 힘든 감동을 선사하니 놓치지 말 것.

달려라개미는 직접 만든 크래프트 막걸리와 함께 이에 어울리는 여러 안주까지 만나볼 수 있는데, 다양한 맛의 막걸리를 주문하게 되면 부엌 쪽 양조 기계에서 바로 내린 신선한 막걸리를 마실 수 있다.

또한, 단순히 전에만 어울릴 것이라는 편견을 과감하게 버리게 해주는 유자 항정살 구이나 알탕 등의 여러 퓨전 메뉴가 있고 이곳의 대표 메뉴인 치즈 김치전도 놓칠 수 없는 별미다. 자 이제, 해질 녘의 하늘과 시원한 막걸리, 그리고 당신도 준비되었다. 다시 한번 달려보자.

맥주바, 칵테일바는 들어봤어도 막걸리바는 처음이다. 막걸리 하면 떠오르는 막연한 이미지는 김치와 두부에 먹는 '아재의 술'이 아닐까 싶은데 이렇게 투박한 술로 인식되는 막걸리에 현대적인 감성을 입히고, 전라남도식의 일품요리를 더해 남녀노소를 불문하고 모두에게 사랑받고 있는 막걸리 집이 있다.

Q 어떻게 달려라 개미를 시작하게 되셨나요?

저희 대표님은 요식업 종사자는 아니지만, 전국으로 맛집 탐방을 다니실 정도로 맛있는 음식에 대한 깊은 철학을 갖고 계세요. 그래서 10년간 음식집 탐방을 하며 모은 레시피를 갖고 창업을 하게 됐다고 해요. 그리고 가게 이름의 개미는 '특별한 감칠맛'이라는 의미의 '개미하다'라는 전라남도 방언에서 따온 것으로 메뉴 역시 전라남도식 음식이 주를 이루고 있습니다.

Q 영업 철학이 있으시다면요?

한식과 술을 편안하게 먹을 수 있는 자리를 만드는 게 목표라고 하셨어요. 그래서 인테리어도 편안한 감정을 느낄 수 있게, 복고스러운 소품들로 채워 놓았습니다. 그리고 한식, 특히 전라남도 음식의 맛을 손님들에게 선보이고 싶어 셰프들과 직접 전라도 방방곡곡을 탐방하며 레시피를 제작하셨습니다. 대표님의 맛에 대한 철학이 가장 돋보이는 예시로는 김치가 있어요.

저희는 김장철이 되면 가게 직원들 모두가 전남으로 내려가 1년치 김치를 담그거든요. 이러한 방식으로 손님들께 맛있는 음식을 제공하기 위한 노력을 하고 있습니다.

Q 달려라 개미의 대표 메뉴가 있다면?

가장 많이 찾고, 자신 있는 메뉴는 유자 항정살 구이와 치즈 김치전이고요. 말씀드렸다시피 김치가 특성화되어 있어요. 그래서 김치가 들어간 메뉴가 인기가 많고 또한 자신도 있습니다. 술은 유자 막걸리, 자몽 막걸리 등이 가장 잘 팔리고요. 막걸리 같은 경우는 도주가들과 직접 계약하여 공수해오고 있어 맛과 품질 모두 보장할 수 있습니다.

Q 달려라 개미의 향후 목표는 무엇인가요?

대표님 같은 경우에는 우리 음식을 알리고자 하는 뚜렷한 목표 의식을 갖고 계신 분이세요. 요즘 외식 산업이 양식에 치우친 경향이 있는데, 한식 쪽으로 사업을 확장하는 것을 염두에 두고 계신 듯 합니다.

Made in the past
앤틱가구거리

어김없이 지나가는 어제와 오늘.
일상에 지쳐 무기력하게
살아가고 있는 바쁜 현대인들에게
어찌 보면 시간은 마치 거부할 수 없는
거대한 파도처럼, 우리를 집어 삼켜가고
있는 듯하다. 허나, 대부분 사람들은
시간의 흐름 속에서 이 순간을 오래 기억하려
사진을 남기고, 후에 이 추억을 되돌아보며
감성에 젖어드는 경험을 해본 적 있을 것이다.
여기 오랜 역사 속에 자리한 소품들이 있다.
세월에 빛바랜 모습과 소복하게 쌓여 있는
먼지에 보잘 것 없어 보일지도 모른다.
하지만 우리들의 아름다운 옛 이야기를
고스란히 간직하고 있는,
가질 수는 없어도 마음을 얻기엔
충분한 그 시간 속으로 한번 떠나보자.
플리터 4기 김다은, 김동언, 이동현

6호선 이태원역
4
3
wallet
Taco Bell
Autum
Fisherman's
table
지구촌
table
Bulldogs
table
table
Domino's Pizza
SisoSusi
바바리아
Zest

하늘에 닿을 듯 말 듯 한 저마다의 끝자락
지구촌

🏠 서울시 용산구 보광로 117

🕐 카페 화~토 11:00~18:00, 일 11:00~19:00(월요일 휴무)
펍 월·화 17:00~01:00, 금~토 17:00~03:00
(일요일 휴무)

📱 02-6405-0226

🅿 주차 불가

🍴 아메리카노 3,000원, 플랫 화이트 3,500원,
크림모카 4,000원

✪ 테라스의 분위기가 이 가게의 핵심이니 되도록
바깥 자리에 앉자!

#테라스카페 #카페펍 #분위기좋은카페 #link_by_drink

당신과 나, 그리고 우리 모두의 이태원 중심에 위치하고 있는 해밀턴 호텔을 등지고 길을 내려오다 보면 아기자기한 다양한 가게들 틈새를 비집고 서 있는 지구촌을 만날 수 있다. 나무로 된 와인 상자들 속에 여러 종류의 술병이 놓여 있는 외부를 지나 작은 문을 통해 안으로 들어가 보면 효율적이면서 스타일리시한 테이블이 있고, 입구에서부터 왼쪽으로 이어진 키친은 이곳이 술 한 잔을 할 수 있는 펍인지, 커피를 만날 수 있는 카페인지 헷갈리게 만드는 모호함을 준다. 하지만 다행히도 둘 다 즐길 수 있으니 걱정하지 않아도 된다. 그리 크지 않은 자리들을 지나면 지하로 이어진 계단과 각 층 창가에 위치한 테라스에서 하

늘과 조화된 이태원의 전경을 볼 수 있는데, 이곳의 가장 큰 매력 포인트로 실내보다는 테라스 좌석을 추천한다.

여름방학, 그 추억 속의 환상
시소스시(SISOSUSI)

🏠 서울시 용산구 보광로 111
🕐 평일 11:30~04:30, 브레이크 타임 15:00~17:30
   토요일 11:30~04:30, 브레이크 타임 15:00~17:30
   일요일 11:30~23:00, 브레이크 타임 15:00~17:30
📱 02-794-3343

🅿 주차 불가
🍴 런치초밥 9,000원, 연어롤 12,000원,
   새우 간장밥 8,000원
⭐ 롤을 먹고 싶다면 일찍 찾아가자(조기 매진될 수 있음)

#깔끔한일식 #스시 #덮밥 #초밥전문점

정갈하고 깨끗한 마음을 나누는 일식집 벚꽃의 순결, 코스모스의 순정, 그리고 동백의 신중도 아닌 안개꽃의 순수를 담은 스시 가게가 있다. 시끌벅적한 이태원에서 약간 벗어나 고풍스런 소품들을 전시해놓은 가게를 지나치다 보면 시소스시라는 일식집이 나타난다. 외관은 기존의 일식집들이 격식을 갖추고 있다면, 이 집은 제각각의 벽돌로 담을 쌓아놓았고, 영어로 된 간판을 내거는 식으로 꽤 자유롭고 시원해 보인다. 가게의 범위를 굳이 구분해놓지 않았으므로 당황하지 말고 안과 밖 중 한 자리를 선택해 들어가 보자. 그러면 외관에 어울리는 시원시원한 점원들이 우리를 맞이할 것이다. 시소스시의 대표 메뉴로는 초밥 구성에 약간의 차이를 두고 있는 런치생선초밥과 오늘의 생선 초밥이 있고 간장에 절인 통새우 여러 마리를 쓱쓱 비벼 먹는 별미, 새우 간장밥이 있다. 매번 똑같은 일식집의 초밥이 지겹다면 하나쯤 추가해도 좋을 듯하다.

말이 필요 없는, 다만 서로가 필요한
불독스(Bulldogs)

- 🏠 서울시 용산구 보광로 116
- 🕐 평일 11:30~23:00, 금요일 11:30~24:00,
  브레이크 타임 14:30 ~ 5:30
  토요일 11:30~24:00, 일요일 11:30~23:00(월요일 휴무)
- 📱 02-6248-2998
- Ⓟ 주차 불가
- 🍴 불독스 프라이즈 12,000원, 매쉬 앤 그레이비 핫도그
  9,500원, 버터맥주 오리지널 5,500원
- ⭐ 무슨 일이 있어도 버터맥주는 꼭 먹어볼 것!
- 🌐 www.facebook.com/bulldogskorea

#버터맥주 #해리포터 #영국감성 #영국식핫도그

흩날리는 시간, 그리고 웃음으로 채워질 밤낮 잊은 채 살아 숨 쉬는 이태원의 뜨거운 광기를 뒤로 하고 다소 의아할 정도로 조용한 가구 거리를 걸어 내려가다 보면 정통 영국식 펍 불독스가 나온다. 영국에 관련된 소품들로 꾸며진 이곳에서는 영국식 핫도그뿐만 아니라 영화 〈해리포터〉에서 나왔던 버터맥주를 맛볼 수 있다. 각종 칵테일도 준비되어 있으니 친구나 연인들과 함께 방문하면 색다른 추억을 만들 수 있는 곳이다.

모두를 안아주는 넓은 바다처럼
피셔맨즈(Fisherman's)

- 🏠 서울시 용산구 이태원로20가길 7-2
- 🕐 10:00~23:30(연중무휴)
- 📱 010-7227-9544
- Ⓟ 주차 불가
- 🍴 쉬림프롤 단품 8,000원, 쉬림프롤 세트 14,000원,
  로제파스타 18,000원, 피쉬앤칩스 16,000원
- ⭐ 현금 결제 시 500원 상당의 삶은 계란을 받을 수 있다.
- 🌐 www.miss420.net

#새우요리맛집 #슈림프파스타 #뉴욕식슈림프롤

작은 손바닥 안의 지중해 이태원역에서 나와 앤티크가구거리 방향으로 조금 내려오다 보면 오른쪽으로 조그만 골목이 나 있다. 지붕 위로 큼지막하게 솟아 있는 새우 한 마리가 유달리 눈에 띄는 곳. 피셔맨즈는 새우 요리 전문점으로 맥주와 함께 간단하게 즐길 수 있는 다양한 메뉴들이 새우 성애자들의 눈길을 사로잡는 곳이다. 요즘 핫한 수제맥주인 대동강 맥주도 판매하고 있으니 잊지 말고 챙겨 먹을 것!

그 무엇보다 웅장하고 따사로운
바바리아

🏠 서울시 용산구 녹사평대로26길 65
📱 02-793-9032
🅿️ 주차 불가

#앤티크가구점 #앤티크창고 #앤티크소품 #수입가구셀렉스토어 #앤티크가구

눈 감으면 나타날 동화 속 시간 어린 아이들에게는 환상을, 어른들에게는 동심을 선물할 이태원 앤티크가구거리의 안방마님격의 바바리아는 가구거리의 끝자락에 있다.

처음 가구 가게가 들어섰을 때만 해도 지금의 위치보다 더 먼 곳에 조성되어 있었는데 시간이 지나면서 이태원역과 가까운 골목으로 옮겨져 그 명맥을 이어오고 있다. 바바리아는 15년이 넘는 긴 시간 동안 꾸준히 사랑받고 있는데, 직접 찾아가 본 이곳의 외관은 앞서 소개해왔던 수많은 장소들과는 비교도 안 될 만큼 독보적인 모습을 자랑하고 있었다. 주로 가구들보다는 오래된 조각상이나 장난감 등의 인테리어 소품들이 전시되어 있다. 다양하고 아기자기한 소품들을 지나 안으로 들어가 보면 순박해 보이던 외관과는 달리 무거운 분위기의 앤티크한 세상이 펼쳐진다.

일상에 엣지를 더하다
한남동 T자 골목

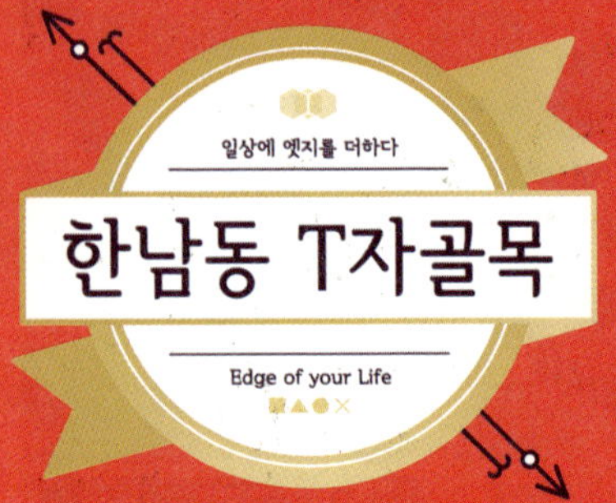

항상 많은 이들로 붐비는 이태원역을 지나
한강진역 쪽으로 걸어오다 보면,
이색적인 외국의 모습과는 사뭇 다른
새로운 감각을 느낄 수 있는 골목이 나온다.
한남동 특유의 세련되고 독립적인 편집숍들과
자신들만의 감성으로 무장한 가게들이
곳곳에 늘어서 있다. 낮보다는 밤이,
밤보다는 해 질 녘 노을이 기대되는
한남동 T자 골목으로
무료하게만 느껴지는 일상에
엣지를 더하러 가보는 건 어떨까?
플리터 4기 김다은, 김동언, 이동현

밀이그램
table
라운드 어바웃
코스믹 맨션
카페 노르딕
카페 모모
옹느세자매
table
style 페인터리
이태원역 ③
③
페이퍼 뮤즈

여유가 숨어 있는 작은 브런치집
카페 노르딕(Kafe Nordic)

- 서울시 용산구 이태원로 42길 46-14
- 11:00~22:00(화요일 휴무)
- 070-8200-2066 ㉿ 주차 가능
- 고르곤졸라 허니 파니니 11,000원,
  치킨 아보카도 파니니 13,500원,
  청포도 샌드위치 10,500원

#분위기좋은카페 #조용한카페 #든든한점심

브런치 하나로 마음을 얻다 카페 노르딕은 이미 많은 이들이 알고 있는 유명한 브런치 카페다. 반지하 형태의 가게 입구를 지나면 편안하고 아늑한 내부가 나온다. 내부 공간 곳곳엔 향초와 디퓨저들이 놓여 있어 손님들의 눈과 코를 사로잡고 있다.

신선하고 건강한 구성의 샌드위치와 파니니가 이곳의 인기 메뉴이다. 다소 허전할 수 있는 구성이지만 당근이나 셀러리 같은 생야채를 함께 내오는 센스가 눈에 띈다. 북적거리지 않는 곳이라 싱그러운 브런치와 함께 오랜 시간 이야기를 나눌 수 있으니 이곳에서 보내는 시간이야말로 우리가 바라던 진짜 주말이 아닐까 싶다.

인생을 살다보면 그럴 수도 있어
옹느세자매

- 서울시 용산구 이태원로 54길 51
- 11:00~22:00(월요일 휴무)
- 02-794-3446
- ㉿ 주차 불가
- 이탈리안 티라미수 7,000원,
  마카롱 마스카포네 1 ps 7,800원, 커피 3,500원

#디저트카페 #35가지디저트 #이색카페 #한남동카페

당신의 이야기를 기다리는 곳 화려하고 세련된 분위기를 자랑하는 한남동, 그중에서도 단연 돋보이는 핫플레이스가 바로 이곳이다. 특이한 인테리어 때문에 누구나 한 번쯤은 눈길을 주게 되는 옹느세자매. 외부는 큰 유리창으로 되어 있고, 내부는 목욕탕을 연상시키는 타일형 좌석으로 이루어져 있다. 아메리카노나 카페라테 같은 음료도 물론이지만 이곳의 시그니처 메뉴는 단연 디저트이다. 커다란 밤 모양의 귀여운 오리지널 몽블랑, 마카롱이 박혀 있는 마카롱 마스카포네 케이크가 가장 인기다.

우연히 마주한 그 자리, 그 향기
코스믹 맨션(Cosmic Mansion)

🏠 서울시 용산구 이태원로 54길 31
🕐 월~금 12:00~21:00
　　주말 12:00~19:00
📱 010-9410-0652

🅿 주차 불가
⭐ 향초 20,000원~, 디퓨저 25,000원~,
　　선물세트 40,000원~
@ cosmicmansion.co.kr

#향초선물 #나만의향초 #향초클래스 #천연향초

소중한 사람에게 전하는 마음 향을 선물하는 건 이젠 더 이상 신기한 일이 아니다. 한강진역 방면 이태원로 끝자락에 위치한 코스믹 맨션은 누군가를 위해, 혹은 자신을 위해 향을 담아 가려는 사람들로 언제나 북적인다.

라이프스타일을 만나볼 수 있는 셀렉숍 및 랩을 지향하고 있으며 내부의 모습을 자연스럽게 볼 수 있게 통유리로 되어 있다. 현관을 지나 내부로 들어서면 감탄을 자아내는 향이 가게 안에 가득해 발걸음을 멈추게 한다. 곳곳에 놓여 있는 사장님의 센스가 물씬 담긴 소품들이 눈에 띄고, 손님들의 얼굴에서 하나같이 기대와 설렘이 엿보인다.

주로 여러 종류의 향을 천연 식물성 왁스만을 사용해 직접 제조해서 향초나 디퓨저 형태로 판매하고 있다. 원한다면 겉면에 짧은 문구나 이니셜을 찍어 구매할 수도 있다. 미리 예약만 하면 직접 나만의 향을 만들어보고 담아갈 수 있는 체험도 할 수 있다. 눈으로 볼 수 있거나 손으로 잡을 수는 없지만, 항상 곁을 맴도는 향기처럼 오랜 시간 함께하고 싶은 이들과 우리만의 향을 만들며 시간을 나눠보는 건 어떨까.

우연히 마주한 그 자리, 그 향기
코스믹 맨션

세련되고 스타일리시한 감성을 담고 있는 코스믹 맨션. '향'이라는 요소가 감각적인 한남동의 이미지에 잘 스며들어 있다. 그 비법이 궁금해 코스믹 맨션의 주인장을 찾아갔다.

Q 코스믹 맨션을 시작하게 된 계기는 무엇인가요?

영화 미술을 전공했으며, 현장 일도 꽤 오래 했었어요. 인테리어나 소품 등에 워낙 관심이 많았고, 공간에 대한 무드를 중요하게 생각했습니다. 영화 미술 쪽 일을 그만두고 이직을 준비하면서 오랫동안 좋아하던 향초라는 아이템을 창업 아이템으로 결정하고, 그 이후 제작이나 조향 작업 등을 공부하기 시작했어요.

그때가 4, 5년 전쯤이었는데요, 수입 향초들이 시장에 막 진출해 있던 상황이었고 지금과 같이 붐이 일어나기 전이었지만 이미 많은 분들이 푹 빠져 있던 아이템이어서 관심이 높아질 거라고 예상했습니다.

Q 사장님만의 특별한 영업 철학이 있다면?

작은 물건 하나를 구매하시더라도 기분이 좋으셨으면 하는 마음으로 고객을 대하고 있습니다. 주로 선물용으로 구매하시는 분들이 많은 편인데요, 선물을 주는 사람도 받는 사람 못지않게 행복을 느끼게끔 해드리고자 최대한 정성을 담아 포장을 하고, 응대하고 있습니다. 또한 언제나 좋은 재료로 제작한 제품을 효율적인 가격으로 판매하자는 생각을 지니고 있습니다.

Q 코스믹 맨션을 대표하는 상품이 있다면요?

모든 제품을 자체적으로 조향 작업 후 제작하고 있으므로 향마다 캔들은 물론 디퓨저, 룸&패브릭 스프레이 등 많은 제품이 있습니다. 특히 저희 제품을 써보신 분들이 주변 분들에게 선물을 많이 하시는 편이기도 해서 캔들과 디퓨저를 한 상자에 담은 '스페셜 세트'의 인기가 높습니다.

Q 코스믹 맨션의 향후 목표는 무엇인가요?

매장의 분위기나 패키지, 제품에서 아직도 부족한 부분들이 많다고 생각합니다. 저희 브랜드를 떠올렸을 때 유명 수입 브랜드에 못지않은 훌륭한 제품이라는 생각이 드실 때까지 열심히 노력할 계획이에요. 사실은 앞으로의 코스믹 맨션이 더욱 기대되어 무척 설렌답니다.

차분함에 끌리는 일본 가정식
라운드 어바웃(Round About)

🏠 서울시 용산구 이태원로54길 46 1층
🕐 화~금 11:30~21:00
　　토·공휴일 12:00~21:00
　　일 12:00~20:00
　　브레이크 타임 15:00~17:00(월요일 휴무)

📱 070-5055-2280
🅿 주차 가능
🍴 일본카레 8,000원, 스파이시 에비카레 9,000원,
　　규동 정식 10,000원, 명란 크림 우동 9,000원

#일본가정식 #한남동일본식 #깔끔한식사 #우동 #라멘 #일본카레

작지만 강한 한남동의 작은 일본 제일기획 사옥을 지나, 작은 길목 사이로 들어가면 세련된 감성의 간판이 걸린 일본 가정식 전문점 라운드 어바웃을 만날 수 있다. 외관에서부터 풍겨오는 매력적인 모던함은 내부에서도 만나볼 수 있다. 소박하고 깔끔한 가정식을 모토로 삼고 있는 집답게 절제된 느낌의 인테리어로, 일본색이 강하게 드러나는 소품이 없음에도 마치 일본의 음식점에 와 있는 듯하다.

이 집의 메뉴는 크게 카레와 우동으로 나뉘는데, 명란 크림 우동이 제일 유명하고 직접 고명을 선택해 올려 먹는 어려 종류의 일본 전통 카레도 준비되어 있다. 매일 제공되는 메뉴가 다르고 그 양또한 한정적인데 재료의 질과 신선함을 지키기 위한 결정이라고 하니 더욱더 믿음이 가는 곳이다. 카레와 우동뿐 아니라, 덮밥이나 반찬을 얹은 밥에 녹차를 부어 먹는 오차쓰케 또한 만나볼 수 있다. 한남동에 자리한 가게답지 않은 가성비까지 갖추고 있으니, 맛도 가격도 부담 없이 깔끔한 한 끼를 원한다면 라운드 어바웃은 어떨까?

이 세상의 모든 설렘을 담은 카페
모모(MOMO)

🏠 서울시 용산구 이태원로42길 42
🕐 11:30~02:00(카페 11:30~20:00, 펍 20:00~02:00)
📱 02-792-5522

🅿 주차 가능
🍴 커피 4,000원~, 음료 6,000원~. 디저트 3,000원~

#분위기좋은카페 #카페겸펍 #커피 #썸녀와분위기 #머핀 #조용한카페

당신과 나, 그리고 촛불 하나만이 있는 흔히 T자 골목이나 우사단로라고 부르는 이태원로 54길을 걷다 보면 현대적이면서 중후한 분위기의 카페 겸 펍, 모모 카페를 만날 수 있다. 내부로 들어가 보면 유럽의 카페에 와있는 것만 같은 착각을 불러일으킬 정도로 인테리어와 조명이 분위기 있고 스타일리시하다.

이곳의 가장 큰 특징은 내부 조명이 거의 없고 테이블마다 근처의 핀 조명으로 작게 빛을 담고 있다는 점이다. 또한 4, 5개의 테이블은 커다랗고 넓은 식탁 같은 테이블에 중세 유럽풍의 소파는 각각의 콘셉트를 가지고 있다. 건물 뒤편에 있는 야외 테라스는 서로를 알아가고 있는 연인들에게 추천한다. 조용한 분위기에 촛불 하나만 놓인 작은 원형 테이블에서 얼굴을 마주하고 이야기한다면 어느새 손을 잡고 사랑을 속삭이고 있을 것이다.

따뜻한 커피, 여러 종류의 스파클링 에이드와 호두나 초코로 만든 디저트를 곁들이면 이곳의 분위기를 충분히 즐길 수 있다. 늦은 밤이 되면 조명은 더 줄어들고 음악은 낮게 깔린다. 펍으로 변하는 이곳에서 칵테일과 맥주를 한잔 하는 건 어떨까? 하루를 끝내고 지친 마음을 부드럽게 달래고자 한다면 이곳을 추천한다.

특별한 맥주 한 잔의 시간
밀이그램(Mill2gram)

🏠 서울시 용산구 이태원로 54길 16-1
🕐 화~목 12:00~24:00, 금~토 12:00~02:00
　　일 12:00~23:00(월요일 휴무)
📱 02-790-1145
🅿 주차 가능

🍴 100분 쇼 15,000원, 수제맥주 5,500원~,
　　치즈피자 10,000원
✴ 지하 대여는 예약이 필수이다.
@ www.facebook.com/mill2gram

#한남동수제맥주 #맥주무한 리필 #피맥 #분위기좋은펍 #낮맥주

좋은 사람들과의 맥주 한 잔이 주는 최고의 힐링
한강진역 2번 출구에서 나와 이태원 방면으로 조금만 올라와 골목으로 내려오다 보면 2층짜리 건물이 보이는 데, 이곳이 수제 맥주집, 밀이그램이다. 건물 한쪽 면이 대부분 유리라 밖에서는 미리 맥주에 대한 기대감을 높여주고 안에서는 몽환적인 야경을 감상할 수 있다.

다른 곳에서는 만나보기 힘든 맥주를 직접 만들고 제공한다는 사장님의 자부심이 담긴 설명을 듣고 난 후, 맥주를 마시니 색다른 기분이 들었다. 밀이그램의 가장 메리트 있는 서비스를 꼽아보자면 '100분 쇼'라고 할 수 있다. '100분 쇼'는 지하 1층의 공간에서 100분간 마음껏 직접 4가지 수제 맥주를 따라 마실 수 있는 것. 직접 컵을 씻고 맥주를 따르고 거품까지 담아볼 수 있다. 20명 이상이 단체로 이 서비스를 이용하면 지하를 무료로 대관까지 해준다고 하니, 바쁜 생활에 쉽게 만나보지 못했던 대학 동기들과 함께 오는 것도 좋지 않을까?

맥주에 곁들여 먹기 좋은 피자가 가장 유명하고, 크림치즈를 녹여 매콤한 소스와 함께 롤 소시지가 담겨 나오는 라비린스도 별미다. 아마 100분이 지난 후 가장 아쉬운 건, 수제 맥주도 시원한 밤공기도 아닌, 좋은 사람들과의 시간일 것 같다.

당신은 가만히 내게 물처럼 밀려오라

성동구

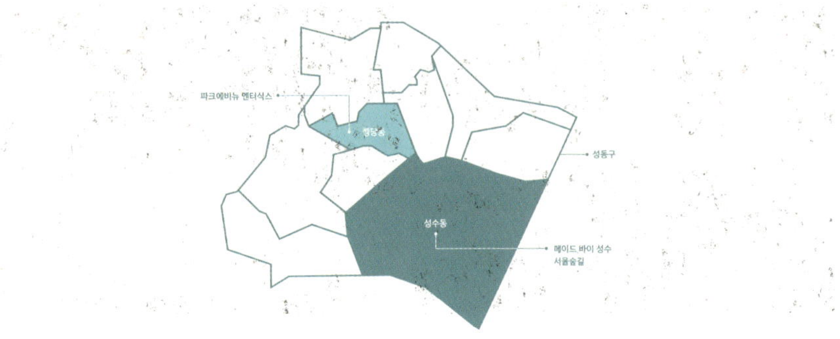

'흐르다'. 이 단어 이상으로 성동구를 대표할 수 있는 단어는 아마 존재하지 않을 것이다. 무려 5개의 호선이 교차하는 왕십리, 열차에 몸을 맡긴 채 실려 온 우리는 이곳에서 저마다의 목적을 위해 이리저리로 흘러들어 간다. 성동구의 이러한 모습은 주변의 자연에서 비롯된 것일지도 모른다. 작다면 작다고 할 수 있는 한 개의 구에 청계천, 중랑천, 한강 등이 굽이굽이 흐르며 만남과 헤어짐을 반복하고 있기 때문.

물을 닮은 성동구. 그래서일까. 이곳의 사람들은 참 맑다. 사회를 보다 살기 좋게 만들고자 하는 꿈을 가진 젊은이들이 모여 있고, 자본의 중요성을 역설하는 세태에서 순수한 눈빛을 반짝이며 각자의 철학을 그 무엇보다 사랑한다고 말하는 이들이 있다. 나에게 무언가를 자꾸만 강요하는 분위기에 지치는 날이면 이곳을 방문해보자. 현실과는 다소 동떨어진 이야기를 가장 즐겁게 하는 사람들과 활기를 찾을 수도 있고, 그것도 부담스럽다면 서울숲 길을 거닐며 가만히 사색을 할 수도 있다.

성동구에서 당신의 여행이 마무리되었다고 여길 때쯤, 이곳은 당신을 일상으로 무사히 돌려보내 줄 것이다. 그러나 아쉬워하지는 말자. 모여들었던 물이 각 갈래에서 흩어지는 것은 자연스러운 일. 또 잠깐 갈래를 달리했던 물이 또 한 곳에서 만나는 일도 그러하니까.

'가치' 창작소
메이드 바이 성수

MADE BY
성수

최근, 미디어를 통해 성수 거리를 접하고
낭만적 상상에 빠졌던 이들이라면, 이 동네가 주는
낯선 분위기가 꽤 당혹스러울 것이다.
카페 거리라고 이름 붙여져 있기는 하나
골목마다 드문드문, 마치 숨은그림찾기처럼 카페가
존재하고 있기 때문이다.
사실 성수 거리의 진정한 가치는 겉으로 보이는
외관이 아닌, 내면의 '철학'에 있다.
오래전, 대중적으로 소비되는 것이 아닌,
오직 한 사람을 위한 구두를 만들어내는
장인들이 모이면서 시작된 이 골목은 우리가
맹신하고 있는 자본의 논리와는 조금 다른 이야기를 한다.
새롭게 이곳에 모여든 젊은이들 역시 전통의 맥을 따른다.
각자의 아이템은 다르지만 보이지 않는 가치를
추구한다는 철학은 동일하다.
이건 이곳을 빛나게 하는 가게에서
본인들의 이야기를 들려주는 상인들의 자부심이다.
성수에 방문하게 된다면 충분한
시간적 여유를 가지고 가길 바란다.
그들의 이야기를 들어줌에서도 그렇고,
가치가 맞는 것을 만난다면 당장 내 삶에 끌어들일 수 있게 하는
다양한 클래스와 전시 등이 마련되어 있기 때문이다.

플리터 4기 공정현, 권시아, 김나영

From. SS
2호선 성수역
③
SAERA
핑거 팁스
페이퍼 크라운
자그마치 table
베란다
인더스트리얼
레 필로소피
DAERIM
대림창고
우콘카레
그레이 스톤

풋풋한 설렘
From SS

🏠 서울시 성동구 아차산로 113
🕐 가게 별로 상이
🅿 주차 불가

⭐ 신데렐라(원 사이즈) 할인은 또 다른 기회!

#맞춤제작 #장인의손길 #서울시의인증 #신데렐라

좋은 신발은 좋은 곳에 데려다준다 지하철에서 내려 출구로 걸어가는 동안 우리는 성수의 새로운 매력을 발견한다. 역사 내부는 구두 이야기로 가득하다. 서울 구두 제조업의 80%가 집중되어 있는 성수동 일대. 그리고 이곳으로 모여든 구두 장인들. 덕분에 유통 과정이 줄어들어 구둣값이 싸지는 것은 당연한 현상. 또 다양한 구두를 멀리 가지 않고도 만날 수 있다. 성수동 신발의 매력은 장인들이 직접 만들어주는 수제화에 있다. 성수역 근방에 퍼져 있지만 서울시에서 몇몇 가게를 선정해 수제화 공동판매장 'From SS'를 만들었다. 이는 박스숍 형태로 역 바로 밑에 배치되어 찾기도 쉽다.

아주 작은 발이거나 너무 큰 사이즈의 경우에는 시중에서 맞는 제품을 찾기 힘들다. 큰 신발에 깔창을 끼워 넣는 것도, 약간 작은 사이즈를 늘려서 신는 것도 그들에겐 지겨운 일. 그렇지 않더라도 사람만큼이나 우리의 발은 다양하다. 어떤 표준에 맞추는 것보다는 직접 맞추는 것이 더욱 편안한 법. From SS에서 우리 마음에, 발에 꼭 맞는 신발을 찾아보자. 정, 편안함, 건강! 추가 구성 상품으로 이 정도면 완벽하다.

열 손가락으로 잡아 부족한 부분이 없다
핑거팁스(Fingertips)

🏠 서울시 성동구 연무장 7가길 5-1
🕐 평일 11:00~22:00, 브레이크 타임 16:00~17:30
　　토 11:00~21:00, 일 11:00~04:00
📱 070-4232-0805
🅿 성수역 4번 출구 근처 신성주차장 이용
　　(30분 주차비 제공)

🍴 썸 9,500원, 핑키 8,900원, 감자튀김 5,500원
⭐ 평일에는 요일마다 바뀌는 런치 스페셜로
　　더 저렴하게 즐겨보자!
@ instagram.com/fingertipsburger

#인생버거 #머리부터발끝까지수제 #힐링버거

손수 쌓은 건강한 햄버거 여기에 음식점이 있을지 의심스러운 골목에 가게 하나가 여유로운 분위기를 뽐내며 자리하고 있다. 노란색으로 감각적으로 꾸며진 가게는 식욕을 돋우기에 충분하다. 식욕을 장전했다면 앞에 놓인 수제버거로 진격하자. 다칠 위험은 없다. 자극적인 요소를 싹 뺀 빵, 패티, 소스. 모든 과정에서 재료 선정에 대한 엄격한 기준. 신경을 쓰지 않은 부분이 없기 때문이다.

'썸(Thumb)'은 그 이름만큼 가게의 대표 메뉴 자리를 꿰차고 있다. 양파와 토마토 외의 채소가 들어가지 않음에도 거부감은 없다. 속 재료는 잘 준비했던 만큼이나 골고루 익혀졌다. 그중에서

도 적절히 구워진 양파는 씹는 맛도, 단맛도 챙겨준다. 덕분에 무너질까 걱정되었지만 부드럽고 쉽게 잘린다. 빠질 수 없는 감자튀김, 그렇지만 양이 많을까 걱정이라면 세트메뉴로 즐기면 된다. 세트메뉴는 햄버거 단품, 감자튀김 1/2과 음료로 자유롭게 구성할 수 있다. 체다치즈를 올린 감자튀김은 햄버거를 먹는 동안 굳어버리지 않아 더욱 좋다.

Q 어떻게 해서 핑거팁스를 창업하게 되셨나요?

5~6년 동안 교육 사업을 하는 동안에도 꾸준히 취미생활로 요리를 해왔습니다. 그중에서도 빵을 가장 좋아했고요. 어느 순간 창업에 관심이 생겼는데 2015년 12월에 '핑거팁스'를 열면서 본격적으로 뛰어들었죠.

Q 유동 인구가 많은 다른 지역도 있는데, 성수동에서 시작하게 된 이유가 있나요?

여러 방면에서 이 장소가 적절했습니다. 유동인구가 많은 가로수길, 이태원 등에는 이미 수제버거 가게들이 많이 자리하고 있었고 우리는 빵도 직접 굽고, 채소도 가락시장에서 신선한 것으로 가져와야 했기에 성수동이 좋았어요. 미래를 고려했을 때에도 계속해서 발전하고 있는 동네인 성수동이 그야말로 '핑거팁스'의 자리라는 생각이 들었습니다.

Q 핑거팁스만의 영업 철학이 있으신가요?

무엇보다 햄버거에 대한 편견을 뒤집고 싶어요. 사람들에게 햄버거는 부정적인 이미지로 박혀 있잖아요. 그렇지만 우리 가게에서는 절대 해롭지 않은, 건강한 햄버거의 맛을 전하려고 노력하고 있습니다. 재료 하나도 신선한 것으로 직접 공수해오고, 빵 또한 직접 만들고 있습니다. 이렇게 만들어진 햄버거로 영양적인 면도 충족시키는 훌륭한 한 끼 식사를 만들고 싶습니다.

Q 핑거팁스의 대표 메뉴를 알려주세요

채소가 없는 메뉴인 '썸(Thumb)'을 가장 많이 드시는 것 같아요. 여자 손님들의 경우에는 '링'이나 '핑키'도 많이 찾고 계시죠.

Q 핑거팁스의 향후 목표는 어떻게 되나요?

아무래도 오픈한 지 오래되지 않았고 가게가 크는 중이니, 앞으로 번창했으면 좋겠습니다. 나중에는 분점도 생겼으면 하는 소망도 있고요. 창업을 시작할 때 분점이라는 목표를 염두에 두고 시스템을 구축하기도 했으니 목표가 꼭 이루어졌으면 좋겠네요.

회색 거리 속 노란빛
우콘 카레

- 🏠 서울시 성동구 성수이로10길 8
- 🕐 11:00~21:30(일요일 휴무)
  브레이크 타임 15:00~17:00
- 📞 070-4124-8769
- 🅿 주차 불가

- 🍴 우콘카레 5,500원, 소시지 스페셜 카레 8,500원,
  계란 후라이 500원
- ★ 카레 한 그릇이 조금 섭섭하다면 다양한 토핑 메뉴를
  추가해보자. 또는 토핑을 제외하고 밥과 카레는
  무한 리필이니 이것을 이용해보도록!

#카레 #무한리필 #회색속노란빛 #사장님매력적이야

평생 먹을 카레, 여기서 다 먹자! '우콘 카레'는 기분 좋은 노란빛을 한껏 뿜으며, 골목을 찾은 사람들을 반긴다. 자그마한 크기, 특별할 것 없는 메뉴, 조금은 무뚝뚝한 사장님이지만 어쩐지 자꾸만 가고 싶어지는 매력적인 식당이다.

이곳에서 카레를 제대로 즐기려면 토핑 메뉴에 주목하자! 왕새우 튀김, 크로켓, 돈가스, 치킨 등 다양한 토핑 메뉴가 있으니 한 그릇이 살짝 부족한 사람에게도, 다양한 맛을 즐기고 싶은 사람에게도 아주 적합한 곳이다. 또한 맵기도 총 5단계로 선택 가능해 골라 먹는 재미가 아주 쏠쏠하다. 참고로 브레이크 타임이 있으므로 식당에 가기 전에 미리 확인해서 헛걸음하는 일이 없도록 하자.

회색 거리 속 노란빛
우콘 카레

젊은 사장님이 유동인구가 훨씬 더 많은 강남이나 가로수길 같은 곳이 아닌 아직은 조용한 동네인 성수동을 선택한 이유가 궁금했다. 또한 20대 대학생들을 타깃으로 하는 '플리터북'에 이제 막 20대를 지나온 사장님의 따끈따끈한 이야기를 담고 싶었다.

Q 우콘 카레를 창업하게 된 배경은 무엇인가요?

카레를 좋아해 유일하게 할 줄 아는 요리가 카레였고, 매번 해먹는 카레의 맛에 질려 다양한 시도를 하며 주변 친구들에게 선보이는 게 취미였어요. 그러던 중 한 친구가 '카레맛도 특색 있고, 너도 카레 만드는 게 제일 행복해 보이는데 카레집 한번 차려봐.'라고 흘러가며 했던 말이 제가 회사에 사직서를 낼 수 있는 용기로 이어졌습니다.

Q 카레를 만들 때 어떤 마음으로 만드시나요?

제가 행복하기 위해 연 카레집이기에 손님들도 함께 행복해졌으면 하는 마음으로 하루하루 가게 문을 엽니다. 제가 만든 카레를 먹고 기분 좋게 가게를 나서는 손님의 모습을 보면 그 날의 제 행복도 두 배가 되기 때문이죠.

Q 우콘 카레의 대표 메뉴는 무엇인가요?

가장 기본 메뉴인 우콘 카레가 인기가 좋아요. 거기에 부수적으로 손님들이 각자 취향에 따라 토핑 메뉴를 추가해서 먹는 게 일반적이죠.

Q 우콘 카레의 향후 목표는 어떻게 되나요?

'멀리 미래를 내다보기보다 현재에 충실하자.'는 좌우명 아닌 좌우명을 가지고 살고 있기에 앞으로 '우콘 카레'를 어떻게 운영할지에 대해서는 깊게 생각해본 적이 없네요. '어떻게 하면 내일 더 많은 손님을 오게 할 수 있을까?'에 대해 고민하기보다 오늘 '우콘 카레'를 찾아주신 손님들에게 진심으로 감사하고 후회 없이 나의 모든 정성을 담아 음식을 만들어 내드리는 것이 앞으로도 식당을 운영하는 데 있어 변치 않을 가치인 것 같습니다.

Q 성수동에 자리 잡은 특별한 이유가 있으신가요?

다들 알다시피 성수동이 뜬 지가 얼마 되지 않았어요. 솔직히 말해서 저는 소자본으로 창업을 시작했기에 강남이나 가로수길 같은 곳에 가게를 열고 싶어도 열 수 있는 상황이 아니었죠. 성수동이 조금은 칙칙해 보일 수 있는 곳이지만 그런 곳이어야 제 노란 가게가 더욱 빛날 수 있을 거라 생각했기에 한 치의 망설임도 없이 이곳을 선택했습니다.

사계절 내내 봄에 머무르는 공간
그레이스톤(Graystone)

🏠 서울시 성동구 성수이로7길 27 서울숲코오롱디지털타워
🕐 월~금 08:30~22:00, 토 12:30~22:00,
　일 12:30~22:00 📱 02-498-7878
📍 서울숲코오롱디지탈타워 지하 주차장 이용 가능
　(주말, 공휴일 무료) 평일은 주차권 30분 제공,
　1시간에 1,000원

🍴 유기농 아이스크림 3,500원,
　레몬 크림치즈 타르트 5,000원, 아메리카노 3,000원
⭐ 애견 동반 가능, 꽃과 식물이 정원처럼 꾸며져 있는
　카페이며 총 2층으로 구성되어 있고
　가게에서 플라워 클래스를 진행한다.
@ www.instagram.com/vivreflower

#자기야누가꽃이게 #비밀의정원 #사랑하는사람에게선물하세요 #인생샷예약

봄은 지나갔지만, 나는 아직 봄을 보내지 아니하였네 성수동 대림창고의 맞은편, 바람을 타고 날아오는 미세한 꽃향기에 이끌려 걷다 보면 그레이스톤이 보인다. 예쁘게 가꾼 꽃과 나무들이 입구에서부터 나를 반겨주니, 카페에 온 것이 아닌 정원에 들어선 기분이 든다.

내부는 매우 아담하지만, 복층 구조로 천장이 높아 답답하지 않다. 가게 한편에는 작업실이 있는데, 여기서 플라워 클래스를 열기도 하고 직접 만든 다발을 판매하기도 한다. 향긋하게 코를 찌르는 것은 커피향일까 꽃향기일까. 무엇이 되었든 간에 사람들은 기분 좋은 마력에 취해 있는 것처럼 연신 얼굴에 미소를 띠고 있다.

그레이스톤이 매력적인 또 한 가지 이유는 사랑하는 반려견과 함께 방문할 수 있는 카페라는 점이다. 사람들의 눈치 볼 필요 없이 자유롭게 뛰노는 아이들을 보고 있노라면 이게 바로 한 폭의 삽화가 아닌가 싶다.

지성을 만나는 카페
레 필로소피(Les Philosophy)

🏠 서울시 성동구 성수이로 65 협성빌딩
🕐 월~금 09:00~23:00, 토 11:00~23:00,
　일 13:00~22:00
📱 02-466-8082
🅿 매장 앞 주차 가능(주차 시 문의 요망)

🍴 라즈베리 라임 모히토(논알콜) 7,500원,
　반숙 카스테라 6,000원, 바닐라 라테 4,500원
⭐ 찾으면 찾을수록 얻는 게 많은 곳!
　오늘은 뭘 하나 미리 확인하기!
@ instagram.com/lesphilosophies
　facebook.com/lesphilosophies

#po인문학wer #훈남사장님 #복합문화느낌이온다 #커피프린스가여기있네

철학이 숨 쉬는 공간 일반적인 카페를 기대하고 갔다면, 당신은 이곳에서 신세계를 경험하게 될 것이다. 레 필로소피는 음료와 담소만을 즐기는 공간이 아닌 공연, 전시, 팝업 스토어 등 다양한 문화를 향유할 수 있는 복합문화공간이다.
'각자의 영감을 나누며 성장할 수 있는 공간'을 만들길 바랐던 창업자들의 철학에 따라 레 필로소피는 모든 이에게 열려 있다. 내부에는 플라워숍 '플뢰르 드 보배'가 있어, 향긋한 꽃향기의 감성에 젖을 수 있다.
아무리 자본주의가 철학을 멸시하고 잊으려 한다고 하더라도 철학을 사랑하는 사람들이 있고, 공간이 있기에 우리는 살아 있음을 느낄 수 있다.

지성은 이 공간에서 끊임없이 호흡한다.

작은 미술관에서 커피 한 잔의 여유를
자그마치

- 🏠 서울시 성동구 성수이로 88 남정빌딩
- 🕐 월~금 11:00~22:00, 주말 12:00~22:00
- 📱 070-4409-7700
- 🅿 주차 가능

- 🍴 아메리카노 5,000원, 쇼콜라 57.8 6,500원
- ⭐ 카페에 있는 조명은 구매가 가능하니 마음에 드는 조명이 있나 두 눈 크게 뜨고 구경해보자!
- @ instagram.com/zagmachi
  twitter.com/zagmachi

#복합문화공간 #Z #조명가게 #쇼콜라 57.8 #커피

자그마치 없는 성수동은 팥 없는 붕어빵 성수의 대표 핫 플레이스인 '자그마치'는 카페이자 조명 가게이며, 다양한 전시나 공연도 볼 수 있는 복합 예술 공간이다. 복합 문화 공간이란 단어에 걸맞게 카페의 느낌보다는 작은 미술관 속에서 커피를 홀짝이는 것 같은 느낌을 준다. 카페 겸 조명 가게이다 보니 하나의 크고 밝은 형광등을 쓰기 보다 카페 곳곳에 다양한 조명들을 배치해 일반적인 가게 내부와 비교해서 조금은 어두운 공간을 연출한다. 하지만 그런 분위기가 가게 내부 인테리어와 잘 어우러져 특유의 분위기를 더욱 극대화한다.

커피와 에이드 등 음료 메뉴뿐 아니라 다양한 케이크 사이에서 무엇을 먹어야 할지 고민이 된다면, '쇼콜라 57.8'을 주문하자. 찐득하고 달콤한 초콜릿 라테 위에 코코아 파우더로 '자그마치'의 브랜드 로고를 예쁘게 올려주니 '자그마치'를 방문했다는 인증샷을 찍기에 더할 나위 없다. 테이블에 쏘여지는 영상과 함께하는 '쇼콜라 57.8'의 사진이라면 오늘의 인스타그램 주인공은 바로 당신!

앨리스가 되어봐
서울숲길

앨리스가 되어봐
서울숲길

신록이 우거진 자연의 품을 조금만 벗어나면
갑작스레 작은 골목들이 나타난다.
우리가 일반적으로 생각하는 골목이라는 공간이
으레 그렇듯이 아스팔트, 벽돌, 그리고
콘크리트 같은 요소들이 가장 먼저 눈에 들어온다.
이런 신기한 체험은 『이상한 나라의 앨리스』 속
주인공이 된 것처럼 문턱 넘어,
저 공간에 무엇이 있는지 궁금하게 만든다.
이미 알고 있는 세상의 모습이라 하더라도
확인해보고 싶고, 찾아가 보고 싶게 만드는
그런 매력을 풍긴다. 서울숲길의 매력 포인트다.
플리터 4기 공정현, 권시아, 김나영

볼리스저니
소녀방앗간
리쿼드랩
하트앤애로우
윤경양식당
The Fair Story
더페어스토리
더키쉬
서울숲
언더스탠드에비뉴
성수동 카페거리
BEER

내 입맛의 맥주를 찾아서
리퀴드랩

🏠 서울시 성동구 왕십리로10길 9-31
🕐 월~금 12:00~01:00, 브레이크 타임 14:00~18:00,
　토 12:00~01:00, 일 12:00~23:00
📱 070-8825-7595
🅿 주차 불가

🍴 페일 에일 5,500원, 유자 벨지안 화이트 7,000원,
　오지 치즈 후라이 6,000원, 치킨텐더&칩스 13,000원
⭐ 매장에서 시행하고 있는 여러 이벤트에 참여하면
　그야말로 이득!
@ facebook.com/liquidlaboratory
instagram.com/liquid.lab

#수제맥주 #솔직히아지트 #낮맥환영 #시럽월렛쿠폰

덕분에 일렁이는 시선과 마음 뚝섬역 2번 출구 주택가 골목을 조심스레 살펴보면 이질적인 가게가 금세 눈에 들어온다. 눈에 띄지는 않지만 조용한 매력을 뽐내고 있는 곳. 실험실에 있는 실험 목록처럼 리퀴드랩의 메뉴판에는 다양한 맥주들이 나열되어 있다. 까다로운 누군가가 찾아와도 여기에서는 마음에 드는 것을 얻을 수 있을 것만 같다. 메뉴판의 수많은 목록 위에서 방황하는 시선은 춤을 춘다. 이럴 때 필요한 것은 도전뿐! 리퀴드랩의 가장 큰 매력은 무엇보다도 수제맥주다. 수제맥주가 처음인 사람들에게는 바이젠이나 유자 벨지안 화이트처럼 향이 들어간 것을 추천한다. 병맥주 중에는 워터멜론 메뉴판에 도

수, 향 등의 기본 정보들이 적혀 있으니 콕 집어 보자. 그래도 막막하다면 사장님을 찾자. 친절한 설명에 그 맛도 두 배가 될 것이다. 함께하는 음식 또한 취향에 따라 정하면 된다. 맥주하면 생각 나는 음식들, 감자튀김과 피자, 그리고 치킨이 당신을 기다리고 있다.

어쩌면 당연한 이야기
더 페어 스토리(The Fair Story)

🏠 서울시 성동구 서울숲2길 38-1
🕐 월~금 10:00~20:00
📱 070-4473-3371

🅿 주차 불가
⭐ 온라인에서도 구매가 가능하다!
@ www.thefairstory.com

#작은움직임이세상을바꿉니다 #지구촌 #따뜻함

커피만 공정무역인 것은 아니다 서울숲길을 걷다 보면 하얀 가게가 눈을 사로잡는다. 이 가게가 바로 '더 페어 스토리'이다. 문이 따로 있어 다른 가게 같아 보이지만 브랜드가 달라서 나뉘어 있는 것이다. 이곳에는 PENDUKA, SMATERIA, DRAGANA JEVTOVIC, OHALIM 4개의 브랜드가 있다. 공책, 쿠션, 가방, 인형, 지갑, 그릇 등 상품의 종류도 다양하다. 각각의 분명한 정체성을 지닌 4개의 브랜드는 다양한 사람들의 취향을 공유한다. 특히 OHALIM은 여러 가죽 제품을 선보이는데, 심플한 것을 좋아하는 이들의 취향을 저격한다. 공정무역회사인 더 페어 스토리는 저개발국가 생산자의 이야기와 제품을 알리고 있다. 이 중 펜두카PENDUKA는 아프리카 대륙 나미비아의 브랜드이다. 나미비아 말로 'Wake up'을 뜻하는데, 교육과 일을 통한 아프리카 여성들의 자립을 돕고 있다. 자수로 수놓은 그들의 마음이 전해져 오는 듯하다. 캄보디아 브랜드인 SMATERIA 또한 지역 여성들의 빈곤 해결과 지속적인 성장을 돕고 있다. 여기서는 버려진 플라스틱, 오토바이 시트 등 다양한 재료들로 새로운 가치를 부여하고 있다. 실제로 "난 가치 있어!" 하며 아우라가 뿜어져 나오는 상품이 우리를 맞이한다.

가슴 뛰는 그 단어, '소녀'를 만나다
소녀방앗간

🏠 서울시 성동구 왕십리로5길 9-16
🕐 11:00~21:00, 브레이크 타임 15:00~17:00
📱 02-6268-0778
🅿 서울숲 공영 주차장 이용(서울시 성동구 성수1가 1)
🍴 산나물밥 6,000원, 고춧가루 제육볶음 8,000원,
　　참명란 비빔밥 8,000원

⭐ 재료의 신선함을 위해 매일 두 가지의 메뉴만
　　준비하므로 원하는 음식이 있다면
　　특정 요일에 방문하도록 하자.
@ www.facebook.com/sobanglife

#청정한식 #부드러운목넘김 #소녀는나를알기에 #ooo할머니감사합니다 #청송

저마다의 소녀, 우리의 소녀 서울숲 갈비 골목을 조금 지나서 보이는 경찰서 뒤편에 소녀방앗간이 있다. '진짜' 소녀 사장님이 '서울숲 프로젝트'를 통해 창업한 청정 한식 밥집이다.

소녀방앗간에서는 주문을 고민할 필요가 없다. 매일 신선한 재료로 음식을 대접하기 위해 딱 두 가지의 메뉴만 내놓기 때문이다. 선택하는 시간이 갑자기 줄어들어 당황스럽다면, 메뉴판을 찬찬히 살펴보도록 하자. 음식이 마련되기까지의 과정에 참여해주신 고마운 분들의 이름이 빼곡히 적혀 있으니, 한번 되새기면 음식의 향처럼 입에 오래 맴돌 것이다.

소녀방앗간의 음식은 굉장히 삼삼하다. 가게의 철학대로 '소녀'는 음식 속에도 존재하는 것 같다. 평소 자극적인 것을 즐기는 사람들이라면 쉽게 그 맛을 느끼기 어렵겠지만, 시간을 두고 천천히 음미해보자. 뭉그러지는 나물과 밥에서 나오는 따뜻함이 온몸을 감싸는 것을 느낄 수 있을 것이다. 매장에서 사용하고 있는 재료를 직접 판매하기도 한다.

단순하지만 실속 있는 '키쉬'의 매력
더 키쉬(The Quiche)

- 🏠 서울시 성동구 서울숲2길 44-7
- 🕐 월~토 11:00~22:00, 일 11:00~21:00(화요일 휴무)
- 📱 02-6404-7756
- 📍 서울숲 공영 주차장 이용(서울시 성동구 성수1가 1), 골목 내 주차
- 🍴 크림라테(5500원), 아메리카노(4000원)

#작지만알차 #이중적매력 #아기자기찻잔

'아이러니'의 매력 호기심에 이끌려 더 키쉬의 문을 열면 유리창 너머로 마치 순간이동을 한 것 같은 감각적인 인테리어가 눈길을 사로잡는다. 몇 개 놓이지 않은 테이블은 모두 다른 모습을 하고 있고, 군더더기 없는 깔끔한 인테리어가 기분을 산뜻하게 해준다. 문득 '키쉬'라는 이름이 생소해 사장님에게 물으니 주변과 다른 모습으로 인해 얻게 되는 첫 인상을 의미한다는 답이 돌아온다. 작은 내부에서 이루어지는 다양한 연출, 도시의 감각적인 매력을 놓치지 않으면서도 자연의 햇살까지 담은 채광 등, 이 모든 것이 달달한 크림라테와 담백한 키쉬 한 조각으로 설명된다.

함께 모여서 더 빛나는 꿈
언더스탠드에비뉴 (Under Stand Avenue)

- 🏠 서울시 성동구 서울숲4길 21
- 🕐 각 스탠드별 상이
- 📱 02-725-5526
- ⭐ 각각의 색으로 이루어진 스탠드에서 프로필 사진을 1장씩 남기도록 하자.
- @ www.understandavenue.com

#가치의무지개 #테라스의낭만 #인생샷은여기서

나의 '가치'를 알아봐주는 공간 서울숲 진입로에는 레고를 닮은 컨테이너들이 모여 있다. 이곳은 광진구에 있는 커먼 그라운드와 유사해보이지만, 가치의 측면에서 방향은 조금 다른, 언더스탠드에비뉴다. 전자가 신진 예술가들을 중심으로 트렌드를 주도하고 있다면 언더스탠드에비뉴는 범위를 조금 더 확장해 청소년, 사회적 기업, 소상공인 등 공동체 중심적이며 공유가치 창출에 목적을 두고 있다. 청소년 일터학교 YOUTH STAND, 행복한 삶을 위한 힐링 공간 HEART STAND, 건강 레시피 창출을 위한 MOM STAND 등 각자의 가치에 따라 스탠드를 선택해 더욱 깊이 체험해보는 재미도 있다.

동화책 한 장 더
하트 앤 애로우

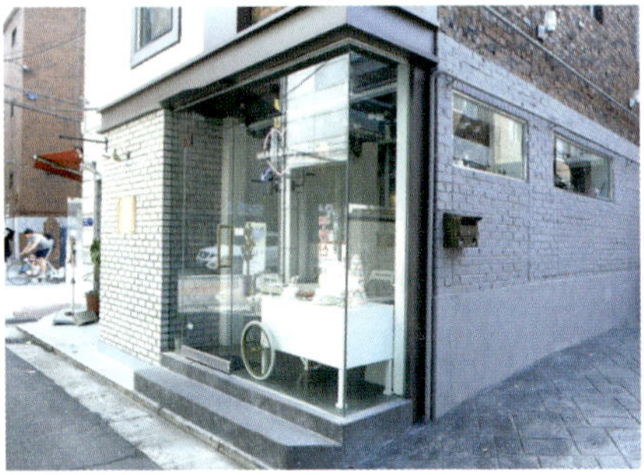

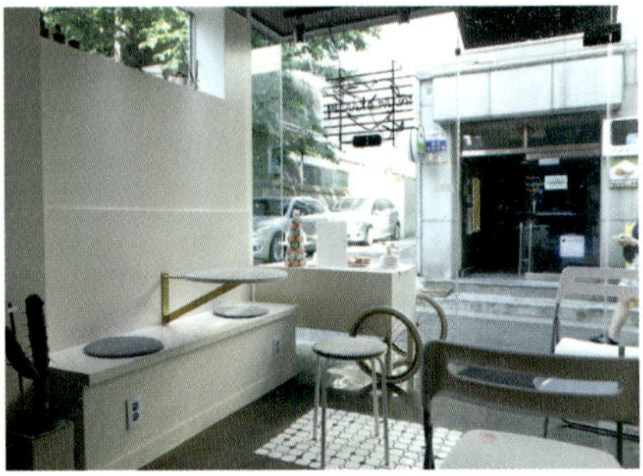

- 서울시 성동구 서울숲2길 45 1층 하트앤애로우
- 12:00~22:00(일~월요일 휴무)
- 02-498-3353
- 꿀자몽에이드 5,500원, 마카롱 2,000원~, 다쿠아즈 2,500원
- 홀 케이크는 주문 제작이 가능하다. 소형견은 동반 가능하다.

#하트앤애로우 #직접만드는디저트 #파스텔 #사장님예뻐요 #커피

사랑을 꾹꾹 담아서 그대에게 하트 앤 애로우는 최상의 다이아몬드를 현미경으로 관찰했을 때 8개의 하트와 화살촉이 보이는 현상을 뜻한다. 이러한 뜻에 걸맞은 귀여운 로고 네온사인이 카페에 들어가기도 전에 마음을 설레게 만든다. 내부는 아담한 크기이지만, 가게 구석구석 사장님의 손길이 안 닿은 곳이 없는 듯, 소품 하나하나가 모두 눈길을 사로잡는다.

하트 앤 애로우의 더치커피와 디저트, 심지어는 바닐라 시럽까지 사장님이 직접 다 만들기에 맛이 빈틈없이 꽉 차 있다. 하지만 그 맛이 사람들의 입맛을 사로잡기 충분하므로 케이크 종류는 낮에 가도 다 팔린 경우가 많으니 사장님의 정성을 맛보고 싶다면 조금은 부지런해야 한다. 맛에서부터 인테리어까지 반하지 않을 수 없는 이곳에서 인생샷을 남겨보는 건 어떨까?

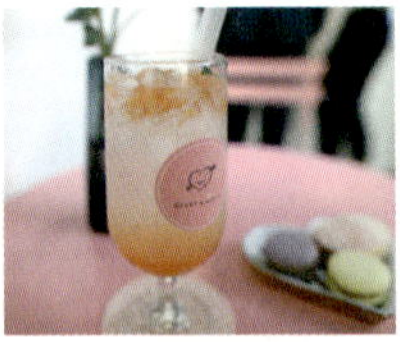

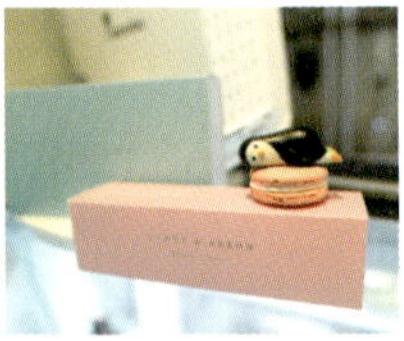

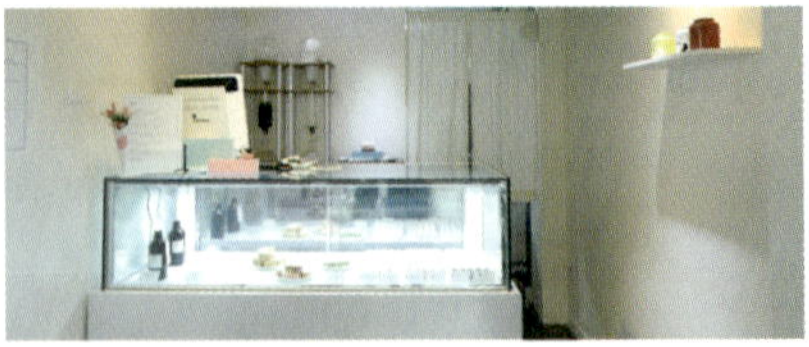

동화책 한 장 더
하트 앤 애로우

가게를 시작한 지 이제 6개월 남짓이 지만 각종 SNS를 통해서 '한 번쯤 가보 고 싶은 카페'로 사람들의 입에 오르고 있다. 이곳의 디저트를 맛보면 그런 명성 이 괜한 것이 아님을 알 수 있다.

Q 하트 앤 애로우를 어떻게 시작하게 되셨나요?

원래는 금속 디자인을 공부하고 평범하게 직장 생활을 했었는데 어느 순간 지루함을 느낀 것 같 아요. 그 순간 예전부터 손으로 뭘 하는 걸 좋아 했던 것이 떠올랐어요. 그렇게 생각한 후부턴 차 근차근 제과·제빵 쪽으로 일을 준비하기 시작했 는데 꽤 오랜 준비 시간을 거치고 가게를 열게 되 었어요.

Q 하트 앤 애로우를 대표하는 메뉴로 뭘 들 수 있을까요?

디저트를 파는 가게다 보니 직접 만든 다쿠아즈, 마카롱이 대표 메뉴라 할 수 있지 않을까요? 조 각 케이크도 있는데, 홀 케이크 같은 경우에는 제 작 주문을 받고 있습니다.

Q 하트 앤 애로우의 향후 목표는 무엇인가요?

제가 만든 디저트가 가장 맛있는 가게가 되었으 면 좋겠어요. 그러기 위해서는 아직도 많은 노력 이 필요하다고 느끼고 있고, 그만큼 열심히 임하 려고 합니다. 자리를 잡는 중인데 점점 많은 분이

찾아주시니 기쁠 따름이에요. 음료가 기본적인 것만 있어서 점차 종류를 늘려볼 계획이기도 하 고요. 빙수도 선보이려고 준비하고 있습니다.

Q 유동 인구가 많은 다른 지역도 있는데, 이곳 을 선택한 이유가 있나요?

유동인구가 많은 지역들도 물론 좋지만 사람들 이 몰렸다가 금세 빠져나가는 그런 분위기를 피 하고 싶었어요. 요즘 변화가 너무 빠르잖아요. 이 쪽 지역은 서서히 크고 있는 점이 가장 마음에 들 었어요. 이웃 가게들과 함께 힘 모아가며 커가는 그런 점. 또, 주변에 서울숲이나 여러 사회적 기 업이 자리를 잡고 있는데 이런 환경도 마음에 꼭 들었어요.

ENTER-6
FASHION SQUARE

쇼핑이 맛있어진다

파크에비뉴 엔터식스 한양대점

쇼핑이 맛있는 이곳은 13,000평의 큰 규모에 지하 2층부터 지상 4층까지 총 6개 층에 걸쳐 있는 복합문화공간이다. 각종 패션 브랜드부터 전국 각지의 유명 맛집까지 총 100여 개 이상의 브랜드를 만날 수 있다. 특히 가장 주목할 만한 것은 입점 브랜드의 절반 이상이 외식 공간으로 조성될 만큼 외식에 특화된 공간이라는 것이다. 최근 핫한 외식 브랜드들은 모두 이곳에서 만날 수 있다고 해도 과언이 아니다. 비교적 가까운 일본의 요리를 비롯하여 지구 반대편 브라질의 전통 음식, 더 나아가 유럽의 요리와 분위기까지 즐길 수 있다. 굳이 여행을 갈 필요를 못 느낄 만큼 생생한 현지의 맛과 문화가 재현되어 있다. 또, 유럽 거리 풍경에 숲 속 공원이라는 테마를 더한 인테리어는 여느 쇼핑몰과는 차별화되는 점이다. 기존 쇼핑몰의 틀을 깨 마치 테마파크나 예술의 장에 온 것 같은 느낌이다. 사진을 찍어보면 이곳이 정말 우리나라 맞나 싶을 정도로 이국적인 분위기를 자랑한다. 이곳에선 다양한 엔터테인먼트를 즐길 수 있다는 것도 또 하나의 차별점이다. SBS 라디오 오픈 스튜디오와 웃찾사 전용 공연장, 딸기가 좋아 키즈카페, 마블스토어까지 마련되어 있다.

플리터 4기 강지현, 김정연, 홍에스더

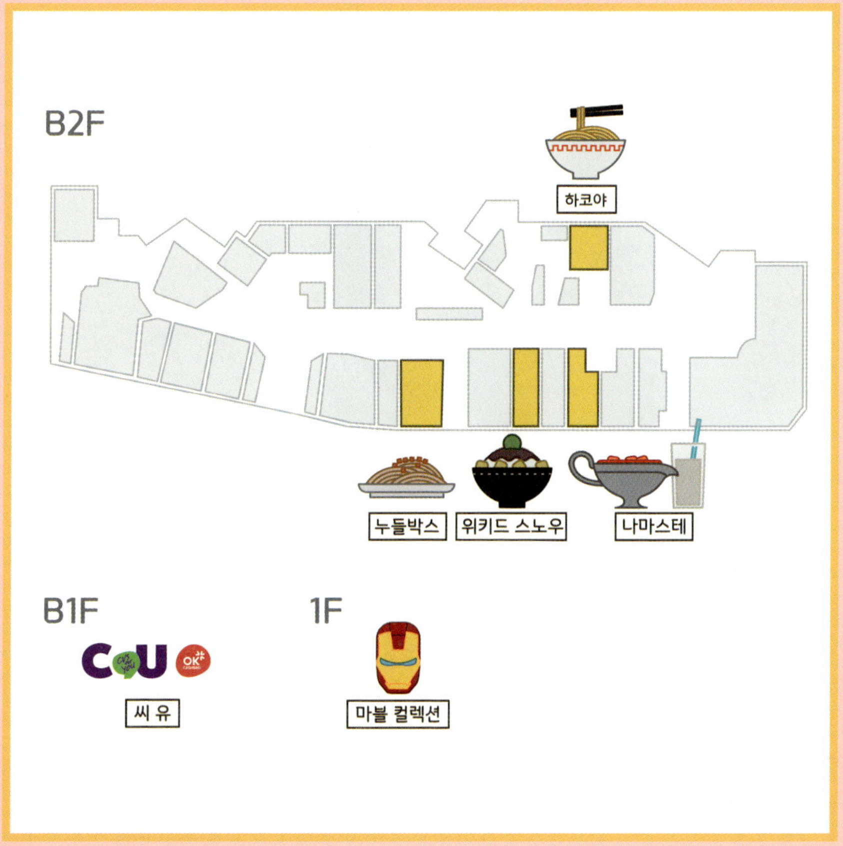

B2F

하코야

누들박스

위키드 스노우

나마스테

B1F

씨 유

1F

마블 컬렉션

🏠 서울시 성동구 왕십리로 241 서울숲 더샵
🕐 10:00~22:00(연중무휴)
📱 02-2200-6000
🅿 포스코 더샵 지하 3층 이용(평일 무료, 공휴일·토요일·일요일 유료 주차)
✚ 서비스 데스크(B1F)가 마련되어 있으며 유모차 대여 서비스를 제공한다.
@ store.enter6.co.kr

제휴 정보 : 

전통의 깊이와 건강한 젊음의 관문

마포구

예로부터 한강 중서부 하류에 위치한 마포구는 서울의 관문이자 수상교통의 요충지로 포구 문화가 발달했다. 마포구를 중심으로 전국의 화물이 몰려들었고, 저잣거리가 형성되면서 활발한 경제 활동이 이루어졌다. 6.25전쟁과 산업화를 거치게 되면서 이곳의 포구 문화는 사라졌지만, 여전히 현재의 마포구는 서울 교통의 요충지이자 서울의 관문이 되었다.

마포구는 포구 문화의 전통을 계승하고자 현재 단옷날 전후로 한강시민공원에서 선박들의 무사 항해를 기원했던 마포나루굿을 재현하고, 황포 돛단배를 제작해 진수식을 올리기도 한다. 또한 작은 기찻길 골목에 불과했던 좁은 골목은 그때 그 작업실들과 건물이 현대와 만나 패기와 열정이 가득한 홍대 골목이 되었다. 여기서는 주류문화에 맞서 독립예술과 예술작품을 선보이는 축제를 열고, 매주 플리마켓을 진행하며, 페스티벌을 개최하여 건강한 젊음을 보여주고 있다.

이처럼 서울의 관문이자 전통과 젊음이 공존하는 곳이 바로 마포구이다. 이곳 마포구의 문을 열고 들어가 보자. 오랜 전통과 건강한 젊음이 함께 숨 쉬는 거리를 느낄 수 있을 것이다.

그.문화 다방
STEP.
SEOUL
patagonia
TRACK.03
JACK DANIEL'S

홍대 주차장 골목(상)

홍대의 중심이 되는 주차장 골목 위쪽에 위치한
시끌벅적한 그곳, 청춘들의 희망과 꿈
혹은 절망과 좌절이 함께 깃들어 있는
청춘들의 희로애락을 느낄 수 있는 골목이다.
골목의 중심에는 화려한 간판들이 보이고
빠른 비트의 음악이 들린다.
빽빽하게 가득 찬 젊은 에너지를 느낄 수 있다.
골목의 외곽으로 돌아서면 자신의 꿈을 쫓는
젊은 예술가들의 모습이 그라피티로 형상화되어 있다.
불안한 앞날에 대한 두려움에도 끝없이 도전하는
20대들의 또 다른 에너지가 느껴진다.

플리터 4기 곽민지, 김나운, 김지현

코노미
KT&G 상상마당
트릭아이
미나리식당
미미네
OK CASHBAG
우캔주
홍대 주차장 거리
wallet
탐앤탐스
● 세븐일레븐
● 수노래방
● 아리따움
ZARA ●
득템마켓
홍대놀이터 플리마켓

따뜻한 한 상 차림
미나리 식당

- 서울시 마포구 잔다리로 6길 34-5
- 12:00~24:00
- 02-322-2827
- 인근 공영 주차장 이용
- 고추장 불백 정식 7,000원, 연탄간장 불백 정식 7,000원
- 술묵자 메뉴는 17:00~24:00 사이에 판매한다.

#홍대맛집 #저렴맛집 #집밥 #부모님생각나는맛집

언제나 넘치는 사랑으로 가득한 부모님을 닮은 미나리 식당은 저렴한 가격에 학생들의 허기짐을 달래주는 착한 가게다. 불고기 백반을 시키면 연노란색의 부드러운 달걀찜과 구수한 된장찌개가 함께 나온다. 그중 가장 감동인 건, 도시락 밥 위에 얹어주는 분홍 소시지. 조금이라도 더 챙겨주려는 정성에 기분이 절로 좋아진다.

특별히 맛있는 식당은 아니지만, 식사를 다 하고 나면 이상하게도 걱정거리가 사라지는 기분이 드는 곳이다. 언제나 힘들 때마다 나를 달래주는 엄마, 아빠를 닮은 이 한 상 차림이, 나를 세상에서 제일 행복한 사람으로 만들어준다.

추억이 새록새록 떠오르는
미미네 떡볶이

- 서울시 마포구 잔다리로 2길 24
- 매일 12:00~22:00(명절 휴무)
- 02-3143-7325 인근 공영 주차장 이용
- 국물 떡볶이 3,500원, 새우튀김 1마리 2,500원, 모둠튀김 10,000원, 순대 3,000원, 꼬마김밥 3,000원
- 커다란 새우가 통으로 들어간 새우튀김이 베스트 메뉴

#저렴맛집 #국물떡볶이 #추억의메뉴 #매콤달달

달콤하고도 매콤했던 학창시절 급식 메뉴가 맛없다는 이유로 몰래 학교를 빠져나와 작은 분식집에 갔던 기억이 떠오르는 곳이다. 가게 내부에 들어서면 고소한 튀김냄새와 매콤한 떡볶이 냄새가 코를 자극한다. 떡볶이는 즉석 떡볶이 형태로 나와 떡볶이가 익을 때까지 사람들과 담소를 나눌 수 있다. 맛있는 음식과 함께하는 이야기는 언제나 즐거운 법. 적당히 익은 떡볶이를 매콤한 양념에 푸욱 담가 한입 먹어본다. 밀 떡볶이 특유의 쫄깃함이 입맛을 당긴다. 바삭한 수제튀김을 떡볶이 양념에 찍어서, 아니 푹 담가서 먹는다. 튀김에 국물이 배어 바삭하면서도 촉촉하니 입 안에서 잘 어우러진다.

작은 일본을 마주하다
코노미

🏠 서울시 마포구 잔다리로6길 28
🕐 13:00~01:00(연중무휴)
📱 02-333-3036

🅿 인근 공영 주차장 이용
⭐ 오코노미야키 7,900원, 타코야키(8개) 7,000원,
해물야키소바 7,500원, 해물야키우동 7,500원
📝 인기메뉴와 맥주가 함께 있는 세트 메뉴로 시키면
더욱 저렴하게 먹을 수 있다.

#퓨전요리 #퓨전일식 #홍대코노미 #홍대오코노미야끼

일본의 한 조그마한 식당에 들어간 것처럼 아기자기한 소품들이 놓여 있고 한쪽 벽면엔 손님들의 한마디가 쓰인 포스트잇이 가득하다. 코노미는 홍대 주차장 골목(상)의 샛골목인 마포경찰서 홍익지구대 쪽 골목에 있는 퓨전일식 전문점이다.

주차장 메인 골목보다 약간은 한적하고 비교적 조용하다. 가게의 외관은 누가 봐도 일식집의 분위기다. 가게 내부의 작은 소품도 일본풍으로 맞췄다. 아지트 같은 분위기도 있어 연인이나 친구끼리 담소를 나누며 맥주를 한잔하기에도 더할 나위 없이 좋은 곳이다.

코노미의 대표 메뉴인 오코노미야키는 역시나 맛있었다. 따뜻하게 미리 데워 놓은 철판에 요리를 얹으면 가쓰오부시가 움직이는 게 꼭 춤을 추는 것 같다. 불맛도 느껴지고, 함께 시킨 해물야키우동도 무척이나 맛있다. 통통한 해물과 짭조름하면서도 달콤한 양념이 맥주를 부른다. 착한 가격에 한 끼 식사로도, 또는 늦은 저녁 맥주잔을 부딪치며 함께 먹기에도 안성맞춤인 곳이다.

작은 일본을 마주하다
코노미

대학생들이 부담 없이 즐길 수 있는 퓨전일식 맛집이다. 골목 안쪽에 있어 아직 많이 알려지지는 않았으나, 아기자기한 가게 외관이나 내부 인테리어에 일식집 특유의 분위기도 물씬 느껴져서 사람들에게 알려주고 싶은 맛집이다.

Q 코노미를 시작하게 된 계기는 무엇인가요?

대학 시절 조리과를 졸업하고 일식이 전문이었습니다. 일찍이 저만의 가게를 차릴 생각으로 꾸준히 요리만 했어요. 그렇게 8년 동안 갈고 닦은 요리 실력과 노하우로 코노미의 문을 열게 되었습니다.

Q 본인만의 영업 철학이 있나요?

깊게 생각해 본 적은 없는데요, 좋은 재료와 적당한 가격으로 고객들을 만족시키는 것이 가장 중요하다고 생각합니다. 맛은 있는데 너무 비싸면 다음에 또 찾아오기 힘들기 때문에 그런 부담 없이 찾아올 수 있는 가게가 되면 좋겠어요. 또한 항상 재료는 신선하게 유지해 좋은 맛을 내려 하고 있습니다.

Q 코노미의 대표 메뉴는 무엇인가요?

오코노미야키와 야키소바이지 않을까요. 그중에서도 손님들 10명 중에 9명이 시키는 오코노미야키가 코노미를 대표하는 메뉴라고 할 수 있겠네요.

Q 향후에 계획하고 계신 목표가 있나요?

가게를 오픈한 지 4년 정도 되었어요. 계속 가게를 운영해나가면서 전공을 살려 초밥집도 오픈할 생각이 있습니다. 좋은 재료와 적당한 가격으로 고객들을 만족시키는 것은 앞으로도 쭉 변함이 없을 겁니다.

즐거운 눈속임
트릭아이 미술관

🏠 서울시 마포구 홍익로3길 20 서교프라자 지하 2층
🕐 09:00~21:00(입장 마감 20:00, 연중무휴)
📱 02-3144-6300
🅿 Forever21 쪽 골목 이용(토니모리 골목은 일방통행)
  트릭아이 미술관 옆 자체 주차장 이용
  (티켓 소지 시 30분 무료, 이후 10분 당 500원)

⭐ 쿠팡이나 티몬 등 인터넷으로 미리 티켓을 구입하면
  할인을 받을 수 있다. 아이스 뮤지엄이나
  러브 뮤지엄 등 다른 전시도 함께 보면 더 많은
  할인이 적용된다.

#트릭아이뮤지엄 #트릭아이미술관 #홍대트릭아이 #홍대데이트

내가 주인공이 되는 신개념 문화의 공간, 트릭아이 미술관! 주차장 골목의 위쪽, 곱창 골목을 따라 걷다가 그 골목의 끝에서 왼쪽으로 돌면 이곳을 발견할 수 있다. 서교재래시장과도 가까운 이곳은 주차장 골목의 끝 지점이라 잘 모르는 사람들이 많다. 입구에 들어가기 전 우리를 먼저 반겨주는 포토존이 보인다.

도착하자마자 카메라를 들고 포토존에서 찰칵! 입구로 들어가 한 층 내려가면 러브 뮤지엄이 나온다. 트릭아이 미술관을 구경하며 함께 봐도 좋은 곳이며 계단 곳곳에도 재미를 주는 포토존이 마련되어 있다.

일반 미술관과 달리 전시작을 만지고 경험하며 관람객과 그림이 하나가 되어 작품을 완성하는 곳이다. 여기서 만큼은 나도 배우, 감독, 사진가가 될 수 있다. 연인 혹은 친구, 아이와 함께 오기에도 너무 좋은 장소이며 함께 있는 아이스 뮤지엄, 카니발 스트리트 등을 몽땅 즐길 수 있다. 들어가기 전부터 나올 때까지 입가에 미소가 지워지지 않는 완벽한 데이트 장소로 추천한다.

나만의 아이템을 찾다
득템마켓

🏠 서울시 마포구 어울마당로 94
🕐 11:00~21:00
📱 1877-5489
🅿 인근 공영 주차장 이용

🍴 브랜드 세일 상품, 핸드메이드 제품, 신규 브랜드 제품, 패션 아이템
⭐ 매일 열리기 때문에 다양한 셀러들을 만날 수 있다. 애교를 부리면 가격 할인을 받을 수 있을지도?

#득템 #핸드메이드 #쇼핑 #플리마켓 #독특한아이템

매일 매일 열리는 작지만 알찬 플리마켓 비가와도 눈이 와도 이곳은 다른 플리마켓과 다르게 언제나 찾아갈 수 있는 곳이다. 홍대 주차장 거리 위쪽으로 올라가다 커피빈 뒤편 작은 골목 언덕에서 만날 수 있다.

이곳의 아이템들은 실생활에서 꼭 필요한 물건은 아니다. 하지만 당신의 마음을 움직일 다양한 아이템들이 준비되어 있다. 아기자기하고 정성이 느껴지는 핸드메이드 제품들, 취향을 저격하는 브랜드 신상품 혹은 새로운 브랜드의 제품들, 그리고 달콤한 디저트까지, 그 작은 가게에 이렇게 많은 아이템들이 있다.

이곳의 물건은 말 그대로 득템이다. 세일 상품이 많아 다른 쇼핑몰이나 옷가게보다 저렴한 가격으로 물건을 살 수 있고, 핸드메이드 제품은 공장에서 찍어낸 일반 제품과는 다른 특별함이 있다. 작은 가게에 옹기종기 셀러들이 모여 있는 모습을 보는 것만으로도 기분이 좋아진다. 자신이 준비한 물건을 정성스럽게 진열하고, 다른 사람들과 즐거운 마음으로 대화하며 이 작은 공간에 활기를 불어 넣는다.

일상에 예술을 더하다
홍대 놀이터 예술시장

🏠 서울시 마포구 연남로1길 84
🕐 3~11월 매주 토요일 13:00~18:00
📱 02-325-8533
🅿 인근 공영 주차장 이용

🍴 창작 제품(캘리그라피, 일러스트) , 엽서, 인형,
　가방, 옷 등
⭐ 거의 모든 제품이 창작 제품으로, 세상에서 단 하나뿐인
　아이템을 구할 수 있다. 주변에서 작은 소공연도
　볼 수 있으니 놓치지 말자.

#예술가 #플리마켓 #홍대플리마켓 #홍대볼거리 #홍대데이트

예술가들을 만나는 플리마켓 홍대 놀이터 예술시장에 따뜻한 봄기운이 찾아오면 이곳은 평소보다 활기가 넘치는 공간이 된다. 인디밴드 보컬의 감미로운 목소리는 사람들의 소음과 섞여 들려온다. 처음 온 사람은 조금 정신없다고 생각할지도. 창작자들은 바닥에 돗자리를 깔고, 혹은 자신이 원하는 곳에 테이블을 배치해 자유로운 방식으로 물건을 판매한다. 사람들도 많아 복잡하기도 하지만 자유로운 분위기가 오히려 투박하고 정감 넘친다.

많은 이들과 접할 수 있기 때문에, 이 플리마켓은 창작가들에게 자신을 알릴 기회가 된다. 또한 일반인들에게는 예술이 녹아든 제품을 접할 좋은 기회이기도 하다. 여기서 판매하는 물품은 하나의 작품 같다는 생각이 드는데 예쁜 엽서는 그림을 보는 듯하고, 직접 만든 액세서리는 공예작품을 보는 것 같다. 작품을 자세히 들여다보면 꿈을 쫓는 젊은 예술가의 열정도 느낄 수 있다.

매주 플리마켓이 열릴 때면 인디밴드들의 작은 공연도 볼 수 있는데 매회 50명 이상의 셀러들이 참여해 다양한 구경거리는 당연히 보장된다. 작가들이 캘리그라피를 직접 쓰는 등 다양한 창작 활동도 볼 수 있다.

홍대 주차장 골목(하)

홍대 주차장 골목 하

도입과 실험이 시도된 곳인 홍대 앞,
사람들의 발길이 가장 많이 닿는 곳인
홍대 공영 주차장 거리의 아래쪽.
상수역 1번 출구에서 두 블록을 지나
오른쪽 골목을 따라 들어오면
공영 주차장 거리가 보인다.
가운데에 줄을 선 차 양옆으로
젊은 남녀들이 웃으며 길을 걷고 있다.
골목골목 사이로는 여성들의 발길을 이끄는
아기자기한 카페들과 맛집이 보인다.
다양한 맛집과 볼거리들을 즐기다 보면
어느새 하루해가 저문다.

폴리터 4기 곽민지, 김나운, 김지현

405 Coffee
style 데일리먼데이
수지앤파스타
aA디자인뮤지엄
홍대 주차장 거리
젠틀몬스터쇼룸
그날그날
맛있는스페인
개미
상수역 1
슈퍼문 플리마켓

그리운 어머니의 향기
그날그날

🏠 서울시 마포구 와우산로 13길 49-10

🕐 10:00~22:00(법정 공휴일 제외하고는 연중무휴)

📱 02-3144-0944

🅿 홍대 서측 노상 주차장(12:00~23:00) 이용,
5분당 300원

🍴 연어샐러드라면정식 11,900원,
그날그날정식 13,900원, 매운갈비찜정식 12,900원

⭐ 적당하게 배부르고 싶다면 2인은 정식 하나에
단품을 하나 추가하고, 3인의 경우에는 정식만 두 개를
추가하면 딱 좋다.

#스테이크덮밥 #SNS맛집 #웨이팅의즐거움 #두툼한연어 #떠먹는요리

정성 가득한 어머니의 손맛이 느껴지는 곳 그날그날은 시끌벅적한 홍대와는 살짝 떨어진 작은 골목에 있는 아담한 가게이다. 생긴 지 얼마 되지 않은 가게라 사람들의 발길이 많지는 않지만, 조용하게 식사를 하고 싶은 이들에게는 아주 좋은 음식점이다.

대표 메뉴인 생연어샐러드라면은 그날 준비한 여러 가지 채소와 새콤달콤한 소스가 들어가 자칫 느끼할 수 있는 연어를 상큼하게 즐길 수 있으며, 입맛을 자꾸 당기게 하는 맛이다. 메인 메뉴인 생연어샐러드라면을 제외하고도 어머니의 손맛이 느껴지는 4~5가지의 정성 가득한 밑반찬과 따뜻한 국이 제공된다. 정식 하나의 어마어마한 양과 비주얼에서는 엄청난 정성이 느껴진다. 그리 자극적이지 않은 소소한 맛은 그리운 집밥을 먹는 느낌이 든다. 그날그날정식은 소고기 부위 중 가장 육즙이 풍부한 소 살치살 양념구이와 6색의 나물과 삼색(찹쌀, 기장, 흑미)밥을 여러 가지 양념을 섞은 볶은 고추장에 비벼 먹을 수 있다.

학생들 입장에서 소고기를 먹으려면 조금은 부담스러울 수 있으나 그날그날정식은 저렴한 가격으로 영양과 건강, 그리고 어머니가 해주는 손맛을 느낄 수 있어서 입도 마음도 행복해지는 기분을 느낄 수 있다.

그리운 어머니의 향기
그날그날

그날그날은 사람들의 발길이 잘 닿지 않는 작은 골목길에 있다. 정성이 느껴지는 음식과 맛있게 먹는 방법을 하나하나 직접 알려주시는 사장님의 친절함에 내 집에서 식사하는 기분이 든다.

Q 그날그날을 창업하게 된 배경이 뭔가요?

작은 매장에서 여러 사람들이 좋아할 만한 음식을 때에 맞는 제철 재료로 요리해 대접하고 싶었습니다. 다른 프랜차이즈나 여러 매장처럼 항상 같은 반찬을 준비할 수도 있었지만, 매장 이름에 맞게 그날그날 반찬과 국을 준비하여 고객이 방문 하였을 시에 새로운 느낌을 주고 싶었고, 항상 고객에게 만족스런 음식을 대접하고자 창업을 하게 되었습니다.

Q 본인만의 영업 철학을 가지고 계신가요?

모든 음식에는 정성과 노력이 들어가 있어야 맛과 질이 좋아진다고 생각합니다. 그래서 최소한의 이익으로 최상의 재료를 사용함으로써 고객에게 집에서 어머니가 해주신 음식처럼 정성과 애정이 담겨 있는 음식을 제공하는 것이 저희 가게의 영업 철학입니다.

Q 대표 메뉴는 무엇인가요?

그날그날정식과 생연어샐러드라면입니다. 그날그날정식은 소고기 부위 중 마블링이 가장 좋고 육즙이 풍부한 소살치살 양념구이와 6색의 나물, 삼색밥을 볶은 고추장에 비벼 드실 수 있는 메뉴이며, 저렴한 가격에 고객에게 영양과 건강식을 제공하기 위해 만든 메뉴입니다. 생연어샐러드라면은 그날그날 준비하여 신선한 7가지 채소와 새콤달콤한 소스에 비타민 A,B,D,E 등 비타민이 풍부하고, 심장병, 뇌졸중 등 혈관 질환을 예방할 수 있는 연어를 느끼하지 않게, 상큼하게 즐길 수 있는 메뉴입니다. 이 두 메뉴가 저희 매장의 대표메뉴입니다.

Q 향후 목표가 있다면 무엇인가요?

항상 영양이 풍부한 새로운 메뉴를 만들어 고객에게 어머니가 해주신 음식처럼 정성이 듬뿍 들어가고 맛이 좋은 음식을 제공하는 것이 목표입니다.

숟가락 가득 떠먹는 즐거움
홍대 개미

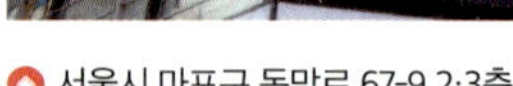

- 서울시 마포구 독막로 67-9 2·3층
- 11:30~22:00
- 02-586-9289
- 홍대 서측 노상 주차장(12:00~23:00) 이용,
  5분당 300원

- 스테이크덮밥 8,900, 목살슬라이스덮밥 7,900원,
  연어덮밥 8,900원, 간장새우덮밥 8,900
- 1Pound(450g) 스테이크덮밥 선착순 한정 판매
  15,000원(11:30부터 10그릇 한정 & 17:00부터
  10그릇 한정)

#스테이크덮밥 #SNS맛집 #웨이팅의즐거움 #두툼한연어 #떠먹는요리

SNS를 강타한 이유 있는 맛집 홍대 개미는 SNS에서 이미 입소문을 탄 음식점이다. 카페 혹은 음식점 두 가지의 분위기가 나는 이 가게는 스테이크덮밥과 연어덮밥을 주로 판매하는 덮밥집이다. 입소문탓에 웨이팅은 길고도 길지만, 기다리는 동안 미리 주문을 받고 자리에 앉는 즉시 음식이 나오기 때문에 회전율이 빠른 편이다.

입맛을 돋우는 깔끔한 맛의 미니우동(겨울엔 우동, 여름엔 소바)을 시작으로, 겉만 살짝 익히고 속은 레어에 가까운 고기들이 밥 위로 가득 덮혀져 있는 비주얼은 감탄사를 부른다. 야들야들한 고기를 소스, 양파, 그리고 밥과 함께 섞지 않고 떠먹는 게 덮밥을 더 맛있게 즐길 수 있는 비법.

연어덮밥은 간이 밴 두툼하고 부드러운 연어가 푸짐하게 얹혀 있고, 고추냉이와 함께 먹으면 느끼하지 않고 담백한 연어의 맛을 즐길 수가 있다. 저렴한 가격에 입안을 즐겁게 할 수 있는 홍대 개미야말로 이유 있는 맛집이라고 할 수 있다. 살살 녹는 스테이크와 연어로 우울했던 기분을 즐거움으로 승화시켜보자.

수지에게 해준 맛있는 선물
수지앤파스타

🏠 서울시 마포구 독막로15길 3-18
🕐 11:30~22:00
📱 02-6397-8280
🅿 홍대 서측 노상 주차장(12:00~23:00) 이용,
　5분당 300원

🍴 수지파스타 14,000원, 비스큐로제파스타 12,000원,
　수지감자뇨끼 12,000원, 연어스테이크 15,000원
📍 이태리백반(런치세트)은 11:00~16:00
　(주말, 공휴일 제외) 사이에 스프와 빵,
　샐러드가 함께 제공된다.

#로맨틱파스타 #그녀를위한맛집 #데이트맛집 #소개팅맛집 #쫄깃쫄깃감자뇨끼

첫사랑 레시피로 만든 로맨틱 파스타 민트색 외관부터가 아담한 분위기를 물씬 풍기며 여성들의 발길을 이끄는 곳이다. 은은한 조명과 벽에 장식된 드라이 플라워는 문을 열고 들어서자마자 마음을 따뜻하게, 사랑받는 느낌이 들게 만들어 준다. 아기자기한 일러스트가 그려진 메뉴판은 사람들의 호기심을 자극하고, 자신이 만든 파스타를 맛있게 먹는 아내, '수지'를 위해 차리게 된 가게라는 로맨틱한 설명이 메뉴판에 담겨져 있다.

처음 나오는 식전빵은 몽글몽글한 식감이 느껴지고 마음까지 따뜻하게 해주는 단호박 스프에 이를 찍어 먹으면 속까지 부드럽고 따뜻해진다.

그녀를 위해 처음으로 만든 파스타인 수지파스타는 봉골레파스타로, 듬뿍 들어간 해산물과 여러 모양의 파스타가 들어가 있다. 살짝 매콤하고 깔끔한 맛이다. 수지감자뇨끼는 쉽게 생각하면 '감자 수제비'라고 할 수 있는데 쫀득쫀득한 식감을 좋아하는 여성들의 취향을 저격하는 메뉴다. 쫄깃쫄깃한 뇨끼 위에 고소하고 담백한 크림 소스가 더욱더 인상적이며 입맛을 당기기 충분하다. 정성 가득한 음식을 맛보는 순간, 나만을 위한 레시피로 만든 로맨틱한 음식을 먹는 것 같았다.

앤티크와 모던의 공존
405 COFFEE

🏠 서울시 마포구 어울마당로 55-4 서교빌딩

🕐 12:00~00:00

📱 02-332-3949

🅿 홍대 서측 노상 주차장(12:00~23:00) 이용,
5분당 300원

🍴 아메리카노 4,500원, 비엔나커피 7,000원,
뱅쇼 6,000원, 오레오쉑쉑 7,000원,
클래식 티라미수 6,000원

⭐ 테이크아웃 시에는 1,500원을 할인해주고
원두도 100g당 6,000원씩 판매한다.

#분위기좋은카페 #앤티크와모던의공존 #따뜻한뱅쇼한잔 #사진찍기좋은카페

구석구석 매력적인 공간에서 커피 한 모금 문을 열고 들어서면 보이는 오픈형 키친, 그곳에서 한 방울 두 방울 퍼지는 커피향. 커피향을 따라 발길을 향하면 처음 카페 입구를 들어섰을 때 느꼈던 분위기와는 사뭇 다른 공간이 있다.

온돌방을 연상케 하는 좌식 공간, 그곳에서 뱅쇼 한잔을 마시면 마치 따뜻한 쌍화차를 마시는 것 같은 기분이 든다. 은은한 레몬향과 계피향이 와인 속에 스며들어 쌓여 있던 피로와 감기를 예방해주는 느낌이다.

커피향과 함께 편안함에 취해 있을 때 또 다른 곳으로 눈길이 간다. 커피가 가득 담긴 따뜻한 머그잔으로 손을 녹이며 사람들과 오손도손 대화를 하고 있는 야외 캠핑장에 온 것만 같은 공간. 아까와는 다른 또 다른 이색적인 분위기를 풍긴다. 이곳에서 먹은 클래식 티라미수는 일반 티라미수보다 더 부드럽고 촉촉한 맛으로 남녀노소 누구나 기분 좋은 달콤함을 느낄 수 있다. 다양한 스타일의 공간에서 마시는 커피 한 모금은 모두가 비슷하다고 생각했던 커피의 맛과 향마저 특별하게 만들어 버린다.

감각적인 디자인에 취하다
aA디자인 뮤지엄

🏠 서울시 마포구 와우산로17길 19-18
🕛 12:00~24:00
📱 02-3143-7311
🅿 주차 불가

🍴 B1-다이닝&펍, F1-카페, F2-갤러리&숍, F3-전시관,
　 F4-디자인 스튜디오
🔆 전시회는 항상 열리는 것은 아니며 빈티지한
　 수입 가구가 항시 전시되어 있다.

#aA디자인뮤지엄 #홍대분위기있는카페 #홍대색다른카페 #홍대독특한전시

한국에선 생소한 컬렉션을 엿볼 수 있는 곳 독특한 외관이 눈길을 끄는 aA디자인 뮤지엄은 이색적인 분위기를 가진 카페 겸 뮤지엄이다. aA디자인 뮤지엄은 홍대 공영 주차장의 샛골목을 들어가다 보면 쉽게 찾을 수 있다. 작은 골목에 있어 연인 혹은 친구와 아지트로 삼고 싶은 카페이다. 분위기 탓인지 남성보다는 여성 손님들이 더 많다.

마치 베를린의 어느 카페에 온 것 같은 기분이 드는 독특한 외관과 1층 카페 내부에 놓여 있는 의자나 테이블, 천장에 걸려 있는 작은 조명까지 이 자체가 뮤지엄인 듯하다. 계단 곳곳에 전시된 작품, 가구들이 모두 특이하고 감각적인 인테리어로, 늦은 저녁에 오면 분위기가 더욱 좋다. 전시회도 가끔 열리니 지나가다 관람하는 것도 좋을 것 같다.

아날로그 감성을 느끼다
망원동 느리게 걷는 골목

망원역 2번 출구로 나와 오른쪽 골목으로
고개를 돌리면 여유와 느림의 공간이 펼쳐진다.
오래된 듯하지만 신선한 매력이 있는 이 골목은
젊은 층에게 인기 있는 골목이다.
불과 몇 년 전까지의 망원동은 교통이 다소
불편하고 유동인구도 적은 조용한 곳이었다.
하지만 최근 들어 저렴한 임대료를 찾아
홍대에서 넘어온 젊은 사장들과 예술가들이
독특한 콘셉트의 작업실, 음식점, 카페 등을
차리면서 골목 전경의 분위기가 바뀌고 있다.
개성 있는 이름의 간판과 감각적인 인테리어로
치장한 아담한 가게들이 먼지가 한 겹
내려앉은 것 같은 망원동 특유의 낡은 거리와
묘하게 조화를 이루고 있다.
변화무쌍한 서울 한복판, 화려하진 않지만
소박하고 편안한 이곳, 망원동 골목에는
아날로그 감성이 고스란히 담겨 있다.
플리터 4기 곽민지, 김나운, 김지현

소쿠리
망원시장
060버거앤비어
망원1동주민센터
카페부부
명가한의원
작은방작업실
wallet
CU
주오일식당
파리바게뜨
미스터피자
망원역
1
2
시들지않는정원
보성한의원
일렌토

뜬금없는 곳에서 날 반겨준 그
주오일식당

🏠 서울시 마포구 포은로 89
🕐 화~토 11:30~22:00, 브레이크 타임(14:30~17:30),
　 (화요일 점심은 영업 안 함)
📱 070-8690-0511
🅿 주차 불가

🍴 버터치킨커리 9,000원, 소고기 가지덮밥 10,000원,
　 샥슈카와 빵 10,000원
⭐ 버터치킨커리에 1,000원을 추가하면 반숙 후라이를
　 올려주니 비주얼과 담백함을 더하고 싶은 이에게
　 추천한다.

#망원맛집 #치킨커리 #망원동맛집추천 #비주얼예쁜음식

화수목금토, 주오일 영업하는 주오일식당 시끄러움이 좋던 때가 있었다. 사람들의 북적거림을 즐기고, 그 북적거림을 찾아가던 때가 있었다. 그 시끄러움이 질릴 때쯤 망원동에서 주오일식당을 찾았다.

주오일식당은 일반 가정집이나 작은 가게들이 몰려 있는 시끄럽지 않은 동네에 있다. 그럼에도 불구하고 주오일식당의 음식을 맛보기 위해 몰려드는 사람들이 엄청나다. 조용한 동네에 있는 작은 식당이 이렇게 인기 있는 비결은 뭘까? 메뉴가 많지도 않다. 심지어 준비한 재료가 소진되면 문을 굳게 닫는다. 하지만 나오는 음식을 보면, 왜 사람들이 이곳을 찾는지 알 수 있다. 정성이 느껴지는 꼬들꼬들한 흑미밥과 버터향이 더해진 치킨 커리는 부드럽게 내 코와 입을 흥분시킨다. 그리고 그 위에 잘 올려진 반숙 후라이는 눈까지 즐겁게 해준다.

가지를 싫어하는 친구가 있다면 이곳의 소고기 가지덮밥을 추천한다. 살짝 매콤한 소스와 소고기, 가지가 함께 어우러져 맛있는 조화를 이뤄 평소 가지를 싫어하는 이들도 맛있게 먹을 수 있는 음식이다. 작고 소박한 주오일식당처럼, 음식들도 화려하지 않아도 정성스러움이 한가득 느껴진다.

할머니의 품 같은 그 곳
소쿠리

🏠 서울시 마포구 포은로 106
🕐 화~토 13:00~20:00 🅿 주차 불가
🍴 인테리어 소품, 생활용품 판매
⭐ 아기자기한 소품들은 홈페이지에서도 구매가
　가능하다.
@ sokuri-mm.kr

#작고느린상점 #소쿠리 #망원동가볼만한곳 #소품샵

작고 느린 상점 소쿠리는 나도 모르게 망설임이 사라지고, 입가에 미소가 절로 맺히게 되는 곳이다. 한때 이발소였던 공간을 개조하여 오래된 느낌이 그대로 묻어 있다. 작고 느린 상점이란 말이 딱 어울리는 내부 공기와 소품들 하나하나가 소쿠리스럽다. 소쿠리는 가게를 운영하는 두 친구가 직접 여행에서 사온 소품, 핸드메이드 제품, 신진 작가들의 제품, 빈티지한 제품 등을 추려 판매하고 있는 곳이다. 대부분 오랜 세월이 느껴진다. 또, 계절별로 플리마켓도 열리니 여유와 따뜻함을 느끼고 싶을 때, 혹은 소중한 사람들에게 작은 선물을 주고 싶을 때 소쿠리에 한번 들러보는 건 어떨까.

나만의 작은 정원
시들지 않는 정원

🏠 서울시 마포구 희우정로 96
🕐 수~일 13:00~21:00, 브레이크 타임 18:00~19:00
📱 070-8659-5882 🅿 주차 불가
⭐ 평화롭고 따뜻한 분위기 연출을 원한다면
　시들지 않는 정원을 꼭 들러보길 바란다.
@ www.instagram.com/want_garden

#시들지않는정원 #라이클로즈쇼룸 #인테리어소품

식물을 모티브로 한 디자인 소품 상점 시들지 않는 정원은 가게의 입구부터 남다르다. 입간판에 타이포그래피로 적힌 가게 이름부터 의자 위에 무심하게 올려진 화분까지 모두 신선한 느낌. 시들지 않는 정원은 자수 드로잉 브랜드 '라이클로즈(LIE CLOSE)'가 운영하는 디자인 소품 상점이다. 보살핌 없이도 식물의 아름다움을 즐길 수 있도록, 꽃과 식물을 모티브로 한 디자인 소품을 판매하고 있다. 또한 실내 디자인에 계속 변화를 주기 때문에, 방문할 때마다 새롭고, 더 예쁜 공간을 볼 수 있다.

도심 속 포근한 휴식처
카페 부부(CAFE BUBU)

🏠 서울시 마포구 월드컵로15길 27
🕐 11:00~23:00
📱 070-4257-8080
🅿 주차 불가

🍴 밀크롤케이크 6,000원, 녹차롤케이크 7,000원,
기네스초콜릿케이크 6,000원, 밀크티 7,000원,
자몽티 6,000원
⭐ 식사 메뉴(파스타, 샌드위치)는 주말엔
판매하지 않는다.

#망원동예쁜카페 #카페부부 #한적한카페 #동네카페 #식사할수있는카페

부부의 한적하고 분위기 있는 카페 쌓여 있는 과제들, 과도한 업무로 인한 스트레스. 그럼에도 현실에서 벗어날 수 없다면 당신의 기분을 조금이나마 풀어줄 곳이 있다.

듬직하고 정답게 생긴 카페 부부에 가보자. 앞마당의 푸른 나무는 답답함을 풀어주고, 달콤한 밀크 롤케이크 한 입, 따뜻한 차 한 잔이면 콧노래까지 흥얼거리게 된다.

'카페 부부'는 일반 주택을 개조해 만든 카페다. 그래서 그런지 들어가는 입구에서부터 정다운 느낌이 든다. 1층의 입구도 활짝 오픈되어 있고 2층에도 큰 창문들이 열려 있다. 햇빛이 잘 들어 따뜻한 느낌이 들고, 시원하게 탁 트인 인테리어 덕에 마음까지 뻥 뚫리는 듯하다. 카페의 앞마당에는 해먹과 안락의자가 놓여 있어 여유롭게 햇빛을 만끽하기 좋다. 가끔씩 이 마당에서 공연도 열린다.

케이크와 음료를 주문하고 기다리는, 그 짧은 순간에도 졸음이 몰려온다. 그 정도로 아늑하고 여유로운 분위기다. 케이크는 달콤했고 음료는 시원했다. 모든 것이 안성맞춤이었다. 해가 지고 나면 마당에 조명이 켜져 더 예쁘다. 주말에는 비교적 손님들이 몰리는 편이니, 한적한 분위기를 만끽하고 싶다면 평일에 들르는 것을 추천한다.

그를 만나는 날엔
일렌토(il Lento)

🏠 서울시 마포구 포은로 52-1

🕐 11:30~20:30, 브레이크 타임 15:00~17:00

📞 02-326-1367

🅿 주차 불가

🍴 파스타 8,000원~, 샐러드 5,000원~, 타파스 5,000원~, 고르곤졸라 돼지구이 14,000원

⭐ 한적하고 분위기 있는 곳에서 데이트를 즐기고 싶은 이들에게 추천한다. 망원 한강 공원과 가깝다.

@ www.facebook.com/illento2015

#망원맛집 #고르곤졸라돼지구이 #파스타맛집추천 #합정맛집

느림과 여유의 공간, 일렌토 한적한 동네에 뜬금없이 이국적인 느낌의 가게가 눈에 들어온다. 이태원에 가면 자주 보일 법한 외관의 가게가 어떻게 이곳에 있게 됐을까. 창문으로 들어오는 따뜻한 햇살과 내부 인테리어는 외국의 어느 작은 식당에 있는 듯한 느낌을 준다. 느림, 여유를 의미하는 'il Lento'라는 가게 이름에 맞게 신기하게도 마음이 평온해진다. 잔잔한 음악소리, 주방에서 손님들을 위해 요리하는 소리가 귀를 즐겁게 간지럽힌다. 데이트하기에 안성맞춤인 장소다. 주문한 음식이 나오면 요리사가 먹는 방법을 친절하게 설명해 준다. 음식은 가게를 닮아 전체적으로 정갈한 느낌이다.

인기 메뉴는 고르곤졸라 돼지구이. 소스에 목살이 잘 어우러져서 느끼함 없이 정말 맛있다. 고르곤졸라 돼지구이와 함께 먹으면 좋을 파스타를 추천한다면, 바질페스토 파스타다. 바질페스토와 리코타치즈가 따로 나오는데, 취향에 맞게 넣어 먹으면 된다. 바질의 상큼함이 고르곤졸라 돼지구이의 느끼함을 잡아준다.

한걸음 또 한걸음
060 버거앤비어

🏠 서울시 마포구 동교로 9길 76
🕐 화~금 15:00~23:00, 토~일 12:00~23:00(월요일 휴무)
📱 02-6405-6060 Ⓟ 불가능
🍴 클래식버거 SET 13,000원, 치즈치즈버거 SET 13,000원,
　 머쉬룸크림소스버거 SET 14,000원,
　 스페셜 감자튀김 8,000원

⭐ 먹고 나갈 때 사장님께 잊지 말고 쿠폰 받기!
　 쿠폰 도장을 5번 받을 시에는 5% 할인을 받을 수 있고,
　 10번 받으면 10% 할인 혜택이 있다.
@ burgerandbeer.cityfood.co.kr

#망원동맛집 #수제버거 #머쉬룸크림소스버거 #여성취향저격맛집

하나하나 정성 가득한 수제버거집 060버거앤비어는 망원동에서도 가장 한적한 골목에 있지만 언제나 발걸음을 향하게 하는 매력이 있는 수제버거집이다. 계단을 따라 올라가면 2층에 있는 가게에서 나지막이 팝송이 흘러나온다. 내부에는 4개의 테이블과 사장님이 요리하는 모습을 직접 볼 수 있는 오픈형 주방이 아늑하고 작은 공간을 채우고 있다.

하나하나 정성 가득 재료를 쌓아올려 나오는 수제버거. 클래식 버거는 우리가 알고 있는 가장 기본적인 일반 수제버거이다. 직접 만든 두꺼운 패티는 적당히 구워져 입안에서 고기의 식감이 느껴지면서도 부드러운 목 넘김을 느낄 수 있게 해준다. 머쉬룸크림 소스버거는 마치 빠네를 먹는 것 같은 느낌이 든다. 특이한 점은 햄버거를 먹는데 숟가락을 같이 준다는 것이다. 숟가락 가득 고기와 빵, 버섯, 그리고 크림소스를 담아서 한입 먹으면, 표현할 수 없을 정도로 고소하고 부드러운 맛을 느낄 수 있다. 이곳의 메뉴는, 사장님이 손님들의 각기 다른 입맛을 하나하나 고민해서 만들어 냈다고 한다. 이런 정성스런 음식과 맛에 나도 모르게 발걸음이 또 다시 향하게 되는 곳, 060버거앤비어는 그런 곳이다.

한걸음 또 한걸음
060 버거앤비어

작은 가게에서 사장님 혼자 일하시지만 수제버거 재료 하나하나에 정성이 들어가 일반 수제버거와는 다른 맛이 난다. 특히 머쉬룸크림소스버거는 여성들의 취향을 저격하는 고소하고 부드러운 맛을 내며, 비주얼 역시 눈길을 사로잡았다.

Q 060버거앤비어를 창업하게 된 배경이 뭔가요?

일을 그만두고 나와서 2년 동안 소상공인 창업 교육을 받았고, 창업을 하는 데 거창한 아이템이 필요한 건 아니라는 걸 깨달았습니다. 일산에서 친구가 수제버거집을 운영했었는데 그곳에서 무급으로 일을 하며 일을 배웠고, 그 후 이곳에 가게를 차리게 되었죠.

Q 본인만의 영업 철학을 가지고 계신가요?

최대한 정직하자는 것이 저의 영업 철학입니다. 차린 지 얼마 안 된 가게이기 때문에 영업을 하는 데 커다란 철학을 가지고 있진 않아요. 현재는 단골 500명을 목표로 영업을 하고 있는데, 단골손님을 만들기 위해 쿠폰도 드리고 있습니다. 가게에 자주 오시는 분들에게 많은 혜택을 드리고 싶어요.

Q 대표 메뉴는 무엇인가요?

치즈치즈버거가 훨씬 많은 시간과 정성이 들어가기 때문에 개인적으로 가장 애착이 가는 메뉴입니다. 많은 양의 양파를 냄비에 넣고 오랜 시간 끓이고 나면 많았던 양파의 양이 엄청 줄어들어요. 오랜 시간 끓인 양파는 맛있는 단맛을 내고, 그렇게 오래 정성을 들여서 만들어낸 재료들로 햄버거를 만들기 때문에 훨씬 맛있게 느껴지는 것 같습니다.

Q 향후 목표가 있다면 무엇인가요?

지금 당장의 목표는 단골손님을 만드는 것입니다. 편하게 놀러 오셔서 음식을 맛있게 먹고 갈 수 있는 그런 가게를 만들고 싶습니다. 언제가 될지는 모르겠지만 꽤 오랜 시간 뒤의 목표는 청년들이 안정적으로 접근할 수 있는 다른 형태의 사업을 해보는 것이 꿈입니다. 청년들이 어떻게 하면 좀 더 안정적으로 창업을 하고 자신의 사업을 할 수 있을지에 대해서 고민해 보고 이를 실행하는 것인데, 그 외의 자세한 내용은 비밀입니다.

여유와 낭만을 즐기다
당인리 발전소 골목

상수동 사거리에서 언덕을 따라가다 보면
당인리 발전소가 보인다. 화력발전소라는
삭막한 단어와는 어울리지 않게,
봄에는 벚꽃길 명소로 선정될 정도로 그 길이 아름답다.
따뜻한 햇볕을 받으며 자전거를 타는 주민들,
두 손 꼭 잡고 길을 따라 걷는 커플의 모습이
굉장히 낭만적이다. 거기에 동네 특유의
고요한 분위기는 길가에 여유로움을 더해준다.
당인리 발전소 골목은 오래된 건축물들과 트렌디한
카페들이 어우러져 빈티지한 느낌을 준다.
공장이나 주택을 개조한 가게들은 오래된 것과
새로운 것 사이의 신선한 매력이 있다.
골목 깊은 곳까지 걷다 보면 숨어 있는 명소가 나타난다.
책 읽기 좋은 카페, 따뜻한 식사가 준비되어 있는
식당, 그리고 소소한 볼거리가 있는 작은 가게들.
이곳의 명소들은 조용해서 여유를 즐기기에 좋다.
서울의 복잡한 도심에서 벗어나 한가로운
당인리 발전소 골목을 걸어보는 건 어떨까?
온갖 걱정으로 갑갑한 마음을 잠시나마
풀어줄 수 있을 것이다.

플리터 4기 곽민지, 김나운, 김지현

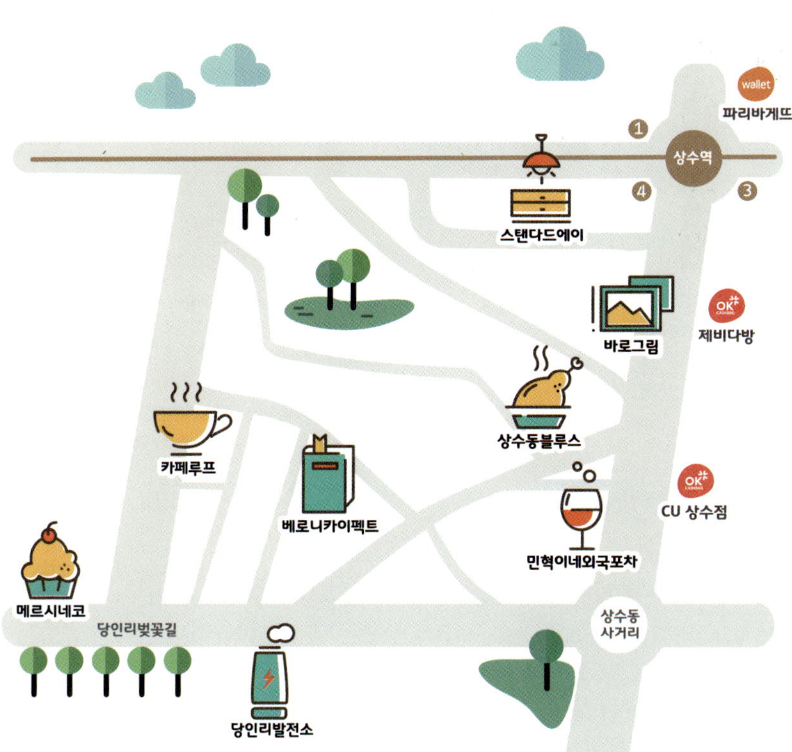

파리바게뜨
wallet
상수역
1
4
3
스탠다드에이
바로그림
제비다방
OK CASHBAG
상수동블루스
카페루프
베로니카이펙트
CU 상수점
OK CASHBAG
민혁이네외국포차
메르시네코
당인리벚꽃길
상수동
사거리
당인리발전소

수고했어, 오늘도
메르시네코

🏠 서울시 마포구 토정로 39
🕐 13:00~22:00(월요일 휴무)
📱 070-8614-1102
🅿 주차 불가

🍴 네코씨의 볶음면 8,000원, 눈 내린 말차산 케이크 6,000원, 베리베리 파블로바 7,000원
⭐ 메뉴가 바뀌거나 수제 디저트 중 어떤 메뉴는 판매하지 않는 날도 많기 때문에 꼭 먹고 싶은 음식이 있다면 인스타그램이나 전화로 확인하고 가는 게 좋다.
@ www.instagram.com/merci_neco

#당인리발전소카페 #식사와디저트가함께 #분위기좋은카페 #수제디저트

따뜻한 식사와 수제 디저트 드시고 가세요 당인리 벚꽃길에 위치한 작고 아담한 카페 메르시네코에는 사람들의 발길이 끊이질 않는다. 아담한 외관은 사랑스러운 분위기를 내며 따뜻한 내부는 마치 나를 위로해 주는 듯한 느낌이 든다. 은은한 불빛들이 가게 안을 밝히고, 맛있는 냄새에 기분이 좋아진다. 내부 곳곳에는 고양이의 사진과 소품으로 꾸며져 있다. 작고 아기자기한 소품을 구경하는 재미 또한 쏠쏠하다.

메르시네코는 식사와 디저트를 함께 해결할 수 있는 카페이다. 식사 메뉴는 일본 가정식 위주의 간단한 덮밥과 볶음면 등이다. 매일 아침 장을 본 재료들로 음식을 만들기 때문에 야채와 해산물 모두 신선한 맛이다. 디저트 또한 예쁘고 정성스러운 메뉴로 준비되어 있다. 눈 내린 말차산 케이크는 유기농 말차가루로만 맛과 색을 낸 수제 디저트이다. 한입 먹는 순간 진한 말차의 맛과 담백함을 가득 느낄 수 있다. 베리베리 파블로바는 딸기와 생크림, 머랭의 조화가 잘 이뤄진 달콤한 디저트인데, 직접 만든 머랭은 재미있는 식감을 자랑한다.

수고했어, 오늘도 메르시네코

따뜻한 분위기의 메르시코에 들어가는 순간 힘든 일들은 모두 다 잊고, 나도 모르게 저절로 미소를 짓게 된다. 여유를 느끼며 먹을 수 있는 그 순간이 행복했기 때문에 많은 사람들에게 이런 따뜻한 공간을 알려주고 싶어 선정하게 되었다.

Q 메르시네코를 시작한 계기는 무엇인가요?

20대 때, 번역 프리랜서 일을 했었는데, 카페에 앉아서 작업해야 할 때가 많았어요. 하지만 카페에는 배가 차는 음식도 없었고, 기껏해야 간단한 빵으로 배를 채울 수밖에 없었죠. 저는 커피도 한 잔 하면서 식사도 할 수 있는 카페가 있었으면 좋겠다는 생각을 계속 해왔고, 결국엔 제가 원하는 카페를 차리게 되었습니다.

Q 메르시네코만의 영업 철학이 있다면요?

저는 '나 스스로를 믿고 하자'는 생각으로 카페를 운영하고 있습니다. 홍대에는 유행에 따라가는 많은 카페들이 우후죽순으로 생겨나고 있는데 나만큼은 유행에 따르지 말고, 내가 잘하는 것을 해야 한다고 생각했어요. 손님들에게 저 스스로가 최선을 다할 수 있는 것을 하고 싶습니다.

Q 메르시네코만의 대표 메뉴가 있다면요?

눈 내린 말차산 케이크가 가장 유명하고 손님들이 많이 찾으시는 디저트예요. 유기농 말차가루를 사용하고 뉴질랜드산 앵커버터를 사용하죠. 말차가루로만 맛과 색을 내서, 말차 맛이 진하게 느껴지고 담백한 스타일로 많은 손님들이 좋아하십니다.

Q 향후 목표는 무엇인가요?

일단 이 자리에서 최선을 다해서 일을 하고 싶어요. 현재 개업한 지 2년이 되었는데, 여러 가지 문제 때문에 한 자리에서 카페를 오래 하는 것이 쉽지가 않습니다. 그래서 현재 목표는 5년 동안 한 자리에서 카페를 운영하고, 손님들이 지속적으로 편안하게 찾아올 수 있는 카페를 만드는 거예요.

Q 메르시네코 라는 가게 이름은 어떻게 짓게 되었나요?

예전부터 '메르시'라는 단어와 '네코'라는 단어를 좋아했습니다. 그래서 좋아하는 두 단어를 합쳐서 '메르시네코'라고 지었고 우리나라 말로 하면 '고양아 고마워'라는 뜻이 됩니다. 평소에 고양이를 좋아하기도 해서, 가게를 고양이 관련 책이나 소품으로 꾸몄습니다.

네 이야기를 들어줄게
민혁이네 외국포차

🏠 서울시 마포구 와우산로 15-7
🕐 18:00~03:00
📱 02-333-3457
🅿 주차 불가

🍴 오징어링과 양파링 튀김 12,000원, 치킨 12,000원,
민혁이네 샐러드 파스타 13,000원,
상그리아 미니 피처 11,000원
⭐ 테라스 자리가 명당! 조금 일찍 가서 테라스에서
와인을 마시면 그 맛이 두 배가 된다.

#당인리발전소맛집 #분위기좋은술집 #저렴한와인 #와인맛집 #데이트코스

이야기 하며 즐기는 와인 한 잔 상수역 위쪽 주택가 골목에 자리 잡은 민혁이네 외국포차가 어둑어둑한 골목을 밝히기 시작한다. 고즈넉이 운치 있는 테라스 자리에서 사람들이 삼삼오오 모여 한 잔씩 술을 기울인다. 내부는 아늑하면서도, 손때가 탄 듯 살짝 빛이 바랜 느낌이 빈티지한 분위기를 물씬 풍긴다. 처음 간 사람들도 자주 와본 것처럼 편안하게 느껴지는 공간이 바로 이곳이다.

민혁이네 외국포차의 메뉴는 메인 세트메뉴부터 단품메뉴까지 다양하며, 술안주로도 식사로도 안성맞춤이다. 가볍고 상큼한 안주를 먹고 싶은 사람들에게는 샐러드 파스타를 추천한다. 샐러드 파스타는 토마토가 꽃처럼 장식되어 보는 재미까지 준다. 또 다른 메인메뉴인 숯불 흑돼지 퐁듀는 부드럽고 매콤한 고기를 치즈에 푹 찍어 먹는데, 매콤하고 고소한 맛이 입안에서 조화를 이룬다. 또한 3만 원 이하의 저렴한 가격에 와인을 판매하고 있어 부담 없이 즐길 수 있다. 이국적인 느낌과 향긋한 와인 향기에 취해 느긋한 시간을 즐겨보자.

빨간 지붕이 예쁜
카페 루프

🏠 서울시 마포구 독막로8길 33-5
🕐 평일 11:00~24:00, 금~토 11:00 ~ 2:00
📱 02-322-3903
🅿 주차 불가

🍴 커피 4000원~, 매장에서 직접 끓이는 캐러멜이 들어간
　마키아토 5,500원
⭐ 책장에 많은 책들이 진열되어 있다.
　여유롭게 커피 마시며 책 읽기 좋다.

#상수카페 #당인리데이트 #조용한카페 #디저트 #혼자가기좋은

빨간 지붕 아래서 작은 여유를 즐기는 곳 카페 루프는 당인리의 조용한 공기가 잔잔한 음악과 어우러져 더욱 여유롭게 느껴지는 공간이다. 작은 앞마당의 푸른 잔디와 카페의 빨간 지붕이 낭만 가득한 분위기를 만들어 준다. 동화 같은 분위기의 외부와는 달리 내부는 빈티지한 분위기를 낸다. 천장이 노출된 느낌을 주는데 개방감이 느껴져 독특하다. 커다란 창문을 열어 놓으면 따스한 햇살이 들어온다. 그 창 안에 담겨 있는 바깥 풍경은 마음까지 따뜻하게 해준다.

카페의 조용한 분위기는 시끄럽고 복잡한 일상과 정반대다. 초조하고 불안한 기분이 사라진다. 평소 고민이 많은 사람이라면 이곳에서 혼자 생각하는 시간을 가져보자. 책을 읽으며 한가로움을 만끽해도 좋다. 이곳의 음료와 디저트는 다른 카페보다 조금 더 달달한 편. 기분 좋은 달콤함이 지친 일상을 잊는 데 도움을 준다. 머핀, 슈, 케이크와 다양한 음료가 준비되어 있으니 취향에 맞게 골라먹자.

이국적 분위기의 다이닝 캐주얼 펍
상수동블루스

🏠 서울시 마포구 와우산로3길 6

🕐 12:30~23:00 　☎ 02-335-4026 　🅿 주차 불가

🍴 간장치킨 크림 파스타 14,000원,
　 슈바인 학센 2인 31,000원

⭐ 신메뉴 빅 테이블을 주문하면 학센과 함께
　 다양한 종류의 고기를 즐길 수 있다.

@ blog.naver.com/ssdblues

#당인리맛집 #상수맛집 #독일요리 #당인리데이트

당인리의 작은 독일 상수동블루스의 진한 아메리카노색 간판과 회색빛 벽돌로 꾸며진 외관은 빈티지한 분위기를 풍긴다. 콘크리트 소재의 독특한 테이블, 찬장에 진열되어 있는 와인을 보면 독특한 외국 음식점에 온 듯한 기분이 든다. 이렇게 근사한 분위기에서 즐기는 식사는 언제나 맛있는데 이곳의 대표 메뉴는 단연 독일의 대표 음식 '학센'이다. 맥주에 재워 돼지의 비릿한 향은 없애고, 오븐에 구워 겉은 바삭함을, 속은 촉촉함을 살렸다. '빅 테이블'을 주문하면 학센을 포함해 다양한 요리를 맛볼 수 있으니 참고하자. 푸짐한 학센과 맥주 한 잔으로 고된 하루를 마무리해 보는 건 어떨까?

예술과 가까워지다
바로그림

🏠 서울시 마포구 와우산로 23 규민빌딩

🕐 평일 17:00~22:00, 토 12:00~22:00,
　 일 13:00~21:00

☎ 02-3144-7881 　🅿 주차 불가

🍴 작은 액자 3,800원, 큰 액자 5,800원

@ www.바로그림.com

#상수구경거리 #당인리데이트 #종이액자 #아트

예술은 공기와 같다! 바로그림은 다양한 감성의 작품을 쉽게 접할 수 있는 곳이다. 대형 미술관처럼 보는 이를 압도하는 무거운 분위기가 아니다. 아기자기하고 예쁜 색의 액자에 담겨 있는 그림은 오히려 설렘을 선사한다. 바로그림의 철학은 '예술은 공기와 같다.'인데 그 철학을 따라 가볍게, 그리고 즐겁게 예술을 즐기면 된다. 원하는 작품을 고른 후 그 자리에서 바로 인쇄를 하고, 원하는 색의 액자를 고르면 구입도 할 수 있다. 다양한 감성의 작품을 보고 싶은 사람들, 예술과 더 가까워지고 싶은 사람들과 자신의 일상에 예술을 더하고 싶은 사람들 모두에게 이곳은 특별한 공간이 될 것이다.

아담한 그림 책방
베로니카 이펙트

🏠 서울시 마포구 어울마당로2길 10
🕐 11:30~20:00
📱 02-6273-2748
🅿 주차 불가

🍴 그림책, 그래픽 노블
✪ 일반 서점에서는 구할 수 없는 그림책들이 있다.
@ blog.naver.com/v_effect
www.instagram.com/veronicaeffect

#당인리볼거리 #그림책 #일러스트 #조용한서점

알록달록 고운 그림책 천국 작은 서점이 없어지고 있는 요즈음, 베로니카 이펙트는 사막의 오아시스 같은 존재다. 고요한 골목에 있어 조용히 책을 즐기기에 좋다. 이곳에서는 사장님의 안목으로 고른 다양한 그림책과 그래픽노블, 독립출판사의 책을 만나볼 수 있다. 이곳의 그림책은 대중적이진 않지만 독특한 작품들이 많다. 예쁜 책이 모여 있는 편집숍 같기도 하다. 어느 작품보다 뛰어난 일러스트로 구성된 그림책도 있고, 아이들이 읽기에 안성맞춤인 귀여운 그림책도 있다. 그래서 어른, 어린이 모두에게 좋은 공간이다. 베로니카 이펙트는 다양한 사람들에게 특별한 공간이 된다. 시끄럽고 복잡한 도심이 질린 사람들에게 더할 나위 없이 여유로운 시간을 선물한다. 예술가를 꿈꾸는 학생들에게는 영감을 준다. 독특한 그림을 보다 보면 다양한 아이디어가 머릿속 전구를 환하게 켜 줄 것이다.

책을 읽기 싫어하는 사람에게는 책을 좋아할 수 있는 기회를 준다. 톡톡 튀는 그림과 간결한 문장으로 구성된 내용은 머릿속에 쉽게 들어와 좋은 인상을 남긴다.

쉽게 볼 수 없는 보석 같은 서점, 베로니카 이펙트. 이곳에서 책을 읽다 보면 어린 시절 누구나 그랬던 것처럼, 두 눈은 반짝이게 되고 머릿속은 예쁜 색으로 물들게 될 것이다.

홍대 커피프린스 골목

홍익대학교 정문에서
스타벅스가 있는 방향으로 세 블록을 걷다
왼쪽 길로 들어오면 나오는 홍대 커피프린스 골목.
2007년 열풍이었던 드라마
〈커피프린스 1호점〉의 실제 촬영지였던
카페가 있는 골목이라 이렇게 이름이 붙여졌다.
큰 골목보다는 조금 한산하고 조용한 곳이다.
곳곳에 우리만의 아지트로 삼고 싶은 장소들이
눈에 띈다. 정신없던 피곤한 일상에서
잠시 벗어나고플 때 이곳이 나를 반겨줄 것만
같은 곳이다.

플리터 4기 곽민지, 김나운, 김지현

홍대입구역
1
8 홍대입구역
가챠샵
아오이토리
커피프린스
1호점
뽈랄라수집관
마켓밤삼킨별
소년식당
스타일난다
wallet
소소한술집
조군샵
프리미엄
플리마켓
홍익대학교

다시 찾은 그곳
마켓 밤삼킨별

서울시 마포구 와우산로29마길 22
11:30~02:00(연중무휴)
02-335-3532
주차 불가

아이스큐브라테 6,500원, 아메리카노 4,000원,
밀크티 6,000원, 유자레모네이드 7,000원,
간장크림치즈파스타 13,000원

플리마켓이나 캘리그라피 수업이 열리는 날도 있다.
밤삼킨별 블로그에서 소식을 볼 수 있으니 참고하자.

#홍대마켓밤삼킨별 #홍대예쁜카페 #감성카페 #사진찍기좋은곳

마음이 절로 따뜻해지고 평온해지는 공간 다시 찾아오고 싶은 이곳, 밤삼킨별은 2층 가정집을 개조해 만들어 더 정겨운 느낌이 드는 곳이다. 곳곳에 독특하고 재미있는 소품들과 캘리그라피 작가이자, 사진작가이기도 한 이 카페의 주인이 직접 쓴 글들이 붙어 있다. 글과 사진에는 여유로운 삶의 향기가 느껴진다. 2층에는 좌식 테이블과 따뜻한 햇살을 받으며 여유를 즐길 수 있는 창가 테이블이 있다. 또한 룸도 3개 있어 단체 손님들에게도 좋을 듯하다.

마켓 밤삼킨별에 가면 인기 메뉴인 아이스큐브라테를 먹어보길 권한다. 아이스라테를 먹다보면 얼음이 녹아 점점 싱거워진다. 하지만 에스프레소 원액을 얼린 얼음에 우유를 부어 마시는 아이스큐브라테는 시간이 지날수록 더 진하고 깊은 라테의 맛을 느낄 수 있다. 음료와 함께 시킨 디저트, 팬케이크는 생크림과 딸기가 함께 나와 입 안에 넣으면 바로 녹아버린다. 너무 빨리 입안에서 사라지는 아쉬움이 크지만 그 맛은 매우 훌륭하다. 기분이 절로 좋아지는 달콤함과 상큼함에 왠지 더 머물고 싶은 곳이다.

따뜻한 행복
아오이토리(AOITORI)

🏠 서울시 마포구 와우산로29길 8
🕐 화~토 08:00~02:00(Bar 19:00~01:00),
　　일 08:00~22:00(Bar는 휴무)
📱 02-333-0421
🅿 주차 불가

🍽 Cafe_ 말차 메론빵 2,500원, 야키소바빵 2,500원,
　　명란바게트 2,600원, 베이컨 크루아상 2,500원
　　Bar_ 오늘의 아히요 8,000원, 명란 일본식 스파게티
　　8,000원, 스패니쉬 오믈렛 6,000원
⭐ 오전 8시부터 오후 1시까지 한 시간 간격으로 빵이
　　나온다. 저녁에는 바에서 식사와 음료도 즐길 수 있다.

#아오이토리 #홍대빵집 #홍대맛집 #베이커리 #일본식베이커리

희망과 행운을 주는 파랑새 동화 속 파랑새를 따라가다 보면 이곳으로 데려다 줄 것만 같다. 쉐프와 점원들의 친절함, 그 속에서 갓 구워져 나오는 빵들은 보기만 해도 행복하다. 아오이토리에서 제일 매력적인 건 빵을 만드는 쉐프님을 마주보는 곳에 바가 있다는 것이다. 맛있는 빵을 먹으며 능숙하게 빵을 만드는 광경에 눈도 즐겁다.
빵의 종류 또한 흔하지 않은 것들이다. 명란이 들어간 명란바게트, 말차메론빵, 빵의 가운데에 야키소바가 들어있는 야키소바빵 등 특이한 빵들이 많이 있다. 아오이토리 빵의 특징은 '담백함'이다. 담백한 것이 싫은 사람도 아오리토리의 빵을 먹어 보면 은근한 중독성에 자꾸 손이 갈

것이다. 또한 이곳은 오후 7시가 되면 빵집이 아닌 Bar로 변한다. 다양한 식사 메뉴와 음료를 즐길 수 있다. 그중 '모듬빵'이라는 메뉴는 무한리필이 되는데 빵이 따뜻하다 못해 뜨거울 정도다. 이런 작은 부분 하나하나에도 감동을 주니 사람들의 발길이 끊이지 않는 것일까? 아오이토리는 기꺼이 단골손님이 되고 싶은 곳이다.

담백한 이끌림
소년식당

🏠 서울시 마포구 와우산로 29라길 16
🕐 12:00 ~ 21:00(일요일 휴무)
📱 010-9429-4368
🅿 동교 1주차장(11:00~21:00) 이용, 5분당 300원

🍴 연어덮밥 10,000원, 간장새우밥 10,000원,
　카레우동 8,000원
✴ 마지막 주문은 20:30까지만 받는다.

#소년식당 #아담한맛집 #연어덮밥 #연어는진리 #간장새우밥

골목 속 아담한 식당, 소년식당 홍대 번화가 골목 속에 자리 잡은 소년식당에는 3~4개의 테이블이 전부이다. 하지만 이곳은 홍대생은 물론이고, 홍대로 놀러오는 수많은 사람들이 자주 찾는 아지트가 되어 항상 사람들로 가득 차 있다.

사람들이 많이 찾는 연어덮밥은 당일에 가져온 연어를 두툼하게 썰어내서, 더욱 더 신선하고 쫄깃한 식감을 느낄 수 있다. 숟가락 가득 밥을 얹고, 연어와 고추냉이, 그리고 무순을 올려 한 입 먹으면 입안의 즐거움을 달리 표현할 수가 없다. 소년식당의 대표 메뉴라고 할 수 있는 간장새우밥은 적당히 짭짤한 맛과 담백한 맛이 일품인 음식이다. 머리와 꼬리 부분을 남겨둔 채 몸통만 껍질이 미리 벗겨져 나오기 때문에 새우 껍질을 벗겨내야 하는 불편함도 덜어 준다. 노른자를 톡 터트리고, 가위를 이용해 새우의 머리와 꼬리를 잘라낸다. 그리고 몸통 부분을 삼등분 해서 잘라 넣은 다음 간장을 취향대로 부어 비벼 먹는다. 그 담백한 맛은 이루 말할 수 없고, 자꾸만 숟가락을 향하게 하는 중독성 있는 맛이다.

소박해보이지만 정갈한 한 상 차림으로 배부르고 맛있는 한 끼를 이곳에서 즐길 수 있다.

담백한 이끌림
소년식당

소년식당은 테이블이 3~4개 뿐인 아담한 가게지만, 항상 사람들로 꽉 차 있다. 직접 음식을 먹어 보니 왜 사람들의 발길이 끊이지 않는지를 알 수 있었다. 소박하면서 깔끔한 한 상 차림이 정성스럽고, 담백한 맛이 매력적인 곳이었다.

Q 창업 배경은 무엇인가요?

두바이 호텔 레스토랑에서 1년 정도 근무를 했었는데 그 레스토랑의 이름이 '준수이'였어요. 한국으로 돌아와서 창업을 하게 된 가게가 현재 '소년식당' 맞은편에 있는 '준수이'라는 음식점인데 그곳엔 술을 드시러 오는 손님들이 대다수였죠. 그러다 식사 메뉴도 해보고 싶어 지금의 소년식당을 차리게 되었습니다.

Q 본인만의 영업 철학이 있나요?

싱싱한 재료로 만든 음식을 맛있게 먹는 손님들의 모습이 보기 좋아 항상 '그날 재료를 사오면 그날 소진하자'를 영업 철학으로 삼고 있습니다. 그래서 재료가 일찍 떨어졌을 때는 가게 문을 일찍 닫기도 합니다.

Q 대표 메뉴는 무엇인가요?

연어덮밥과 간장새우덮밥이 대표 메뉴이고, 손님들이 가장 많이 찾아주시는 음식입니다. 연어덮밥 같은 경우엔 당일 가져온 생연어로 덮밥을 만들어요. 그래서 더욱 쫄깃하면서도 부드러운 연어의 식감을 느낄 수 있죠. 간장새우밥은 직접 간장에 담가 숙성시킨 간장새우를 이용합니다.

Q 향후에 계획하고 계신 목표가 있나요?

한국의 팔도는 물론이고 해외 여행을 하면서 좀 더 많은 경험을 하고 싶고, 요리에 대해 더 배우는 것. 이걸 목표라고 할 수 있겠네요.

도심 속 비밀의 화원
소소한 술집

- 서울시 마포구 와우산로 29마길 24-1
- 월~금 18:00~01:00, 토~일 18:00~02:00(화요일 휴무)
- 02-325-8488　주차 불가
- 매콤한크림치킨 17,000원, 칠리치즈포테이토 12,000원, 목살바비큐플레이트 18,000원, 클라우드(생맥) 7,000원
- 주말에는 빠르고 비트 있는 음악 선곡으로 신나는 분위기이며 평일에는 잔잔한 선곡으로 낭만적인 분위기다.

#홍대분위기좋은술집 #여성취향저격 #테라스술집

낭만이 있는 우리의 아지트 꽃과 화분, 은은한 불빛이 가득한 테라스에서 마시는 술은 그 어떤 술보다 달콤하다. 소소한 술집은 테이블마다 간격도 넓고 다양한 공간이 마련되어 있어서 여성들에게는 수다를 떨 수 있는 최적의 장소. 매콤한크림치킨은 자칫 느끼할 수 있는 크림소스에 매콤함을 더해 자꾸만 입맛을 당기고 칠리치즈포테이토는 매콤한 칠리소스와 아낌없이 넣은 모차렐라 치즈로, 맥주 안주로 제격이다. 방해받지 않고 수다를 떨며 푸짐하고 맛있는 음식을 즐기고 싶은 여성들, 그리고 커플들에게는 낭만을 느낄 수 있는 그들만의 아지트가 되기에 충분한 곳, 소소한 술집이다.

잡동사니의 보물섬
뽈랄라 수집관

- 서울시 마포구 와우산로29길 27
- 수·목·일 13:00~20:00, 금·토 13:00~21:00
- 02-3143-3392
- 라사사 빌딩 주차장, 동교동 노상 공영 주차장 이용
- 장난감, 인형, 만화책, 잡지 등 잡동사니
- 판매 제품을 제외한 모든 수집품은 촬영이 가능하다.

#추억의장난감 #홍대구경거리 #홍대가볼만한곳

응답하라 기억 속 추억 뽈랄라 수집관은 단순한 잡동사니 가게가 아니다. 우리 모두를 어린 시절로 데려다주는 마법 같은 공간이다. 애니메이션 속 캐릭터들의 피규어, 프라모델, 인형 등 다양한 수집품들을 보면 누구나 한 번쯤은 '아, 이거! 내가 어릴 때 갖고 놀던 거잖아!' 하고 웃음이 나올 것이다. 또한 옛날 포스터, 과자 패키지, 중고 LP판 등도 있어 요즘 유행하는 것들과 비교하는 재미도 쏠쏠하다. 조금 촌스럽긴 하지만 그 투박함 속에 따뜻함이 느껴진다. '좋아서 어쩔 줄 모른다'라는 의미를 가진 '뽈랄라'에서는 단돈 천원에 큰 행복을 느낄 수 있다.

무엇이 나올까
가챠샵

🏠 서울시 마포구 와우산로29길 48-14 서교타운
🕐 매일 12:00~21:00
📱 02-777-7627
🅿 동교동 노상 공영 주차장 이용

🍴 각종 피규어, 장난감 뽑기, 문구, 팬시용품
⭐ 사람이 꽉 차 있을 땐 뽑기를 뽑은 후 근처 카페에서
　 조립을 해도 좋다
@ mangatoy.blog.me

#피규어 #홍대데이트 #추억의뽑기 #키덜트

뽑을 때까지 아무도 몰라 철컥철컥 동전을 넣고 손잡이 돌리는 소리에 심장이 두근두근. 동전을 넣는 것부터 뽑기를 여는 순간까지, 마치 작은 모험을 하는 듯 긴장을 놓지 못하게 하는 뽑기의 매력은 엄청나다. 어릴 적 문방구 앞에서 백 원짜리를 넣어 돌리면 갖가지 장난감들이 나오던 뽑기. 어린 시절 추억을 되찾을 수 있는 아지트 같은 곳이 바로 가챠샵이다. 여기에는 여러 종류의 장난감, 피규어 등을 뽑을 수 있는 뽑기 기계가 모아져 있다. 알록달록한 장난감이 가득한 이 장소는, 마음만은 어린아이인 '키덜트'에게, 그리고 진짜 어린이들에게 천국과 같은 곳이다.
가게 내부에는 동전 교환기, 각종 뽑기 기계, 뽑은 장난감을 조립할 수 있는 공간 등 모든 것이 갖추어져 있다. 뽑기에서 무엇이 나올까 한껏 기대를 하고 열어 보면 내가 원하던 것이 나오지 않을지도 모른다. 하지만 뭐가 나올지 모르는 기대감에서 오는 묘한 스릴감이 이 뽑기 기계의 가장 큰 매력이다. 원하는 것이 나오지 않더라도 조립하는 과정에서 괜한 애착이 생기기도 한다.
가챠샵에는 뽑기 기계만 있는 것이 아니라 피규어나 장난감이 판매용, 혹은 전시용으로 가득 차 있다. 때문에 구경하는 재미도 있다. 연인, 친구 혹은 가족과 함께 가보자. 한마음으로 두근거리며 뽑기를 개봉하고, 같이 장난감을 조립하면서 서로가 더 가까워지는 시간이 될 것이다.

우리의 역사에 희망을 불어넣는
서대문구

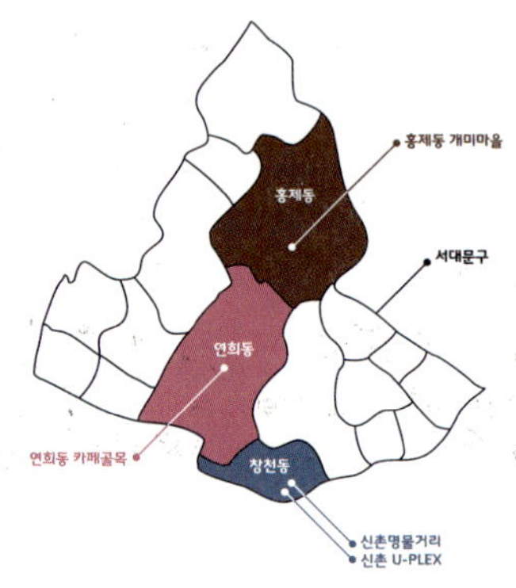

도심 한가운데, 초록 숲 속 안산 자락 길. 산책로를 걸어 올라가면 우리 앞엔 장난감처럼 작아진 도시의 모습이 펼쳐진다. 손을 깍지 끼듯, 각자 저마다의 높이를 가진 건물들과 푸른 산은 무척이나 조화롭게 엉켜 있다. 이제, 시선을 조금 낮춰보자. 슬레이트 지붕 아래, 빛이 바랬지만 손때를 탄 친근함이 느껴지는 가파른 골목. 저마다의 색깔을 내뿜는 네온사인 속, 패기 넘치는 젊은 골목. 이들은 자신들만의 빛으로 골목을 밝히고 있다.

서대문구는 1943년, '구'라는 행정법상의 제도가 처음 도입되면서 분류된 곳이다. 일제 시대 민족 저항의 증거인 서대문형무소 역사관은 긴 기간을 거쳐 그 시대의 모습으로 복원되었으며 독립협회가 중심이 되어 조선이 독립국임을 상징하기 위해 세운 독립문도 서대문형무소와 함께 독립공원으로 포함되어 있다. 이곳에는 고요하지만 뜨거운 애국의 기운이 아직도 가득하다.

모든 사람들은 역사 속에서 살아가며 그들만의 역사를 만들어 간다. 그리고 서대문구에는 아직도 저항의 역사 속에서 그들만의 힘으로 시대를 만들어 가는 여러 골목이 숨 쉬고 있다. 서대문구는 우리의 역사에 희망을 불어넣고 있다.

WAY TO
HAPPINESS
꼬숯 돈가스 3000원
형제 갈비
PASCUCCI

모두가 하나 되는 청춘 교차로

신촌명물거리

신촌역에서부터 들려오는 감미로운
피아노 선율을 따라 걸어 들어가면
그 끝에 보이는 신촌명물거리.
대학생들이 가득한 이 거리에선 웃음소리와
음악 소리가 끊이지 않고 들려온다.
그들만의 감성과 청춘으로 만들어 낸
거리의 분위기에 모두들 마음이 들떠온다.
이른 낮부터 늦은 밤까지,
거리와 가게는 청춘의 눈부신 기운으로 가득하다.
플리터 4기 김다은, 김동언, 이동현

명물거리
삼거리
wallet 대포찜닭
독수리다방
NewYork
B&C
table 하나
POP.
CON.TAINER
연대포
신촌명물거리축제
신촌플레이버스
신촌유플렉스
16
신촌역 2호선
4

신촌에서의 오전 11시 30분
뉴욕비앤씨(뉴욕B&C)

- 서울시 서대문구 연세로 12길 39
- 11:30~23:00(연중무휴)
- 070-7556-9863
- 주차 불가

- 브런치 5,000~9,000원, 커피 3,500~4,500원, 피자 8,900~9,900원, 파스타 6,900원, 필라프 7,900원
- 저렴한 가격에 파스타와 필라프, 피자와 에이드 두 잔이 제공되는 세트도 있으니 참고하자.

#신촌브런치카페 #저렴한파스타 #분위기좋은음식점

신촌의 햇살이 가득한 브런치 카페 '뉴욕비앤씨' 는 신촌명물거리 삼거리로 가는 길목에 있는 다이닝 펍 겸 카페이다. 신촌명물거리 끝자락 즈음에 있어서 한적하고 여유롭게 식사를 즐길 수 있다는 점과 합리적인 가격에 부담 없이 올 수 있다는 점이 이 집의 장점. 기와지붕 위에 노란색 영문으로 뉴욕이라 적어 놓은 간판과 손님을 마중하는 호두까기 인형, 가게 안을 가득 채운 고소한 빵 냄새는 이곳만의 특별한 매력 포인트다.

뉴욕비앤씨에서는 요리뿐만 아니라 빵과 식료품을 함께 판매하며, 맛과 전통을 재해석해 고객들에게 새로운 서비스와 메뉴를 선보이고 있다. 이른 아침에 방문하면 저렴한 가격에 브런치를 만나볼 수 있다. 일반적으로는 총 5가지의 팩 종류에서 요리를 고를 수 있으며, 세트 메뉴로 좀 더 합리적인 음식을 받아볼 수 있다.

달달한 에이드와 함께 나온 로제 파스타는 토마토와 크림의 풍미를 조화롭게 담아낸다. 향긋한 마늘에 볶아진 필라프의 담백함은 계란 노른자와 조합이 훌륭했으며 꿀과 함께 나온 고르곤졸라는 바삭함과 달달함으로 입맛을 사로잡는다.

청춘들의 특별한 찜닭
대포찜닭

🏠 서울시 서대문구 연세로 11길 28
🕐 11:00~23:30(연중무휴)
📱 02-325-6633
🅿 주차 불가

🍴 대포찜닭 19,000원 (2인), 치즈 추가 3,000원,
통오징어 튀김 추가 5,900원,
감자튀김 + 치즈 추가 7,000원
⭐ 시럽 월렛과 연계된 점포로 방문하기 전 쿠폰을 확인해
혜택을 누리자.

#신촌대포찜닭 #퓨전찜닭 #친구들맛집 #치즈찜닭

신촌에서 맛보는 파이팅 가득한 퓨전 찜닭 '대포찜닭'은 신촌명물거리 왼쪽의 골목에 있는 퓨전 찜닭 음식점이다. 종업원들과 사장님마저도 파이팅 넘치고 활기찬 이곳은 그 열기에 약간 민망해지기도 하지만 기운 덕분에, 기분 좋은 웃음을 띠게 된다.

대포찜닭은 그들만의 특제 소스와 부드러운 육질의 국내산 닭고기로 만든 특별한 찜닭을 제공한다. 또한 개인 취향에 따라 찜닭 위에 여러 가지 토핑을 얹어 먹을 수 있는데 부드럽고 쫄깃한 치즈, 바삭하고 촉촉한 오징어 튀김, 따뜻하고 고소한 감자튀김 토핑은 찜닭과 함께 어우러져 재미있는 식감과 풍부한 맛을 만들어낸다. 모든 요리 위에 항상 올라가는 메추리알로 만든 작은 병아리 또한 소소한 볼거리다.

한쪽 벽 가득 그려진 닭 캐릭터의 세계지도와 입구에 적혀 있는 그날의 난센스 퀴즈, 계산 전 할인 혜택을 걸고 사장님과 하는 가위바위보. 신촌 대포찜닭에서만 느낄 수 있는 에너지 가득한 이 분위기는 대학생들의 발길을 잡기에 충분하다.

진짜 오코노미야키는 하나뿐이야
하나

🏠 서울시 서대문구 연세로4길 61

🕐 12:00~23:00(화요일 휴무),
　브레이크 타임 15:00~17:00

📱 02-365-1312

🅿 주차 불가

🍴 돼지오징어타마 8,000원, 야키소바 7,000원,
　돈페이야키 3,500원

⭐ 오코노미야키는 '좋아하는 것을 얹어 먹는다'는 뜻!
　다양한 메뉴 중 자신이 먹고 싶은 재료를 직접
　선택해보자.

#오코노미야키 #철판구이 #일본전통식 #이것이진짜일본의맛

신촌 속 진짜 오코노미야키집 신촌 명물거리 사이 작은 골목으로 들어가면 메인거리와는 사뭇 다른 느낌의 한산한 골목이 나타난다. 메인거리는 프랜차이즈 가게들이 가득한 반면, 작은 골목 사이사이에는 개인이 운영하는 작은 가게들이 숨어 있다.

일본인 사장이 직접 요리하는 일본 정통식 오코노미야키 전문점으로 가게는 작아도 아는 사람들은 다 아는 맛집이다. 한국으로 유학을 온 뒤, 고향 음식이 그리워져 그 맛을 한국에도 알리고 싶어 직접 가게를 차렸다고 한다. 한국에서 오코노미야키는 술안주 정도로만 알고 있는 사람들이 많지만, 실제 일본에서는 든든한 한 끼 식사로 애용되곤 한다.

기다리는 사람들로 길게 늘어선 줄을 보면, 가게 확장을 해도 되지 않나 싶지만 자신이 직접 음식을 해서 손님에게 드린다는 영업 철학 때문에 현재 규모를 유지하고 있다고 한다. 대기 시간이 긴 편이지만 사장님이 직접 만든 맛있는 오코노미야키를 맛볼 수 있다는 점은 고생도 마다하게 하는 곳이다.

이게 진짜 일본의 맛입니다
하나

신촌명물거리 '하나'에 가면 일본인 사장님이 직접 만드는 일본 정통식 오코노미야키를 합리적인 가격에 맛볼 수 있다. 가게 앞에 선 줄을 보면, 확장 공사를 해도 되지 않나 싶지만, 어떤 명확한 영업 철학이 있음에 틀림없어 보였다.

Q 하나를 창업하게 된 배경은 무엇입니까?

제 고향인 일본 고베에서는 오코노미야키가 맛있는 한 끼 식사로 사랑받고 있는데 한국에서 파는 오코노미야키는 대부분 맛이 없을 뿐더러 단지 술안주에 불과하다는 인식이 가득했습니다. 이런 생각을 바꾸고 맛있는 오코노미야키를 소개해주고 싶어 창업을 결심하게 되었습니다.

Q 특별한 영업 철학이 있으시다면요?

No.1보다는 Only.1이 되고 싶습니다. 서울에서 '맛있는 오코노미야키집'하면 바로 '하나'가 떠오를 수 있도록 하고 싶습니다. 그런 의미에서 가게 이름도 '하나'라고 지었어요.

Q 하나의 대표 메뉴를 알려주세요.

돼지오징어타마와 야키소바, 돈페이야키가 손님들에게 가장 사랑받는 하나의 대표 메뉴라 할 수 있습니다.

Q 향후 목표는 무엇인가요?

주위에서 가게를 확장하라고 하는데 저는 제가 수용할 수 있는 만큼만 가게를 운영하고 싶어요. 지금의 느낌 그대로 계속 유지해 나가는 것이 첫 번째 목표이고 앞에서도 이야기했듯이 오코노미야키가 술안주라기보다는 하나의 든든한 식사라는 인식을 한국인들에게도 심어주고 싶습니다.

항상 거기 있는 우리의 아지트
연대포

🏠 서울시 서대문구 연세로7길 26
🕐 13:00~(연중무휴)
📱 02-3141-3131
🅿 주차 불가

🍴 해물파전 15,000원, 김치해물파전 15,000원,
　모둠전 16,000원, 꿀 막거리 4,000원
⭐ 단일 메뉴보다는 2만원 안팎의 세트 메뉴를 이용하면
　여럿이서 배부르게 즐길 수 있다.

#신촌막걸리집 #신촌저렴한술집 #꿀막걸리 #전통주점하면연대포

막걸리 한 잔, 전 한입에 추억을 건져내는 곳 신촌 연대포는 창서초등학교 옆 골목에 있는 민속주점이다. 이미 신촌을 거쳐 온 많은 학생들 중에선 모르는 이 없을 만큼 오랜 시간 자리하고 있는 곳이다. 가게 앞에서 구워지고 있는 여러 종류의 전을 보고 있노라면 머릿속은 기대감으로 가득 찬다.

일단 가게 안으로 들어서면 나무로 된 테이블과 노란 조명으로 아늑한 분위기를 느낄 수 있다. 나이 지긋한 어르신들이 낯설지 않은 풍경은 이곳만의 역사와 추억이 느껴지는 특징이다.

동그랑땡, 호박전, 고추 튀김 등이 나오는 모둠전, 해물파전, 김치전, 감자전 등으로 대표되는 메뉴는 세트로 시키게 되면 돌판에 나오는 뜨거운 콘치즈와 매콤한 중독성이 있는 도토리묵, 그리고 양푼에 담겨 나오는 미역국을 함께 만나볼 수 있다.

모든 메뉴들은 15,000원 근처의 합리적인 가격대로 3, 4명이 먹어도 충분한 양이며 주류는 각종 과일을 넣어 먹는 막걸리도 있지만, 그중 단연 최고는 꿀을 직접 부어 먹는 꿀 막걸리이다. 곁에서 들려오는 한마디, 한마디가 추억이 될 그 날의 연대포에서 마주한 청춘은 우리의 가슴을 뛰게 하기에 충분하다.

달콤함이 쌓여가는 기분 좋은 공간
팝 컨테이너(POP CONTAINER)

🏠 서울시 서대문구 명물길 70
🕐 11:00~23:00(명절 당일 휴무)
📱 02-6012-9980

🅿 주차 불가
🍴 오레오 빙수 13,000원, 누텔라 팬케이크 7,500원

#신촌빙수집 #신촌오레오빙수 #캠핑장 #달콤하고편안한데이트

일상에 지친 피로를 녹여줄 찰나의 여유 신촌 팝 컨테이너는 이화여자대학교 방면 명물거리 삼거리에 있는 이색 디저트 카페다. 작업실이나 캠핑장을 연상시키는 자유로우면서도 아늑한 인테리어와 푹신한 빈백은 처음 보자마자 모든 이들을 반하게 만든다.

이곳의 시그니처 메뉴는 단연 오레오 빙수다. 계량컵 모양을 한 그릇에 20cm 가량의 높이로 오레오를 얼음과 갈아 쌓아놓은 모습은 감탄을 자아낸다. 뿐만 아니라 팝 컨테이너에서는 누텔라나 오레오를 이용한 다양한 디저트도 선보이고 있는데, 누텔라를 위에 바르고 바닐라 아이스크림을 함께 내는 갓 구운 팬케이크도 이곳의 인기 메뉴 중 하나이다.

1인 1메뉴를 원칙으로 하고 있지만 빙수는 2인으로 계산되어 1인당 6,000~7,000원 가량의 합리적인 가격으로 만나볼 수 있다고 하니 참고하자. 오랜 기간 이름을 알려온 오레오 빙수의 뒤를 이을 틴탑 빙수도 선보일 예정이라고 하니 기대감 가득 안고 이곳을 방문해보는 것도 좋을 듯하다.

연희동 카페골목

북적거리는 연남동 길을 따라 조금 더 걷다 보면,
고즈넉한 모습의 연희동이 나타난다.
인근 지역과는 다르게 조용하고
아늑한 분위기인 연희동은 화려하지는 않아도
우리의 눈길을 사로잡고, 발걸음을 머물게 하는 곳이다.
골목 구석구석 숨어 있는 아늑한 카페에 들어가
달콤한 디저트와 함께 앉아 있으면,
바쁜 일상생활 속에서 찾은 작은 여유를 만끽할 수 있다.
행복이란 그리 멀지 않음을, 단지 우리의 시간을
기다리고 있을 뿐이라는 걸 깨닫게 된다.

플리터 4기 김다은, 김동언, 이동현

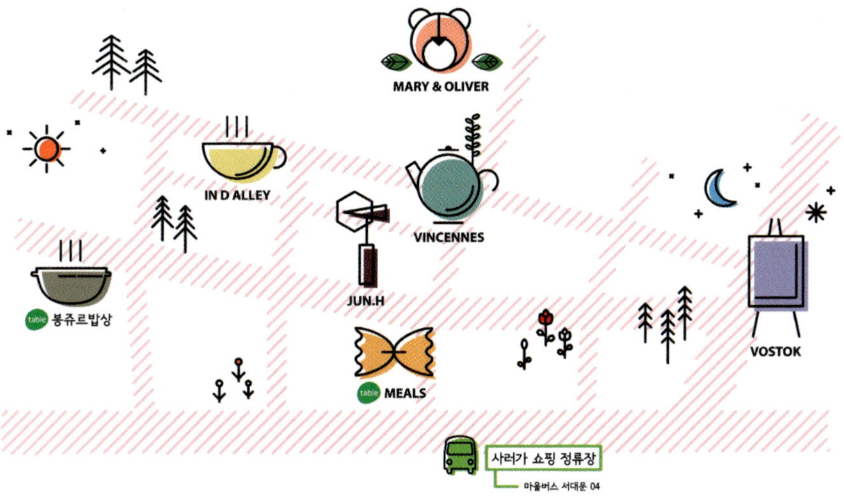

MARY & OLIVER
IN D ALLEY
VINCENNES
JUN.H
봉쥬르밥상
table
MEALS
table
VOSTOK
사러가 쇼핑 정류장
마을버스 서대문 04

소담하고 특색 있는 한 접시
밀스(MEAL'S)

🏠 서울시 서대문구 연희로 11가길 3 1층
🕐 11:00~21:00(재료 소진 시 당겨질 수 있음)
📱 02-6203-4119
🅿 주차 불가

🍴 우삼겹 가득 간장파스타 12,000원,
톡톡 명란크림파스타 12,000원,
싸가지 많은 치즈피자 13,000원
⭐ 만약 파스타보다 밥을 더 좋아한다면 1,000원을
추가해보자. 파스타면 대신 밥으로 재료를 바꿀 수 있다

#연희동파스타 #연희동밀스 #우삼겹파스타 #명란파스타

연희동의 소소함을 가득 담아 놓은 파스타 작지만 강한 식당. 자칫 진부해 보일 수 있는 이 한마디로 밀스를 다 설명할 수는 없지만 적절한 표현이긴 하다. 4, 5개의 테이블이 이 식당의 전부지만 연희동에서 가장 맛있는 피자와 파스타를 만든다고 감히 말하고 싶다. 파스타 전문점답게 다양한 모양의 파스타를 담은 유리병이 손님들을 맞이하고, 그 뒤로 주인의 취향을 반영한 여러 소품들이 아기자기하게 놓여 있다.

우삼겹을 가득 담아낸 간장파스타부터 명란을 적절히 녹여낸 명란크림파스타, 4가지의 치즈를 담아, 싸가지 많다고 불리는 치즈 피자는 이 집의 주메뉴. 파스타는 종류를 가리지 않고 12,000원이지만 만약 가게 앞의 작은 칠판에 쓰여 있는 오늘의 파스타를 주문한다면 2,000원이 할인된 10,000원에 파스타를 맛볼 수 있다.

'밀스'는 어찌 보면 연희동 그 자체를 대표하는 곳이기도 하다. 여유롭고 소박해 보이지만 단순히 이에 그치지 않고 분명히 그만의 매력이 있는 모습을 갖추고 있기 때문. 연희동을 담은 맛을 먹으러 가보는 건 어떨까?

소담하고 특색 있는 한 접시
밀스

오늘따라 편안한 공간에서 색다른 요리를 먹고 싶다면 어디가 좋을까? 따스한 햇살을 만끽하며 찾아간 밀스에는 가게를 가득 채운 꽃과 함께 행복한 분위기가 가득했다. 자그마한 식당이지만 밀스에는 밀스만의 특별한 맛이 있다.

Q 어떻게 밀스를 열게 되셨나요?

특별한 날에만 먹는 음식이 아니라 밥처럼 먹을 수 있는, 질리지 않는 양식집을 만들고 싶었습니다. 그래서 '밀스'만의 퓨전 파스타로 우삼겹이 가득 들어간 간장파스타와 특제 고추장 해물파스타, 들깨크림파스타 등을 개발했습니다.

Q 밀스의 영업 철학은 무엇입니까?

'채움'입니다. 밀스를 찾아주시는 모든 분들이 단순히 배만 채우고 가시는 게 아니라 마음까지 든든하게 채우고 갈 수 있었으면 좋겠습니다.

Q 밀스를 대표하는 메뉴는 무엇인가요?

아무래도 우삼겹 간장파스타가 가장 대표적이라고 해야 할 것 같습니다. 저희를 찾아주시는 많은 분들이 꾸준히 사랑해주시는 메뉴거든요. 이외에도 싸가지 많은 치즈피자와 시금치 플랫 브레드의 인기가 용호상박입니다.

Q 밀스의 향후 목표가 있다면요?

먹는 즐거움과 더불어 쉐프와 여기서 일하는 스태프, 그리고 저희 밀스를 방문해주시는 손님 모두가 즐거워지는 식당이 되는 것이 앞으로의 목표입니다.

세 모녀의 정직한 한 상 차림
봉쥬르 밥상

🏠 서울시 서대문구 연희로 11가길 53
🕐 11:00~22:00(월요일 휴무)
📱 02-337-9850
🅿 1대만 가능

🍴 각종 사골국밥 9,000원, 11,000원(특),
소고기부추비빔밥 9,000원, 모듬수육 30,000원
⭐ <수요미식회>, <테이스티 로드>에 나온
진정한 연희동 맛집이다

#연희동국밥집 #세모녀국밥집 #연희동한식 #든든한한끼

연희동에서 만나는 편안한 한식집 연희동 봉쥬르 밥상은 성산로를 넘어 연희로 11가에 있는 한식당이다. 가장 먼저 눈에 띄는 것은 음식에 대한 정직함과 그에 따른 자부심이다. 식당 곳곳에 신선한 국내산 한우를 사용하고 정직하게 음식을 만든다는 팻말이 보인다. 세 모녀가 함께 모여 가게를 운영하고 있는 이곳은 국밥집이라고는 생각되지 않는 모던하고 깔끔한 인테리어를 자랑하는 곳. 대부분의 메뉴는 설렁탕 같은 국밥이지만 소고기를 부추와 함께 넣어 만든 비빔밥 또한 일품이다.

오전 11시부터 오후 3시까지를 밥상 시간, 오후 5시부터 오후 10시까지를 술상 시간으로 부르고 있는 만큼 저녁에는 간단한 술에 곁들여 먹을 만한 수육과 육전 같은 안주를 맛볼 수 있다. 술상 시간에도 식사가 가능하니 서두르지 말고 해질 녘쯤에 방문해 아늑한 가게의 분위기를 한껏 느껴보자. 입가에 웃음이 번지는 행복한 한 상을 기대해도 좋다.

연희동 골목 속에 숨어 있는 보물 오두막
인디앨리(IN D ALLEY)

🏠 서울시 서대문구 연희로 11가길 33-6
🕐 10:30~22:00
📱 010-5479-3306
🅿 주차 불가

🍴 에끌레르 5,500원, 아메리카노 4,300원,
　 카페라테 5,300원, 차 4,800원
⭐ 가게 곳곳에 숨겨진 재밌는 인테리어와 작품들을
　 잘 찾아보자

#연희동디저트집 #연희동에끌레르 #분위기있는카페 #여유만끽

연희동에서 만나는 여유로운 디저트 카페 우리가 흔히 연희동으로 부르는 연희로11가길과 연희맛로 양쪽으로는 수많은 골목이 자리하고 있다. 작은 틈 사이로 느껴지는 한적한 연희동의 주말을 만끽하며 걷다 보면 여러 개의 이젤과 위에 놓인 포스터들이 시선을 끈다. 골목 안쪽의 담벼락에 줄지어 걸려 있는 작은 병들을 따라가다 보면 인상적인 색감의 '인디앨리'를 만날 수 있다. 연희동의 여유로운 분위기가 가게 안의 인테리어나 사장님의 모습에 가득하다. 이곳에서는 다양한 종류의 에끌레르를 만나볼 수 있는데 그중, 겹겹이 가득 크림치즈를 품은 크림치즈 에끌레르와 얼그레이 특유의 맛을 살린 얼그레이 에끌레르를 추천한다. 메뉴를 시키면 진동벨 역할을 하는 스노우볼 오르골을 하나씩 받을 수 있는데, 이런 소소한 부분이 가게의 인테리어와 맞물려 아기자기한 분위기를 풍긴다. 아름답게 울리는 오르골 소리와 함께 에끌레르를 먹으며 큰 창밖으로 연희동의 풍경을 보고 있노라면 여유로운 주말을 한껏 만끽할 수 있을 것이다.

어느 누군가의 브런치 사랑방
뱅센느(Vincennes)

🏠 서울시 서대문구 연희로 11길 41
🕐 11:00~22:00
📱 02-336-3279
🅿 주차 불가

🍴 팬케이크 9,000원, 팬케이크 토핑(블루베리, 애플시나몬, 누텔라바닐라) 2,000원 추가, 오늘의 드립커피 5,000원
⭐ 늦은 시간에 가면 재료가 떨어져서 헛걸음질을 할 수 있으니 해가 지기 전에 방문하자

#브런치카페 #연희동브런치 #블루베리팬케이크 #여심공략브런치

주말의 여유가 가득한 연희동표 브런치 고즈넉한 자리에 있는 브런치 카페라 그런지 가게 안의 손님들은 모두 다 하나같이 여유롭고 밝아 보였다. 가게 곳곳에는 주인의 섬세한 손길과 센스, 가게에 대한 애정이 느껴지는 다양한 소품들이 눈에 띄는데, 작은 것 하나까지 놓치지 않으려는 노력이 엿보였다. 전형적인 서양식 토스트, 소시지, 스크램블 에그 등을 함께 맛볼 수 있는 브런치와 다양한 샌드위치에 음료까지 곁들여 판매하고 있지만 이 집의 시그니쳐 메뉴는 바로 블루베리 토핑이 올라간 두꺼운 팬케이크이다. 갓 구워진 팬케이크에 블루베리 토핑이 올라가 있는 한 접시면 한낮의 여심을 공략하기에 충분하

다. 짧은 주말의 여유가 끝나고 일상으로 돌아올 때면 그곳의 공기와 시간이 절로 그리워질 것이다.

연희동의 유니크한 감성 복합 문화 공간
보스토크(VOSTOK)

🏠 서울시 서대문구 연희로25길 98
🕙 10:00~02:00(명절 당일 휴무)
📱 02-337-5805
🅿 1층에 있는 주차장 이용

🍴 아메리카노 4,500원, 버섯파니니 9,000원,
　모닝세트(~13:30 까지), 베이컨&에그세트 8,000원,
　크랜베리 크림치즈베이글 7,000원
⭐ 애완견 동반 입장이 가능하며 예약 시 8~10인의
　3층 독대실을 사용할 수 있다

#카페보스토크 #연희동갤러리 #단체_대안공간 #카페갤러리

자유롭길 바라는 모든 예술가들의 아지트 보스토크는 연희농 우체국 사이 골목에 자리하고 있는 복합문화공간이다. 하나의 공간에서 다채로운 일들을 경험하고 다가설 수 있다는 점이 이곳의 가장 큰 메리트이다. 수많은 별들이 반짝이는 것 같은 환상적인 착각을 불러일으키는 1층의 테라스는 어두운 밤에 불을 밝히고 있다.

연희동의 대표 복합예술문화공간을 자청하고 나서는 이곳은 마음 편히 예술을 접하거나 음식과 술을 접할 수 있다. 그래서인지 사장님과 직원들의 응대가 더욱더 친절하게 느껴지는 듯하다. 그리고 상설은 아니지만 연중 다채로운 전시도 관람할 수 있고 예기치 않은 때에 모두가 함께 어울릴 수 있는 파티나 연주회가 열리는 점까지도 충분히 매력적이다.

2층의 카페에서 탁 트인 전망을 바라보고 있노라면 한쪽에선 외국인들의 여유 넘치는 대화가 들려오고, 한쪽에선 학생들의 미술에 대한 열정 섞인 감상이, 다른 한쪽에선 연인들의 속삭이는 귓속말이 들려온다. 연희동의 새로운 복합문화 공간 보스토크이다.

소중한 이들을 위한 나의 선물가게
메리앤올리버(MARY&OLIVER)

🏠 서울시 서대문구 연희로11길 57
🕐 12:00~18:00(토·일·월 휴무)
📱 070-7797-5678
🅿 주차 불가

🍴 테이블 웨어(그릇, 컵 등의 식기류), 문구류, 액세서리, 그림, 향초, 패브릭 제품(에코백, 쿠션, 앞치마 등)
✴ 소품이나 제품인 만큼 가격대가 높지만 상대적으로 값이 싼 소품들도 있으므로 주저 말고 방문해보자

#메리앤올리버 #연희동선물가게 #디자인소품편집숍

연희동 감성이 녹아든 디자인 소품 편집숍 연희동 디자인 소품 편집숍 메리앤올리버는 연남동을 넘어 이어지는 큰길의 왼쪽편 연희로11길에 있다.

오랜 친구인 두 사장님의 의기투합 끝에 탄생한 이 내실 있는 소품숍은 매우 질 좋은 국내 디자이너들의 소품을 바로 가져와 진열함으로써 눈으로 직접 보고 구매할 수 있어 매우 훌륭하고 신선하다.

그릇이나 컵 등의 식기류부터, 문구류, 액세서리, 그림, 향초, 에코백 등의 패브릭 제품까지 다양한 종류의 소품이 한데 모여 있다. 물론 다양한 소품들로 치장한 여러 가게들이 넘쳐나는 요즘이지만 이 집의 가장 큰 매력은 그들이 직접 고민하여 발굴하고 소개한 이들에게서 나온 뜻깊은 예술작품이라는 데에 있다. 그 속에서 하나하나의 시간과 손길이 묻어나오는 것을 보고 있으면 감탄을 주저하기 힘들다.

나아가 이 가게가 예술가들에게 있어 하나의 중요한 통로이자 알림의 수단으로 자리 잡았다고 하니, 소품에 관심이 없거나 구매할 필요가 없을지라도 방문해서 한 번쯤 이들의 분위기를 느끼고 함께해보자. 나라는 가장 소중한 사람을 위해, 나보다 더 소중한 그 사람을 위해 이번 기회에 내 마음 가득 담은 소품 하나 선물해 보는 건 어떨까.

나를 위한 특별한 금속공예 클래스
준에이치 아트주얼리(Jun.H)

🏠 서울시 서대문구 연희로 11길 41
🕐 11:00~22:30
📱 070-7504-0773
🅿 주차 불가

🍴 맞춤 주얼리, 금속공예 수강, 아트 주얼리
⭐ 많은 수강생들이 연희동이 아닌 곳에서
　강의를 들으러 온다! 멀다고 고민하지 말자

#연희동주얼리공방 #커스텀주얼리 #나만을위한주얼리 #금속공예

나만의 커스텀 주얼리 공방 커다란 쇼윈도로 보이는 실내는 반짝거리는 주얼리와 원목 작업대, 공예 공구들로 가득하다. 여기서 만들어 지는 주얼리들은 모두 수공예품으로 디자이너의 개성이 여실히 드러나 독특하고 세련된 느낌이다.

준에이치 아트주얼리에서는 초보자들도 쉽게 금속공예를 배울 수 있도록, 기초 단계부터 차근차근 커리큘럼이 진행된다. 일일체험, 취미반, 진학 및 창업반 등 다양한 단계별 수업으로 수강생 각각의 개성과 실력, 작업 속도 등을 배려한 맞춤형 클래스를 열어, 대표 디자이너의 섬세함을 엿볼 수 있다.

자신만의 스타일이 잔뜩 묻어나는 주얼리를 갖고 싶다면 한번 도전해보는 것을 추천한다. 약간의 체력과 인내심만 있다면 누구든지 원하는 주얼리를 직접 만들 수 있다는 대표 디자이너의 말을 믿고 따라간다면, 세상에 하나밖에 없는, 오직 나만을 위해 태어난 주얼리를 만날 수 있을 것이다.

홍제동 개미마을

홍제역에서 내려 마을버스를 타고
조금만 가다 보면 사랑하는 사람과 함께하면
좋을 소담한 마을이 모습을 드러낸다.
한국 전쟁 당시 피난민들이 만든
판자촌으로 형성된 이곳은 대학생들의
손길을 거치고 난 뒤, 전의 소박함은
그대로 간직한 채 아름다워지기 시작했다.
지금은 살짝 색이 바래가며
마을의 시간을 담아 가고 있다.
봄이 되면 아름다운 꽃들이 마을을 가득 수놓는다.
그때 높은 곳에서 마을을 내려다보며
주민들이 희망을 잃지 않으려
눈에 담았던 절경을 감상해보자.

플리터 4기 김다은, 김동언, 이동현

보다 더 카페
두번째로 맛있는 집
파덜스도넛
솔분식
마을 벽화
신림순대곱창막창
개미마을
마을버스 서대문 07
인왕산 유아숲 체험장
녹제역
1
2
table
table

마음 속에 남아 있는 우리들의 삶과 같은
개미마을 벽화

🏠 서울시 서대문구 세검정로4길 100-58
🅿 주차 가능

#홍제동개미마을 #홍제동벽화거리 #달동네 #벽화출사

존재만으로도 그리움이 되는 곳 사진 찍기 좋아하는 사람들 사이에서 핫한 출사지로 통하는 홍제동 개미마을은 홍제역에서 내려 인왕산 방면으로 걸어오거나, 역 앞의 7번 마을버스를 타고 개미마을 정류장에서 내리면 만나볼 수 있다. 미끄러질 듯 한 경사와 함께 오밀조밀 붙어 있는 작은 집들이 굳이 말하지 않아도 이곳의 과거와 현재를 그대로 보여주고 있다.

자칫 무겁고 삭막할 수 있는 분위기를 밝고 경쾌하게 해주는 것은 마을을 아름답게 뒤덮고 있는 알록달록한 벽화들이다. '빛 그린 어울림 마을' 프로그램으로 조성된 이 벽화들은 대학생들의 자발적인 참여로 탄생했는데, 액자 사이로 환하게 웃고 있는 강아지 벽화나 특이하게 돌로 된 담벼락 사이로 그려진 해바라기 등이 벌써부터 유명세를 타기 시작했다고 한다.

한국전쟁 이후 수많은 이들이 천막을 치고 살아간다고 해서 '인디언촌'으로 불리기도 했고, 근대화를 거치면서 개미처럼 묵묵히 열심히 일하는 소시민들의 모습을 담고 있다 하여 불리게 된 개미마을. 그곳에는 아직도 우리들의 삶이 풍기는 진한 체취가 곳곳에 배어 있다.

그리 멀지 않은 도심 속의 쉼터
인왕산 유아숲체험장

🏠 서울시 서대문구 세검정로4길 100-58
📱 02-330-1907
🅿 주차 불가

일상의 색다른 선물 홍제역에서 내려 마을버스를 타면 우리네 아버지와 어머니가 삶을 일궈내느라 분주했던 그 시절을 담은 개미마을이 나타난다. 마을을 지나 언덕의 종점에 다다르면 봄날의 햇살 같은 싱그러운 숲길이 있다. '숲 체험장'이라는 팻말에 맞게 숲에 대해 알 수 있고, 직접 몸으로 체험 가능한 시설도 함께 설치되어 있다. 하늘 높이 우뚝 솟은 나무들이 이곳이 숲속임을 다시금 깨닫게 해주는 곳. 나무들 사이로 흘러가는 바람 소리, 바람에 부딪히는 나뭇잎들이 내는 소리가 들려온다. 체험 기구 사이를 뛰어다니는 아이들, 그리고 벤치에 앉아 그 모습을 흐뭇하게 바라보는 부모님의 모습은 너무나도 여유롭고 아름답다. 거창하게 멀리 여행을 떠나지 않더라도 집 앞에서 즐길 수 있는 소소한 여유를 꿈꾼다면 모두 이곳으로 가보자.

홍제동에서 만난 어린 기억
솔분식

🏠 서울시 서대문구 세검정로 74-18

🕐 09:00~20:30

🅿 주차 불가

🍴 떡볶이 2,000원, 순대 2,000원, 콩국수 5,000원, 비빔국수 3,500원, 솔김밥 1,500원

#홍제동분식집 #수제콩국수 #추억이가득한밥집 #떡튀순

추억이 가득한 분식집 솔분식은 홍제동 개미마을에 가는 골목길에 있는 작은 분식집이다. 단 3개의 테이블뿐인 내부는 좁다기보다는 아늑하고 편안하다. 주변 초등학생들이 친구들과 우르르 뛰어와 떡볶이와 슬러시를 먹는 모습은 요즘 프랜차이즈 분식점에서는 볼 수 없는 색다른 모습이다.

솔분식에서는 주인아주머니가 만들어 주시는 여러 가지 분식을 맛볼 수 있다. 어린이들 입맛에 맞는 달콤한 떡볶이와 비빔국수, 따뜻한 순대와 바삭한 튀김. 저렴한 가격이지만 푸짐하게 가득 찬 접시에서 아주머니의 인심을 엿볼 수 있다. 또한 솔분식은 직접 농사지은 쌀과 콩으로 김밥과 콩국수를 만들고 있다. 100% 국내산 콩으로 아침마다 직접 갈아 만드는 콩국수는 여름철 별미로, 요즘 콩국수와는 다른 순박한 맛이 난다. 친근하고 인심 좋은 솔분식은 가정식을 분식집 음식으로 재현하고 있다.

맛있는 맛, 진한 향
보다더카페

🏠 서울시 서대문구 세검정로 57 2층
🕐 10:30~24:00
📱 02-3216-8253
🅿 주차 불가

🍴 아메리카노 2,500원, 더치커피 4,000원,
바닐라 프라페 5,000원, 허니 브레드 4,000원
@ voda.sisoft.com(모바일)

#식당겸카페 #수제과일청 #더치커피 #보드게임카페

최고의 하루를 만들어주는 곳 보다더카페는 큰 길에 있지민 북적거린다는 느낌보다는 밝고 활기찬 분위기를 띠고 있는 곳이다. 아기자기하고 따뜻한 카페 분위기는 이곳을 친구들과의 아지트로 삼고 싶다는 생각이 들게끔 한다. 테이블 사이 간격이 넓게 나누어져 있어 일행들과의 이야기에 집중할 수 있다는 것이 이곳의 장점. 또한 편안한 공간에서 식사부터 후식까지 한 번에 즐길 수 있다는 것도 더 깊은 이야기를 나누는 데 한몫하는 듯하다.

보다더카페에서는 직접 로스팅하고 긴 시간을 들여 내린 고소한 더치커피를 맛볼 수 있다. 또한 직접 담근 과일청으로 만든 칵테일과 음료도 있는데, 다양한 과일의 싱그러움을 한껏 느낄 수 있다. 밤에는 조명을 낮추고 분위기 좋은 펍으로 변하니 밤에 오면 좀 더 낭만적인 곳이다.

아빠의 마음을 담은 도넛
파덜스도넛(Father's Doughnut)

🏠 서울시 서대문구 세무서길 78
🕙 10:00~도넛 매진 때까지(월요일 휴무)
📱 02-394-8700

🅿 주차 불가
🍴 글레이즈 케이크 1,100원, 코코넛도넛 1,200원,
생크림 견과류 도넛 1,200원, 에스프레소도넛 1,200원

#수제도넛 #건강한도넛 #몸에좋은베이커리 #담백한빵맛

건강한 도넛을 만드는 곳 '살쪄', '건강에 안 좋아.' 어릴 적 부모님께 도넛을 사달라고 할 때마다 돌아오던 대답이다. '건강에 좋지 않은 음식을 왜 파는 거지? 사람들은 왜 그걸 사 먹는 거지?' 어린 마음에 의구심이 들곤 했다.

"도넛은 건강하게 먹을 수 없을까?" 파덜스도넛은 이러한 질문으로 시작한 작은 도넛 가게다. 도넛은 건강하지 않은 음식이라는 누명을 벗기는 것이 이 가게의 목표다. 이 때문인지 이곳의 도넛은 하나같이 건강하고 담백한 맛이 난다.

가게 이름 그대로, 아버지의 마음으로 만드는 것이 이 가게의 모토다. 자기 자식에게 좋은 음식을 주고 싶은 마음처럼 따뜻한 마음이 있을까? 이런 마음으로 더욱 신경을 썼고, 그래서 더욱 건강한 음식을 선보일 수 있는 게 아닐까 싶다. 당일 수제로 제작한 도넛만 판매하고, 설탕만 쓰기보다는 발효를 통해 좋은 식감을 만들어낸다. 소화가 잘되는 도넛을 만든다는 원칙을 갖고 있다. 이 정도면 걱정 없이 도넛을 맘껏 먹을 수 있지 않을까?

아빠의 마음이 담긴 도넛
파덜스도넛

가게 이름처럼 아빠의 마음으로 음식을 만드는 곳. 믿고 먹을 만한 음식이 마땅치 않다는 생각이 들곤 하는 요즘, 건강하고 좋은 도넛을 만들겠다는 멋진 포부를 품은 모습에 감동해 파덜스도넛을 인터뷰이로 선정하였다.

Q 파덜스도넛을 어떤 계기로 시작하게 되셨나요?

교환학생을 계기로 미국에서 거주할 때, 도넛을 만드는 기술을 배웠어요. 이후 한국에 돌아와서 5년간 직장 생활을 하다가 제 스스로 무엇을 잘하고 또 원하는지 고민을 하던 와중에 미국에서 배운 도넛이 생각났어요. 그런 저의 재능을 살려 창업을 하게 되었습니다.

Q 파덜스도넛만의 영업 철학이 있다면요?

건강하고 맛있는 당일 제작 판매 도넛을 만드는 것입니다. 당도를 낮추고, 발효를 통해서 씹는 맛이 좋고, 소화가 잘되는 도넛을 고객들에게 제공하는 가게를 만들고 싶습니다.

Q 파덜스도넛만의 대표 메뉴가 있다면요?

도넛 안에 크림치즈나 슈크림을 넣은 도넛, 케이크류의 도넛이 대표 메뉴라 할 수 있습니다.

Q 향후 목표는 무엇인가요?

퇴직하시는 아버지 세대에게 소자본으로 창업이 가능하게끔 프랜차이즈를 확대하는 것과 넓게 본다면 공장을 설립해서 장애인분들이나 어렵고 소외된 우리 이웃들을 돕고 싶습니다.

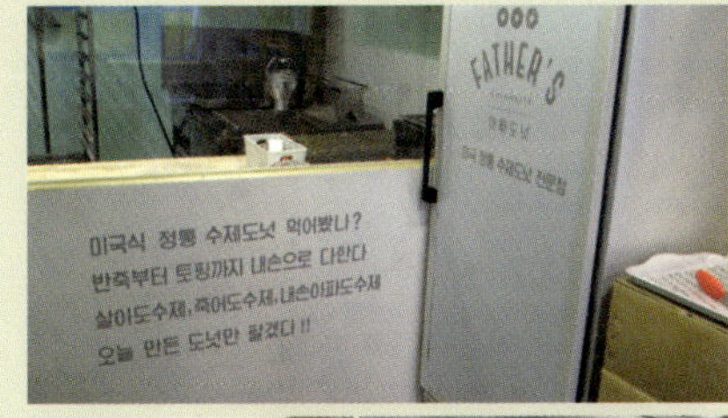

변함없이 꾸준한 맛
신림순대곱창막창

🏠 서울시 서대문구 세무서길 61
🕐 화~토 16:30~24:00, 일 16:30~22:00(월요일 휴무)
📱 02-3216-3410
🅿 주차 불가

🍴 순대곱창야채볶음(1인분) 7,000원,
곱창야채볶음(1인분) 7,000원,
모듬구이(1판) 20,000원, 닭똥집(1인분) 9,000원

#순대곱창볶음 #홍제동토박이음식점 #곱창맛집 #곱창야채복음

오래된 전통이 배어 있는 맛 신림순대곱창막창은 개미마을에서 홍제역 쪽으로 나 있는 아파트 사이에 있다. 이곳은 홍제동 주민들 사이에서 유명한 곱창집이다. 노란 간판 아래, 사장님이 철판에 곱창을 볶는 모습을 보며 안쪽으로 들어가면, 세련되진 않지만 깔끔하고 정감 있는 내부는 고소하고 매콤한 곱창볶음 냄새와 사뭇 어울리는 듯하다.

10년이 넘은 이 집은 그만큼 오래된 단골이 많다. 작은 포장마차에서 시작했던 곱창집은 단골들의 사랑을 듬뿍 받아 가게를 확장했다. 주인 부부가 운영하는 곳으로 금실 좋고 다정한 모습은 음식을 더욱 맛있게 만들어 주는 듯하다. 오픈 주방에서 사장님이 노릇노릇 바삭하게 곱창과 야채를 이 집에서만 맛볼 수 있는 양념 소스로 볶아 주는데 그 맛이 일품이다. 모든 볶음요리의 하이라이트는 볶음밥인 것처럼, 푸짐하게 나오는 이곳의 볶음밥은 마지막 감칠맛까지 책임진다.

어쩐지 개미처럼 묵묵히 일하는 사람들이 모여 산다고 하여 붙여진 '개미마을'과 오래되었지만 꾸준한 맛을 유지해 온 이곳은 서로 닮아 있는 듯하다. 개미마을에서 여유롭게 풍경을 보고 내려오는 길에 오랜 맛을 간직해온 이곳에서 든든한 저녁 한 끼를 해결하는 건 어떨까?

가벼운 마음으로 만난 세월이 내어오는 정
두 번째로 맛있는 집

🏠 서울시 서대문구 통일로40안길 29
🕐 상시 변경
🅿 주차 불가

🍴 모든전(大) 10,000원, 함경도식 잔치국수 3,000원,
녹두빈대떡 6,000원, 해물파전 5,000원

#할머니손맛 #홍제동전집 #빈대떡 #저렴한맛집

이름마저 겸손한 우리 할머니의 손맛 홍제역 옆에 있는 인왕시장으로 조금만 들어가면 허름한 가게 하나가 나온다. 어렵사리 문을 열고 들어가 보면 작은 부엌 하나를 뒤로하고 낡은 장롱, 미닫이문, 그리고 가족사진이 여기저기 걸려 있는 공간이 나온다. 마치 명절에 할머니 댁에 온 듯한 이곳은 함경도식 잔치국수와 각종 전과 안주류를 먹을 수 있는 곳이다.

특히 우리에겐 무척 낯선 함경도식 잔치국수는 3,000원이라는 가격에 한 번 놀라고, 일본식 가다랑어포로 맛을 낸 육수 위에 산처럼 쌓여진 숙주의 모습에 또 한 번 놀라게 된다. 쌀국수의 풍미와 가락국수의 느낌을 가진 이 특별한 국수 한

그릇을 다 비우면 큼지막한 빈대떡과 막걸리가 따라 나온다. 모든 안주류가 8,000원을 넘지 않는 부담 없는 가격에, 먹다 보면 오히려 죄송해질 정도로 푸짐한 양은 덤이다. 양이 많다 싶으면 그만 시키라는 말씀을 해주시며, 반대로 적어 보이면 양을 많이 했다며 시키지도 않은 음식을 내주시는 모습에서 어릴 적 할머니의 목소리가 들리는 것 같다.

만남과 소통의 청춘 랜드마크
신촌 유플렉스(U-PLEX)

신촌을 만나는 가장 빠른 방법 신촌 유플렉스는 신촌 로터리에서 연세대학교를 향해 가는 길목에 있는 복합 쇼핑몰이다. 신촌역에서 내려 현대백화점과 연결되어 있는 지하 통로로 가다 보면 두 갈래의 길이 보이는데, 그곳에서 오른쪽, 지하 2층부터 지상 12층까지의 건물이 바로 유플렉스이다. 카페와 디저트 가게, 패스트푸드 가게도 있지만 다양한 편집숍과 유명 브랜드를 판매하는 가게가 대부분이다.

유플렉스는 쇼핑몰에 국한되지 않고 다양한 의미를 가지는 곳이라는 점에서 특별하다고 할 수 있는데, 지하 2층의 통로를 지나오면 마주하게 되는 신촌의 랜드마크인 빨간 잠수함이 바로 그것이다. 여러 가게들이 빼곡히 자리하고 있는 신촌의 지리적 특성상 빨간 잠수함 앞은 변하지 않는 만남의 장소일 뿐 아니라, 다양한 공연의 무대로도 역할을 다하고 있다.

플리터 4기 강하렴, 김민서, 정준혜

서울시 서대문구 연세로 13
10:30~22:00(매달 결정된 한 주 월요일만 휴무)
02-3145-2233
백화점 지하 3~5층 주차장 이용

제휴 정보 : OK CASHBAG syrup wallet

전통미와 현대미의 공존
종로구

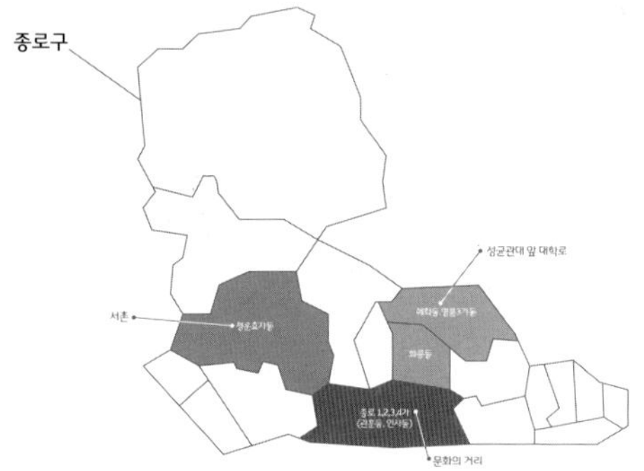

끊임없이 빠르게 발전하고 있는 21세기이지만 종로구에는 여전히 과거의 향기가 가득 배어 있다. 수많은 빌딩과 바쁘게 이동하는 차들 사이에서 당당하게 자리를 빛내고 있는 광화문을 보면 마음의 여유가 생기는 듯하다. 또한 무분별한 도시화로 지어진 높은 현대식 건물들 곳곳에 우아하고 고풍스러운 전통 한옥을 보면, 진정한 조화의 의미를 이해할 수 있다. 어둠이 찾아오고 거리에 불이 들어오기 시작하면 종로구는 훨씬 더 매력적인 곳으로 변한다. 경복궁, 그리고 도시 한복판에 서 있는 이순신 장군과 세종대왕 동상에도 빛이 들어오면서 이 거리는 더욱 빛이 난다.

전통미와 현대미가 공존하는 종로구는 조선의 건국 이후, 약 600년을 서울의 중심부 역할을 하고 있다. 조선왕조가 한양으로 천도한 이후 600여 년 동안 우리 민족과 함께 영고성쇠를 말없이 지켜온 북악산, 인왕산이 있고, 경복궁, 창덕궁, 창경궁, 종묘, 사직단, 동대문 등 수없이 많은 문화유산과 우리 고유의 전통 한옥이 잘 보존된, 종로구는 과거를 품고 있는 그런 곳이다.

cafe 대오서점
대오
735

서촌 통인시장 골목

통인시장은 1941년 6월 일제강점기 효자동
인근 일본인들을 위해 설립된 공설시장이 모태이다.
6.25 전쟁 이후 서촌 지역의 급격한 인구증가로 인한
소비 공간의 필요에 따라 공설시장 주변으로 노점과
 상점이 형성되면서 점차 시장의 형태를 갖추어 나가게 되었다.
통인시장은 도시락 카페라는 마케팅으로,
시들어가던 시장에 엄청난 활력을 불어넣어 주었다.
돈을 주고 음식을 사는 것이 아닌,
돈을 주고 엽전을 사서 엽전으로 음식을 산다는
아주 신선하고도 기발한 마케팅 전략이었다.
1인당 5,000원을 내면 10개의 엽전과
도시락통을 주는데, 시장에서 파는 반찬들을
엽전으로 구매해서 먹는 색다른 느낌의 식사인 것이다.
최근에 '무한도전'이라는 프로그램에서
이곳 통인시장만의 독특한 '도시락 카페'를 소개함으로써
다시 한 번 통인시장 열풍을 불러일으켰다.

플리터 4기 강하렴, 김민서, 정준혜

③ 경복궁역
2
3
인왕산
수성동 계곡
박노수
미술관
table 밥+
대오서점
효자
베이커리
OK
현
게스트
하우스
통인시장
하와이카레
table
이상의 집
커피공방
table
새마을금고
우리은행
대림미술관
경복궁

박노수, 그의 발자취를 따라서
박노수 생가

- 서울시 종로구 옥인1길 34
- 10:00~18:00(매주 월, 1월 1일, 명절 당일 휴무, 관람 종료 30분 전까지 입장 가능)
- 02-2148-4171
- 주차 불가
- 1인 2,000원

#서촌 #박노수생가 #박노수미술관 #문화생활

서촌에서 박노수 화백의 인생을 엿보다 서촌에서 연인과 함께 문화생활을 즐기고 싶다면 박노수 미술관에 가는 것을 추천한다. 박노수 가옥은 80여 년 전인 1937년경 지어진 절충식 기법의 가옥으로, 작품 감상뿐만 아니라 독특한 가옥 형식을 엿볼 수 있다.

서촌 통인시장을 나와 골목을 따라 쭉 걷다 보면 박노수 생가가 나온다. 일본식과 서양식이 혼합된 고택이 눈길을 사로잡는다. 예쁘게 잘 가꾸어 놓은 정원을 따라 걷다 보면 정원 뒤의 오르막길이 나오는데, 그 오르막길을 오르면 박노수 생가와 그 골목의 전경을 한눈에 볼 수 있다. 미술관 안에서는 사진을 촬영할 수 없기 때문에 아쉽지만 눈과 마음속에 담아와야 한다.

박노수 가옥 내부는 아늑한 집 구조와 방마다 박노수 화백의 작품들이 전시되어 있고, 기념품도 판매하고 있다. 박노수 미술관은 문화유산으로서의 가치를 뛰어넘어, 한국 역사와 화가 개인의 기억이 깃든 장소이다.

서촌에서의 문화생활
대림미술관

🏠 서울시 종로구 자하문로 4길 21
🕙 화~일 10:00~18:00
　　목·토 10:00~20:00(월요일·추석 연휴 휴무)
📱 02-720-0667

🅿 끄레아 주차장(유료 주차장) 30분당 2,000원
Ⓦ 성인(19세 이상) 5,000원(할인가 4,000원),
　　초·중·고 3,000원(할인가 2,000원),
　　미취학 유아(7~11세) 2,000원(할인가 1,000원)
@ www.daelimmuseum.org

#서촌 #대림미술관 #전시회 #문화생활 #DAELIM MUSEUM

연인과 함께 다양한 문화생활을 즐기고 싶다면
어디로 가는 것이 좋을까? 늘 가는 영화관이 아닌, 독특하고 세련된 문화생활을 즐기기엔 대림미술관이 안성맞춤이다. 통인시장에서의 서민적이고 전통적인 느낌과 대림미술관에서 고급지게 즐기는 문화생활이야말로 대표적인 이색 데이트 코스라고 할 수 있겠다.

통인시장 골목 바로 길 건너편에 위치한 대림미술관은 사진뿐만 아니라 디자인을 포함한 다양한 분야의 전시를 열고 있다. '일상이 예술이 되는 미술관'이라는 비전 아래, 우리 주변에서 쉽게 발견할 수 있는 사물의 가치를 새롭게 조명함으로써 일상 속에서 예술을 즐길 수 있도록 하고 있다

서촌 커피 박물관
통인동 커피공방

🏠 서울시 종로구 자하문로 41-1
🕐 8:30~21:30(명절 당일, 5월 1일 노동절 휴무)
📱 02-725-9808
🅿 주차 불가

🍴 아메리카노·더치 아메리카노 4,000원,
카페라테·카푸치노 4,500원, 카페모카·캐러멜 마키아토,
더치커피 5,500원
⭐ 바리스타 바로 앞자리에 앉으면 커피를 만들자마자
시식해보라고 잔에 조금씩 따라 준다.

#통인동 #커피공방 #커피의모든것 #커피콩 #더치커피

커피 박물관에서 배운 커피의 모든 것 서촌에서 친구들과 혹은 연인과 어디에나 있는 그런 흔한 커피숍이 아닌, 진정한 커피의 맛을 느낄 수 있는 곳에 가고 싶다면 어디가 좋을까? 커피공방에 들어서자 향기로운 커피향이 코끝에 스쳤다. 다양한 원두커피와 공장을 연상시키는 커피 도구들이 매력적이었다.

커피공방은 서촌 통인시장을 지나 큰길가 쪽에 위치한 카페이다. 통인시장에서 시장 음식을 먹고 난 후, 디저트를 먹기에 딱 좋은 곳이다. 또한 이곳에서는 다양한 커피콩들과 커피를 제조하는 도구들까지 판매하니 커피를 좋아하는 커피광에게 안성맞춤이다. 커피 도구를 구매할 시에는 바리스타가 친절히 설명까지 해주어 커피에 대한 공부도 할 수 있다는 장점이 있다.

커피공방이라는 이름에 걸맞게 이곳 내부 인테리어 역시 매력적이다. 여러 나라의 다양한 커피콩과 과학 실험실에서 쓰는 듯한 커피 도구들로 가득하다. 바리스타가 커피를 만드는 장면을 바로 앞에 앉아 상세히 볼 수 있고, 커피콩에 대한 설명과 제조 방법을 들을 수도 있다. 커피에 대해 관심이 많은 사람이라면 분명 이곳의 매력에 빠질 것이다.

고소한 향으로 서촌을 가득 채우다
효자 베이커리

🏠 서울시 종로구 필운대로 54
🕐 07:30~24:00
📱 02-736-7629
🅿 주차 불가

🍴 블루베리 크림치즈빵 3,000원, 고구마 찰떡빵,
단호박 찰떡빵, 호박 파운드 4,500원, 콘브레드,
먹물 치아바타 5,000원, 마카롱,
감자야채고로케 1,500원
⭐ 모든 빵을 시식해보고 살 수 있다.

#빵스타그램 #효자베이커리 #서울5대빵집 #넘나맛있는빵

빵의 정석, 커피와 함께 따끈따끈한 커피와 맛있는 빵을 동시에 먹고 싶다면 어디로 가는 것이 좋을까? 서촌 통인시장 골목을 나오자마자 사람들이 쭉 줄을 서 있는 모습이 가장 먼저 눈에 띄었다. 줄을 서서 들어가 보니 빵 굽는 냄새가 군침을 돌게 했다.

효자 베이커리는 서울 5대 빵집으로 꼽힌다. 이곳이 서울 5대 빵집으로 꼽히는 이유는 다양한 종류의 빵과 다른 프랜차이즈 빵집에 비해 가격이 저렴하기 때문일 것이다. 오랜 기다림 끝에 가게에 들어가자, 빵 굽는 냄새가 군침을 돌게 했고 모든 빵들을 눈치 보지 않고 편하게 시식해 보며 빵을 고를 수 있었다. 직원분이 직접 빵을 잘

라 입에 넣어주는 서비스까지 제공하니 시식 후에 내 마음대로 빵을 고를 수 있다는 장점이 있다. 가장 유명하다고 알려진 콘브레드는 입에서 빵이 녹는 경험을 할 수 있고, 블루베리 크림치즈빵은 느끼할 것 같지만 전혀 느끼하지 않고 오히려 고소함을 느낄 수 있다. 이미 매스컴에서 여러 번 다루어진 만큼 그 맛을 인정받았고, 많은 사람들의 사랑을 받고 있는 곳이다.

서촌에서 느끼는 엄마 손맛
밥+(밥 플러스)

🏠 서울시 종로구 옥인길 9
🕐 11:30~20:30(화요일 휴무)
📱 02-725-1253
🅿 주차 불가

🍴 매생이 굴떡국 7,500원, 곤드레밥 7,500원,
　멍게덮밥 8,000원, 소고기덮밥 6,500원,
　돈가스덮밥 6,500원
　(계절 메뉴는 가격이 조금씩 변동될 수 있음)
⭐ 반찬 종류도 많고 김치나 젓갈 등은 직접 담그신다고 한다.

#맛스타그램 #서촌밥+ #어머니밥상 #윤경이엄마집 #계절밥상

깔끔한 인테리어와 넓은 창문에 쓰인 글귀가 발길을 사로잡은 밥 플러스. 화려하지는 않지만 한번 먹어보면 그 건강한 맛에 반해 두고두고 찾게 될 곳이다. 다녀간 사람들 모두가 꼭 다시 오고 싶은 곳으로 꼽는다는 이 가게는 맛있어서 친구와 같이 오고 싶기도 하고, 혼자와도 마음 편히 한 끼 식사를 즐길 수 있을 만큼 아늑한 느낌을 풍긴다.

문을 열고 들어가니 아담한 크기의 매장에 갓 지은 밥의 향기가 모락모락 피어나고 있었다. 매생이 굴떡국, 곤드레밥, 돈까스덮밥 등을 파는데, 엄마가 집에서 해준 것 같은 정성스러운 맛이 느껴졌다. 메인 메뉴뿐만 아니라 정갈하게 담긴 반찬까지 남기지 않고 먹게 만드는 밥 플러스. 모든 메뉴에 미원이나 다시다 같은 조미료를 사용하지 않아 더 건강한, '집밥' 같은 맛을 낼 수 있는 비결이다. 아마 이곳이라면 엄마의 손맛이 그리운 이들의 마음까지 따뜻하게 만족시켜 줄 수 있지 않을까?

서촌에서 느끼는 엄마 손맛
밥+(밥 플러스)

밥 플러스는 '나. 윤경이 엄마다.'라는 글귀에서 어머니의 사랑과 책임감이 느껴지듯, 신선한 재료만을 사용할 것이라는 확신이 든 곳이었다. 역시 줄을 서서 먹을 정도로 많은 사람들이 어머니의 밥상을 기다리고 있었다.

Q 밥 플러스를 창업하게 된 이유가 무엇인가요?

질병으로 많이 아팠던 딸의 수술비를 벌기 위해 엄마인 제가 일을 하기로 결심해 가게를 오픈하게 되었습니다. 평소 집에서 즐겨 하던 매생이 굴떡국을 주메뉴로 했는데 건강함 맛과 정갈함으로 많은 분들의 사랑을 받고 있어 감사할 따름입니다.

Q 본인만의 영업 철학이 있으신가요?

특별한 게 있을까요. 그저 신선한 재료로 정직하게 음식을 만들고, 늘 최선을 다하는 것이 저의 영업 철학입니다.

Q 밥 플러스의 대표 메뉴는 무엇인가요?

제철에 나는 굴이 가장 신선하고 맛잇기 때문에 11~2월 말까지는 매생이 굴떡국이, 주꾸미 철인 3~5월에는 주꾸미 삼겹살이 계절 메뉴입니다. 또한 곤드레밥, 소고기덮밥, 돈가스덮밥, 멍게덮밥 등의 기본 메뉴가 있습니다.

Q 밥 플러스의 향후 목표는 무엇인가요?

초심을 잃지 않고 지금처럼 정직하게 최선을 다하고 싶어요. 특히 단골손님들이 언제든지 와서 먹고 가실 수 있도록 유명한 가게보다는 편안한 느낌의 가게가 되도록 노력할 예정입니다.

하와이를 품은 서촌
하와이카레

🏠 서울시 종로구 자하문로 7길 11(이전 가능성 있음)
🕐 11:30~20:00
📱 02-722-2428
🅿 유료 주차장 이용

🍴 하와이카레 7,700원, 마우이 카레우동 7,700원,
알로하 비프버거 13,000원, 스파이스 치킨카레 · 감자
고로케카레 · 치즈 소시지카레 9,700원

⭐ 두 분의 젊은 사장님이 선후배 사이이신데,
굉장히 재밌으시고 친절하시다. 신라면 정도의
매콤함을 가진 카레가 정말 맛있다.

#먹스타그램 #알로하 #하와이카레 #매콤카레 #하와이안맥주

서촌 특유의 아기자기함과 하와이이만의 통통 튀는 매력, 그리고 카레의 만남. 늘 사람이 가득 차 있는 아담한 느낌의 가게, 하와이카레에 들어가 보면 그 분위기에 먼저 반하게 된다. 벽에 붙은 포스터, 보드, 티슈꽂이 같은 작은 곳까지 하와이의 느낌이 물씬 풍기는 곳이다.

알로하! 하고 인사를 건네야 할 것 같은 이곳의 주 메뉴는 역시 카레다. 기본 하와이카레부터 치킨카레, 고로케카레, 소시지카레 등 토핑이 알차게 올라간 카레 메뉴와 비프버거 등이 인기다. 진한 카레에 두 개의 커다란 치킨 덩어리가 올라간 카레를 받고 보니 먹기 전부터 배가 부른 느낌이 들었다. 밥 위에 딱 알맞게 올린 계란프라이와 그 아래에 통으로 놓인 새콤달콤한 파인애플이 '하와이카레'의 매력을 배가시켰다. 참고로 이곳의 모든 메뉴에는 파인애플이 들어 있다. 메뉴마저 아기자기한 이곳에 있다 보면 어느새 시원한 하와이 맥주를 시키고 싶어지는 자신을 발견할 수 있을 것이다.

하와이를 품은 서촌
하와이카레

하와이카레는 경복궁역 2번 출구에서 통인시장으로 가는 길에 위치한 곳으로, 하와이 분위기의 인테리어와 카레라는 독특한 조합에 시선이 갔다. 블로그를 통해 사장님이 굉장히 친절하고 카레가 맛있다는 정보를 보고 선정하게 되었다.

Q 하와이 카레를 창업하게 된 이유가 무엇인가요?

연극 분야에서 연출 및 디자이너로 선후배 사이였던 우리 둘은 함께 카레 가게를 창업하기로 결심했습니다. 카레 가게를 준비하던 중, 하와이 여행을 갔다가 그곳에서 영감을 받고 하와이카레라는 콘셉트를 잡게 되었어요.

Q 하와이 카레만의 영업 철학이 있으신가요?

정성과 친절을 베푸니 제비가 박씨를 물어다 준 것처럼 포크를 물고 온 제비에는 정성과 친절을 담은 음식을 만들겠다는 우리만의 이야기가 있어요. 이 영업 철학을 담아 로고 또한 제비가 포크를 물고 있는 모습으로 만들어 봤습니다.

Q 하와이 카레의 대표 메뉴는 무엇인가요?

하와이카레, 알로하 비프버거, 카레우동이 가장 인기가 많은 대표 메뉴입니다.

Q 하와이 카레의 향후 목표가 있나요?

입소문을 통해 유명해져, 현재 현대백화점아웃렛에 들어가게 되었어요. 우리는 하와이 덮밥이라는 신메뉴를 개발해서 앞으로 더 확장해 나갈 계획입니다.

인사동 문화의 거리

언제나 사람들로 북적이는 종로구 인사동은
한국을 대표하는 전통문화의 거리다.
전통 찻집, 화랑, 미술도구상점을 비롯해
전통 음식점과 도예점 등 다양한
한국 전통문화 상점이 자리하고 있어
한국 사람들뿐만 아니라 외국인들 사이에서도
필수 관광 코스로 유명하다.
정부에서 1988년에 인사동을 '전통문화의 거리'로
지정하면서, 각종 문화행사와 축제를 열고 있다.
인사동에서는 한국 문화 상점뿐만 아니라
외국계 프랜차이즈도 심심찮게 찾아볼 수 있는데,
'전통문화의 거리'의 분위기와 어울리기 위해
간판을 한글로 부착하여 한국적 이미지를 부각했다.
전통에 세련을 더한 이곳은 젊은 사람들에게
최고의 데이트 장소이자 어르신들 역시
전통문화를 감상하기에 가장 적합하다.
외국인에게도 한국의 전통 음식과 문화를
알려주기에 최적화된 장소이다.

플리터 4기 강하렴, 김민서, 정준혜

4호선
안국역
6
table 사과나무
table 개성만두 궁
경인미술관
쌈지길
table 반짝반짝 빛나는
인사동네거리
PARIS CROISSANT
파리크라상
OK CASHBAG
박물관은 살아있다
1호선
종각역
3

박물관이 살아 움직인다?!
박물관은 살아 있다

🏠 서울시 종로구 인사동길 12
   대일빌딩 지하 1~2층
🕐 09:00~20:30(입장 마감 19:30/연중무휴)
📱 02-2034-0600

🅿 쌈지길 공영 노외 주차장(1회 주차 시 10분당 800원)
₩ 1인 12,000원
⭐ 티몬에서 입장권을 구매할 경우 8,000원으로
   저렴하게 구매할 수 있다.
@ alivemuseum.com

#종로구 #인사동 #문화의거리 #박물관은살아있다

상상력을 동력으로 움직이는 인사동 문화의 거리 안에 쌈지길을 지나 걷다 보면, 한복을 입고 돌아다니는 연인들, 아이들, 노부부, 외국인이 그 주위를 둘러싸고 함께 즐기고 있는 모습을 볼 수 있다. 문화의 거리에는 늘 활기차고 행복한 웃음소리가 끊이지 않는다. 무엇보다 연인들이 가장 많이 보이는데, 손잡고 거리를 활보하는 그들의 모습을 보면 인사동 문화의 거리를 '사랑의 거리'라고 표현해도 무방할 것 같다.

'사랑의 거리'를 따라 걷다 보면, 젊은 사람들 사이에서 가장 유명한 '박물관은 살아있다' 입구가 보인다. 어린 아이, 성인 할 것 없이 모두에게 사랑받고 있는 이곳은 관객 참여형 놀이 공간이다.

'착시미술'을 통해 관객들이 좋아할 만한 만화 캐릭터, 연예인, 동물 등 다양한 영역을 접목시켜 놓았다. 입구부터 착시를 불러일으키는 독특한 작품들이 우리의 발길을 재촉한다. 작품에 맞게 포즈를 취하고 사진을 찍으면 정말 살아 있는 것처럼 생동감 있는 나만의 작품이 탄생한다. 이곳에 들어오는 순간부터 나는 더 이상 어른이 아닌 아이가 되어버린다. 동심으로 돌아가 깔깔거리며 사진을 몇 십 장씩 찍게 되는 마법과 같은 곳, 바로 '박물관은 살아 있다'이다.

만 원의 행복
개성만두 궁

🏠 서울시 종로구 인사동10길 11-3
🕐 11:30~21:30(명절 휴무)
📱 02-733-9240
🅿 주차 불가

🍴 개성만둣국·개성떡만둣국·개성떡국 10,000원,
고기만두전골 13,000원, 김치만두전골 15,000원,
보쌈정식 17,000원
⭐ 만 원으로 배불리 먹을 수 있고 만두피가 쫀득쫀득하니
아주 맛있다.
@ koongkorea.modoo.at

#인사동 #문화의거리 #개성만두_궁 #만두 #30년전통

만 원으로 만끽하는 행복 경인미술관 관람을 마치고 나오면 바로 앞에 개성만두 궁이라고 쓰여 있는 한옥이 사람들을 반긴다. 다리가 슬슬 아파오면 배도 함께 고파지기 마련. 그럴 땐 고민하지 말고 이곳으로 향하자.

개성만두 궁은 점심시간이 되면 자리가 꽉 차는 맛집 중의 맛집으로, 3대에 걸친 전통이 있는 검증된 식당이다. 가격 또한 저렴해 만원으로 만둣국을 먹을 수 있어 더욱 행복해지는 곳. 이곳의 인기 비결은 매일 아침마다 손으로 직접 빚는 만두다. 쫄깃한 만두피와 속이 꽉 찬 만두를 입안에 쏙 넣으니 충만한 행복감이 절로 느껴진다. 손맛과 정성이 그대로 담겨 있어 감동까지 몰려온다.

한옥을 개조하여 만든 개성만두 궁은 전통적인 분위기까지 갖추고 있어 외국인 손님도 쉽게 찾을 수 있다. 전통적인 분위기에 옛날식 만두의 맛까지 더해져 꼭 추천해주고 싶은 곳. 깊게 우러난 사골 국물에 쫄깃쫄깃한 만두, 잊지 못할 맛이다. 맛뿐만 아니라 가격까지 너무 착하니 더 이상 말하지 않겠다. 직접 가보길 강력 추천한다.

빛이 나는 가게
반짝반짝 빛나는

🏠 서울시 종로구 인사동길 28-1
🕐 09:00~23:00(연중무휴)
📱 02-738-4525
🅿 주차 불가

🍴 매실차 · 국화차 · 유자차 5,000원,
유자 스무디 · 매실 스무디 7,000원,
팥빙수 · 유자빙수 8,000원
⭐ 구운 인절미가 가장 인기가 많다.

#종로구 #인사동 #문화의거리 #반짝반짝빛나는 #전통찻집

빛이 나는 전통찻집 인사동하면 전통찻집을 빼놓을 수 없는데, 많고 많은 전통찻집 중에 유난히 눈에 들어오는 가게가 있다. 가게 인테리어부터 빛이 나는, 반짝반짝 빛나는. 문화의 거리에서 유명한 전통찻집인 이곳의 2층으로 올라서면 '유기농 디저트 카페'라는 글귀가 여자들의 마음을 사로잡는다. 왠지 먹어도 건강해지고 살이 찌지 않을 것 같은 생각에 얼른 이 가게로 들어갔다. 신발을 벗고 들어가 앉아 차를 마시면 집에서 친구와 놀고 있는 것 같은 기분이 든다. 전시되어 있는 소품들 역시 옛날에 쓰던 도자기 찻잔들이다. 이곳은 자리가 없을 정도로 사람이 많지만 전체적인 내부 분위기는 조용해서 도란도란 이야기하기 좋은 장소이다.

이곳은 스무디가 맛있기로 유명한데 특히나 산마 검은깨 스무디가 제일이다. 검은콩의 달콤한 맛을 잊을 수가 없다. 더군다나 유기농 재료만을 사용하니 믿고 먹을 수 있다. 주문을 하면 서비스로 따뜻한 차와 한과가 나와, 차가운 스무디와 따뜻한 차를 함께 마실 수 있어 정말 좋다. 친구들 혹은 연인과 함께 이곳에서 도란도란 이야기꽃을 피워보자.

한옥 속 외국
사과나무

🏠 서울시 종로구 인사동14길 24-1
🕐 11:30~23:00
📱 02-722-5051
🅿 주차 불가

🍴 치킨달밥·연어덮밥·해물라이스 8,500원,
새우 크림소스 스파게티,
생토마토 해물스파게티 13,000원
✪ 마당에 앉아서 먹으면 외국에 온 것 같은 느낌.
맛도, 분위기도 최고다!

#종로구 #인사동 #문화의거리 #사과나무 #한옥과양식의만남

한옥 속에서 만나는 낯선 문화 인사동 문화의 거리를 걷다 보면, 중간에 여러 갈래의 골목들이 있다. 구불구불한 골목을 따라 들어가면 큰 한옥 저택이 나온다. '사과나무'라는 한옥 퓨전 레스토랑이다. 나무가 예쁘게 서 있는 마당을 보면 절로 들어가고 싶은 마음이 생긴다. '한옥에서 먹는 양식'이라는 콘셉트가 독특하고 신선했다. 20년 동안 자리 잡은 마당이 있는 한옥 퓨전 레스토랑 '사과나무'에서는 회식이나 모임이 잦다. 그만큼 맛도 좋고 분위기도 최고다. 처음 이곳에 들어왔을 때 전통적인 분위기와 외국 마을에 온 것 같은 편안한 느낌이 들었는데, 인테리어 자체가 동화 속 마을 같아 기분 좋게 음식을 먹을 수 있었다.

사과나무의 대표 메뉴는 18년째 치킨달밥이다. 달콤하면서 깊은 맛을 내는 소스가 치킨달밥의 인기 비결인 것 같다. 치킨달밥에 어울릴 만한 새우 크림소스 스파게티를 시켜 함께 먹으니 피로가 싹 풀리고 행복해졌다. 점점 힘이 빠져 말이 없어졌던 우리는 다시 활력을 되찾아 조잘거리며 남김없이 다 먹었다.

날씨가 춥지도 덥지도 않은 시기에, 마당에서 식사를 하면 외국에 온 것 같은 분위기를 더욱 낼 수 있을 것이다. 그리고 사과나무는 사람이 북적거리는 메인 스트리트가 아닌 안쪽 골목에 위치하고 있어 조용한 분위기를 즐길 수 있다.

성대 앞 젊음이 살아 숨쉬는 대학로
성대 앞 대학로

연극·영화·음악·뮤지컬 등의 공연이
활발하게 이루어지고 있는,
열정과 젊음이 살아 숨 쉬는 이곳은
바로 대학로이다.
이 거리에는 문화예술 관련 기관,
단체 및 공연장이 밀집해 있어
우리나라의 대표적인 문화예술의 거리로
자리매김하고 있다. 공연을 보러 오는
수많은 젊은 사람들과 최고의 공연을 향한
아티스트들의 뜨거운 열정이 대학로를
더욱 활기차고 빛나게 만든다.
다양한 문화생활을 즐길 수 있고 대학생들이
좋아할 만한 먹거리와 술집들이 있어
이 거리는 늘 젊은 사람들로 북적거린다.

플리터 4기 강하렴, 김민서, 정준혜

성균관대학교
성균관대 앞
대학로
혜화역 4번출구 골목
table 민들레처럼
혜화역 4번출구
4
창덕궁
창경궁
table 식탁의 목적
CGV
대학로점
table 독일주택
서울대병원
혜화역 4호선
table 학림다방

별에서 온 학림다방
학림다방

🏠 서울시 종로구 대학로 119
🕙 10:00~23:00(연중무휴)
📱 02-742-2877
🅿 주차 불가

🍴 아메리카노·카페라테·카푸치노 5,000원,
비엔나커피·미숫가루스무디·크림치즈케이크 6,000원
⭐ 밤이 되면 분위기가 더 좋다.

#대학로 #별에서온그대 #촬영지 #다방 #학림다방

〈별에서 온 그대〉 속 바로 그 카페 입구부터 낭만적인 학림다방은 60년이라는 오랜 역사를 지닌 곳이다. 학림다방으로 향하는 계단에서부터 세월의 흔적이 느껴지는데 계단을 따라 안으로 들어가 보면 오래된 천 소파와 나무로 된 인테리어 역시 60년이라는 세월을 보여주는 것 같다. 1946년에 오픈하여 오래된 역사를 가지고 있는 이곳 학림다방은 늘 연인과 친구, 가족들로 북적거린다. 〈별에서 온 그대〉의 주인공 김수현 씨가 이곳에서 과거의 모습을 촬영하여 일본 관광객들도 학림다방을 많이 찾는다고 한다. 일명 학림다방의 '김수현 자리'는 관광지가 될 만큼 유명해졌다. 요즘 세대는 알 수 없는 90년대 다방의 모습을 이곳에 오면 확실히 알 수 있을 것이다. 모든 인테리어에서 과거의 모습을 찾아볼 수 있어서 과거로 시간여행을 온 것 같은 느낌이 든다. 또한 학림다방에서 가장 유명한 비엔나커피는 고소하면서도 진한 맛을 낸다. 그 위에 부드러운 생크림이 커피와 함께 어우러져 달콤하면서도 고소한, 그런 깊은 맛을 낸다. 커피에 부드러운 크림치즈케이크까지 함께 먹는다면 진정한 행복을 느낄 수 있을 것이다.

한옥의 고풍스러움과 이국적인 느낌의 공간
독일주택

🏠 서울시 종로구 대명1길 16-4
🕐 12:00~2:00(연중무휴)
📱 02-742-1933
🅿 주차 불가

🍴 수입 맥주의 종류에 따라 9,000~40,000원 천차만별
✳ 사람이 항상 많아 대기해야 하니 조금 이른 시간에
　가는 것이 좋을 듯하다.

#대학로 #한옥 #가정집 #이국적 #펍 #수입맥주 #커피 #독일주택

고풍스런 한옥에서 즐기는 맥주 한 잔 북적거리는 대학로 거리에서 조용하게 이야기를 나누며 분위기를 즐기고 싶다면 독일주택을 추천한다. 여자들이 좋아할 만한 요소를 모두 갖춘 이곳은, 오래된 한옥 가정집을 개조해서 만든 카페 겸 펍이다. 한옥의 고풍스러움과 외국에 와 있는 것 같은 느낌이 공존하는 신비로운 분위기 속에서, 국내에 흔치 않은 수입 맥주와 커피를 마시면 여기야말로 천국이 따로 없다. 깊숙한 골목 속에 숨어 있어 독일주택을 찾아가는 것도 또 하나의 매력이라 할 수 있다.

골목과 골목 사이를 지나다 보면 '이런 곳에 펍이 있을까?'하는 생각이 든다. 허름한 골목 안에 들어가 보니 한옥 가정집이 하나 보인다. 한옥 가정집을 개조해서 만든 독일주택은 늘 사람이 많아 웨이팅을 해야 한다. 특히 아기자기하면서 유럽에 와 있는 것 같은 인테리어와 분위기 덕분에 여성들의 발길이 끊이지 않는다. 오랜 기다림 끝에, 커피와 맥주를 한잔 하며 오순도순 이야기꽃을 피우니 시간이 금방 가는 듯했다.

은은하게 퍼져 있는 아메리카노의 향도 한몫을 하는 것 같다. 한옥의 고풍스러움과 이국적인 느낌을 동시에 갖춘 독일주택에서 다양한 종류의 수입 맥주와 커피 한 잔의 여유를 느껴보길 바란다.

따뜻한 집밥, 식탁의 목적을 찾아서
식탁의 목적

🏠 서울시 종로구 대명길 34
🕐 월~토 11:30~23:00, 일 11:30~21:00
📱 010-6347-1153
🅿 주차 불가

🍽 오늘의 집밥 6,500원, 뚝배기국물불고기정식·철판제육
김치볶음·매콤통오징어 철판볶음·철판소고기숙주볶음·
생연어덮밥 9,000원, 생연어스테이크 11,000원

#대학로 #4번출구 #집밥 #식탁의목적

북적거리는 대학로 거리 속에서 이곳 주민들만 안다는 이곳은 매일 바뀌는 메뉴로 정말 집에서 매일 차려먹는 밥상과 같은 느낌을 준다. 따뜻한 밥상과 어울리는 분위기의 인테리어는 친근한 이미지를 주고 봄에는 2층 테라스에서 조용히 집밥을 먹으며 대학로의 바쁜 풍경을 감상할 수 있어 더욱 운치가 있다.

이곳에 들어서자 따뜻한 느낌의 인테리어와 친절하게 맞이해주는 직원들 덕분에 집과 같은 편안한 느낌을 받을 수 있었다. '오늘의 집밥'이라는 이곳의 메인 메뉴는 매일 음식의 종류가 바뀐다. 집에서 매 끼니를 해결할 때 항상 같은 음식을 먹지는 않는 것처럼, 이곳에서도 집과 같이 매일 다른 메뉴를 제공하고 있다. 많은 사람들이 이곳을 찾는 이유가 '대학로 주민이 매일 이곳에서 밥을 먹어도 질리지 않도록 하자'라는 '식탁의 목적' 만의 철학 때문이 아닐까 하는 생각이 든다. 또한 매일 먹어도 부담 스럽지 않은 합리적인 가격 역시 이곳의 인기 비결이다.

식탁의 목적을 찾아서
식탁의 목적

대학로에는 다양한 음식점들이 많이 있는데, 식탁의 목적은 그중에서 저렴하면서도 주민들 사이에서 유명한 맛집이었다. 주민들 사이에서 인기가 있다는 것은 그만큼 믿고 먹을 수 있는 곳이기에 인터뷰를 요청했다.

Q 어떻게 식탁의 목적을 오픈하게 되셨나요?
생계를 위해 처음엔 주점으로 시작했다가 예전부터 해보고 싶었던 밥집으로 바꾸어 이곳에서 8년째 장사를 하고 있습니다.

Q 식탁의 목적만의 영업 철학은 무엇인가요?
매일 와서 먹는 사람들을 위해 학교 급식처럼 메뉴를 매일 바꾸고 제철에 나는 신선한 재료들로 음식을 만드는 것이 저희의 영업 철학입니다.

Q 대표 메뉴를 몇 가지 골라주세요.
대표 메뉴는 '오늘의 집밥'으로 매일 메뉴가 바뀝니다. 집에서 매일 다른 음식을 먹는 것처럼 질리지 않도록 하기 위해서 매일 다른 메뉴를 판매하는 거죠. 또한 기본 고정 메뉴 중 유명한 것은 뚝배기국물불고기정식, 철판제육김치볶음 등이 있습니다.

Q 향후 목표는 어떻게 되시나요?
8년간 이곳에서 영업을 했는데, 앞으로도 계속해서 같은 자리에서 영업을 하는 것입니다. 또한

더욱 다양하고 맛있는 메뉴들을 개발해서, 혼자 오셔도 편하게 집밥을 먹고 가실 수 있도록 노력할 것입니다.

Q 이곳에 혼자 오시는 단골손님이나 단체손님들이 많은가요?
혼자 오시는 손님도 많고 대학로에서 연극하는 팀이 단체로 이곳에서 회식하는 경우도 많습니다.

그 밤에도 잠들지 않는, 서울의 심장
중구

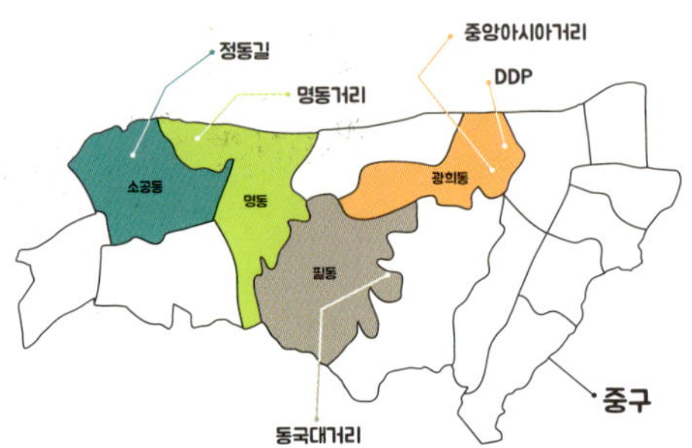

하나의 생명이 유지되기 위해선 많은 신체기관이 경이롭게 맞물려 작용하지만, 근원적으로 생명을 지탱해주는 힘은 단연 심장에 있다고 볼 수 있다. 심장은 우리의 몸 모든 구석구석에 '생명'을 불어 넣어준다. 생사를 확인할 때 맥을 짚어보는 것만 생각해보더라도 심장이 생명에 얼마나 지대한 영향을 미치고 있는지 가늠해볼 수 있다.

중구는 이런 심장과 닮았다. 중구는 서울의 모든 기능을 순환하게 만든다. 중구의 왕십리와 을지로, 청계천로는 지하철과 각종 대중교통의 요충지가 되어 사람들의 출퇴근을 돕고 한국은행과 대기업 본사의 터가 되어 중추적이면서 상징적인 기능을 해내고 있다. 남대문과 남산타워, 명동, 평화시장, 충무로 등은 서울을 방문하는 외국인 관광객의 명소로서 한국 여행의 시작점이 되어 준다. 중구는 가히 서울의 경제와 문화 등 모든 기능을 관통하며 지탱해내고 있다고 할 만하다.

그래서 중구는 잠들지 않는다. 모두가 잠들 그 시간, 그 밤에도 서울의 심장인 중구는 잠들지 않고 우리네 하루를 아주 치열하게, 그러나 잔잔하게 유지하며 지탱해주고 있다.

사랑이 불어오는 길, 정동길
정동길

정동길에는 잔혹한 속설이 있다.
'정동길을 함께 걷는 연인은 모두 헤어진다.'
그러나 이런 이야기에도 불구하고
수많은 남녀가 매 계절 정동길을 걷고 있다.
그 모습은 손을 잡을까 말까 고민하는
간질간질 청춘남녀부터,
그들만의 역사를 써내려간 노부부까지
다양하지만 제각기 다른 그들은
모두 같은 눈빛으로 속삭이고 있었다.
이 길의 끝에서도 우린 붙잡은 두 손을
놓지 않을 거라는, 우리는 보란 듯이
속설의 반례가 될 수 있을 거라는
행복한 예감을 말이다.
플리터 4기 강혜지, 송지선, 이건행

table
마제인
table
어반가든
table
르풀
이화여자
고등학교
table
아하바브라카
덕수궁
서울시립미술관
서울특별시청
서소문별관
림벅와플
대한항공
11 12 1 1호선 시청역
2호선 시청역

아침 바람에 묻은 위로의 향기
르풀

🏠 서울시 중구 정동길 33 신아일보

🕐 월~금 10:00~21:00, 토 12:00~21:00,
　일 11:00~20:00

📱 02-3789-0400

🅿 주차 불가

🍴 르풀 파니니 8,900원, 치즈&비프 샌드위치 8,900원,
　라자냐 13,000원, ICE 아메리카노 4,000원,
　ICE 카페라떼 5.000원, 키위주스 5,000원

⭐ 런치세트로 샌드위치나 샐러드 등의 메뉴를 주문하면
　아이스 아메리카노와 얼그레이 차가 2,000원이다.
　(11:00~14:00).

#정동길분위기좋은카페 #테라스카페 #파니니맛집

분위기와 맛을 동시에 잡은 테라스 카페 르풀은 2011년 늦은 가을, 정동교회 건너편 상가들 틈에 문을 연 '샌드위치 바'이다. 투박한 타일 벽에 무심한 듯 꼼꼼하게 손으로 적어놓은 메뉴부터 소소한 소품까지 인테리어에서 묻어나는 센스가 예사롭지 않다.

이곳의 인기 메뉴는 바로 파니니와 라자냐다. '샌드위치 바'라는 부제를 달고 있을 만큼 다양한 종류의 샌드위치를 맛볼 수 있는데, 모든 파니니의 빵이 바삭하면서도 촉촉한 식감을 자랑한다. 라자냐엔 고기와 토마토소스가 푸짐하게 들어가 있지만 크게 느끼하지 않은 맛이라 인기가 많다고 한다. 그 외에도 당근 케이크 같은 조각 케이크부터 4종류의 샐러드가 있다. 샐러드의 섬세한 플레이팅이 이곳의 분위기와도 잘 어우러진다.

사실 르풀의 자랑은 바로 이곳의 작은 '테라스'다. 테라스에 앉아 정동길을 바라보면 붉은 벽돌 담을 감싸고 있는 푸른 담쟁이 풀들이 한눈에 들어온다. 따뜻함 가득한 봄부터 차가움 속 포근함을 간직한 정동길의 겨울까지, 르풀의 테라스에 어울리지 않는 계절이란 없다.

자연스러움의 미학
아하바브라카

🏠 서울시 중구 정동길 35 두비빌딩 1층
🕐 11:00~21:50
📱 02-753-7003(아하바), 02-753-7005 (브라카)
🅿 주차 불가
　　(정동길 주차장, 서울시립미술관 주차장 등 이용 요망)

🍴 리코타치즈 샐러드 16,500원, 고르곤졸라 피자 20,900원,
　　봉골레 19,800원, 로제마레 22,000원
⭐ 세트메뉴가 다양한 구성으로 되어 있지만 구성 메뉴
　　변경은 불가하니 단품으로 먹는 것이 좋다.
　　마지막 주문은 9시까지만 받는다.

#정동길분위기좋은맛집 #봉골레맛집 #고르곤졸라맛집

세심한 정성이 엿보이는 이탈리안 레스토랑 아하바브라카는 '하나님의 사랑'을 뜻하는 'ahaabah'와 '하나님의 축복'을 뜻하는 'braka'라는 히브리어로 이루어진 이름이다. 1층의 아하바는 이탈리안 요리 전문 레스토랑으로 이루어져 있고, 지하 1층의 브라카는 1층 아하바의 메뉴에 더해 돈가스와 필라프 등 비교적 부담 없는 메뉴까지 맛볼 수 있게 구성되어 있다.

이곳에서는 진한 치즈와 드라이 크랜베리 토핑이 어우러져 향긋한 향을 내고 패스츄리 도우가 고소하고 바삭한 식감을 완성하는 고르곤졸라 꿀피자가 가장 인기다. 면에 간이 잘 배어 향긋한 바질향을 자랑하는 봉골레와 로제 소스에 해산물을 넣어 조리하는 로제마레가 면 요리에서는 인기가 많다.

메인 메뉴 못지않게 신경을 쓰는 부분은 바로 식후에 제공되는 더치 아메리카노이다. 최상급의 원두를 로스팅해 최대 5일을 숙성시킨 뒤, 12시간 이상 찬물로 원액을 자연 추출하고 있다. 깔끔하고 개운한 향이 무거울 수 있는 이탈리안 음식의 뒷맛을 말끔하게 정리해준다. 식당을 결정할 때 분위기, 맛, 디저트 등 다양한 부분을 고려하는 사람이나 소중한 사람과의 식사 장소를 고민하는 사람들에게 추천하고 싶다.

달아요, 우리
마제인

🏠 서울시 중구 정동길 3 1층
🕐 월~금 07:30~20:00, 주말 11:00~20:00
📱 02-722-0599
🅿 주차 불가

🍽 생딸기 4,600원, 바나나 3,900원, 그린티 4,000원, 초코바나나 4,000원
⭐ 앙증맞은 푸딩 공병을 활용해 인테리어를 해보자. 생각보다 예쁘다.

#당떨어질때 #뉴욕커스터드푸딩 #푸딩맛집

여심 저격, 뉴욕커스터드 푸딩의 매력 정동길 끝자락에 위치한 경향신문사 건물 안 조그만 상가들 사이를 지나면 눈을 사로잡는 연보랏빛 마제인을 찾을 수 있다. 이화여대 앞 뉴욕 스타일의 커스터드 푸딩 맛집으로 시작한 마제인은 그 인기의 바람을 타고 정동길에도 들어서게 되었다. 이곳에서 가장 인기 있다는 푸딩은 초코바나나 푸딩이다. 뚜껑을 열면 깊은 바나나향이 나고, 초콜릿과 바나나가 부담스럽지 않게 조화를 이뤄서 입에 녹아든다. 폭신하고 부드러운 맛이 느끼해지려 하면 푸딩 속에 들어 있는 쿠키브래드가 바삭한 식감으로 맛을 잡아준다. 초코바나나 외에 추천할 만한 푸딩은 그린티와 생딸기맛 푸딩이다. 쌉싸름하면서도 달달한 그린티푸딩은 깔끔한 맛으로 식사 후 먹기에 가장 좋다.

커스터드 크림과 생크림을 한데 넣고 섞은 뒤, 쿠키와 과일 등 재료를 층층이 쌓아 앙증맞은 유리병에 담아준다. 매일 매장에서 직접 만든다. 매력적인 비주얼을 차치하더라도 한 병에 담긴 정성과 정직함 때문이라도 이미 충분히 사 먹어볼 법하지 않을까.

정동길을 걸으며 와플 한입
림벅와플

- 🏠 서울시 중구 덕수궁길 5
- 🕐 월~금 07:00~21:30, 주말 09:00~21:30,
  공휴일 09:00~21:30(명절 당일 휴무)
- 📱 02-318-5202
- 🅿 주차 불가

- 🍴 생딸기 와플 4,500원, 플레인 와플 2,400원,
  블루베리 와플 3,300원
- ⭐ 종이봉투가 다소 불편할 수 있는데, 종이박스에 받쳐
  먹기 위해서는 생크림을 추가해야 하며
  와플 커팅은 안 된다.

#미디어가주목하는와플맛집 #정동길길거리음식 #벨기에와플맛집

미디어가 주목하는 와플 맛집 덕수궁 대한문 옆 정동길이 시작하는 초문에 위치한 림벅 와플은 한적한 시간대에도 사람들이 줄을 서서 기다리는 맛집 중의 맛집이다.

주문이 들어가면 그 자리에서 바로 구워 나오기 때문에 7분을 기다려야 하지만 와플을 한입 베어 물면 그 맛이 기다림을 보상해준다. 갓 구워 따끈따끈한 와플의 겉은 아삭하게 씹히지만 안에 꽉 찬 반죽이 쫄깃하다. 생딸기 와플 위엔 생크림이 푸짐하게 올라가 있고 상큼한 딸기와 블루베리, 청포도 등이 올라간다. 이름에 충실하게 블루베리 와플엔 크림치즈와 블루베리가, 누텔라 너츠 와플 위엔 누텔라 초코잼과 각종 견과

류가 아낌없이 올라가 있다. 단 것을 좋아한다면 1,000원으로 생크림 토핑을 추가하는 것을 추천한다. 와플 격자 사이마다 옹기종기 올라가 있는 꽃 모양의 비주얼도 귀엽다.

세트 구성으로 매장에서 직접 만드는 커피와 생과일 주스를 마실 수도 있으니 와플 하나만으로는 퍽퍽하게 느껴질까 걱정된다면 음료와 함께 마시는 것도 좋은 방법이다.

정원의 의미
어반가든

🏠 서울시 중구 정동길 12-15
🕐 11:30~22:00
📱 02-777-2254
🅿 주차 가능

🍴 어반가든피자 17,500원, 알리오올리오 14,000원,
고르곤졸라 파스타 18,500원, 폴로 바비큐 22,000원
⭐ 분위기 좋은 2층에서 식사를 원하면 예약은 필수이며
마지막 주문은 9시까지만 받는다.

#분위기좋은정동길맛집 #정동길이탈리안맛집 #셀프웨딩 #가든웨딩

풀내음 가득한 정원에서 즐기는 근사한 한 끼 어반가든은 '정동길 데이트 코스'를 검색해본 사람이라면 누구나 알만한 이탈리안 레스토랑이다. 남녀노소 누구나 좋아할 포근한 분위기의 테라스부터 가든 웨딩 장소로도 인기 만점인 2층까지 예쁜 풀들로 장식되어 있다.

어반가든의 시즌 한정 메뉴인 베리 앤 베리 샐러드는 딸기, 블루베리, 크랜베리 등에 새콤한 요거트 드레싱 소스를 뿌려 향긋함을 배가시켜 다소 무겁게 느껴질 수 있는 이탈리안 음식에 곁들여 먹기 제격이다. 고르곤졸라 파스타는 소고기가 들어간 크림파스타이다. 크림파스타 특유의 부드러움과 진한 소스의 향이 깊은 맛을 낸다. '어반 피자'는 불고기 양념으로 맛을 낸 소고기에 실파 등을 얹은 피자로 달고 짠 음식을 좋아하는 한국인의 입맛에 딱이라는 생각이 든다. 어반가든은 식당보다도 셀프웨딩 또는 상견례 장소로도 인기 있는 곳이다. 꽃의 종류와 색깔부터 메뉴, 테이블의 위치, 부케까지 함께 고민해주니 소중한 날, 소중한 사람들과 함께하긴 더할 나위 없이 좋다.

Q 어떻게 이런 가게를 차릴 생각을 하게 되셨나요?

원래 오래된 조경회사를 하고 있었는데 다른 일로 설계회사와 시공도 함께하게 되었어요. 전문적인 일을 하면서 사회에 의미가 되는 일이 무엇이 있을까, 고민하기 시작했고 식사를 즐길 수 있는 편안한 공간에 대한 영감을 받아 직접 농장도 가꾸면서 연습도 하며 이것저것 준비했죠.

Q 영업 철학이 있다면 무엇인가요?

사람들이 행복한 공간을 만들고 싶어요. 그게 제가 평소에 생각해오던 조경과 원예의 의의이자 목적이라고 생각하거든요. 행복했으면 좋겠다는 사람들 중에는 저희 직원도 포함이 돼요. 직원들이 꽃이 주는 행복을 알게 되는 것뿐만 아니라 관리하던 것들이 노하우로 쌓여서 나중에 가게를 차릴 때 도움이 되길 바라죠.

Q 어반가든의 대표 메뉴는 무엇인가요?

어반가든이 10년이나 된 가게인 만큼 200여 가지의 레시피가 있는데 그만큼의 연륜이 묻어나는 파스타를 가장 추천하고 싶어요. 바비큐도 인기 있는데 아마도 풀냄새 나는 정원에서 바비큐를 먹는다는 이국적인 모습을 좋아해주시는 것 같기도 해요. 닭고기, 소고기, 돼지고기, 그리고 새우가 모두 나오는 바비큐가 저희 가게 시그니처 메뉴입니다.

Q 향후 목표가 있으시다면 무엇인가요?

어반가든 같은 상업공간과 생활공간이 합쳐진 형태가 도심에 많아졌으면 좋겠어요. 후미진 골목을 밝혀주는 것처럼 동네에 하나, 구마다 하나 생겨나면 좋을 것 같아요. 서울시에 낙후한 곳이나 생기를 필요로 하는 곳에 그 생기를 불어넣는 일들을 하고 싶어요.

Q 어떤 사람들에게 어반 가든에 와 보라고 추천하고 싶은지?

쉬고 싶으신 모든 분을 환영해요. 정말 다양히 오셔도 좋아요. 그냥 쉬러 오신다고 해도 테라스를 얼마든지 개방해드리니 단지 쉬러 오셔도 괜찮답니다.

명동거리

'All-in-one'. 이보다 명동을 정확하게
설명할 수 있는 단어는 없다.
명동에는 쇼핑몰, 음식점, 극장, 영화관, 심지어
고즈넉한 성당까지 정말 없는 게 없다.
명실상부 서울에서 가장 생동감이 넘치고
활력이 느껴지는 거리로 자리매김한 명동.
주말에만 350만 명이 명동을 방문하는 데에는
그만한 이유가 있다. 낮과 밤이 다른
두 얼굴을 지닌, 어쩌면 우리가 몰랐을
얼굴을 간직한 명동거리를 걸어 보자.
우리가 모르는 또 다른
한적한 매력이 가득한 거리를 어렵지 않게
발견할 수 있게 될 것이다.
플리터 4기 강혜지, 송지선, 이건행

눈스퀘어
코인
명동예술극장
모리도너츠
명동대성당
길거리음식 zone
던킨도넛
더식당
명동피자
5 6 7
4호선 명동역

<h2 style="text-align:center">세월이 흘러도 변하지 않는 것들
명동성당</h2>

🏠 서울시 중구 명동길 74
📱 02-774-1784
🅿 주차 가능

📸 명동성당을 배경으로 사진을 찍고 싶다면,
성당에 올라오는 돌머리 계단에서 계단 우측 오솔길
중간까지의 지점이 가장 좋다.

#명동볼거리 #명동대성당 #명동조용한곳 #한국천주교의상징

명동거리를 지키는 대한민국 천주교의 상징 명동성당은 고종 29년인 1892년 착공해 개화기에 진입해 준공된 우리나라 최초의 본당으로 한국 천주교를 상징하는 성당이다. 명동성당 일대는 1830년 이후, 선교사들의 비밀 선교 활동의 중심지이기도 하였으며, 1845년에 귀국한 김대건 신부가 활동하던 곳이기도 하다. 원래 이름은 종현대성당이었지만 1945년에 광복을 맞아 지금의 이름인 명동성당으로 개명하였다.

이곳은 한국 초기의 벽돌조 성당으로 순수한 고딕양식의 구조를 갖췄다. 장식적인 요소를 배제한 순수 고딕양식으로 지어진 외관과 대비되는 내부는 아치형 복도, 스테인드글라스 등으로 미적 가치를 더했다. 곳곳에 제대, 성화, 성상 등의 예술품이 성스러운 아름다움을 전해준다.

시끄럽고 복잡한 명동거리를 벗어나 조용한 사색의 시간이 필요한 사람이라면 명동성당을 찾아 마음을 침전시키고 생각에 집중하는 경험을 하는 것도 좋을 것 같다.

길거리 주전부리의 반란
명동 길거리 음식

- 명동역 6번 출구~ 중앙로~명동성당 · 눈스퀘어 쇼핑몰 주변
- 보통 평일 5시부터 11시까지, 주말 오후 2시부터 11시까지 영업한다.

- 김치삼겹살야채말이 4,000원, 붕어빵 아이스크림 4,000원, 과일컵 3,000원, 닭꼬치 3,000원
- 맛있어 보인다고 바로 사먹지 말고 처음부터 끝까지 찬찬히 둘러보고 먹을 것을 추천한다.

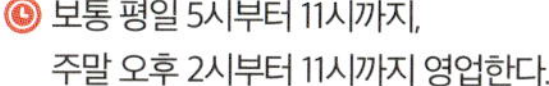

#길거리음식뷔페 #길거리음식천국 #명동닭꼬치 #명동길거리음식

또 하나의 명동이 얼굴을 드러내는 시간 으리으리한 규모로 높게 올라간 건물과 그 틈으로 지나다니는 수많은 인파. 아마 명동 중앙로를 생각했을 때 가장 먼저 떠오를 모습일 것이다. 저녁 6시쯤, 쇼핑을 마친 사람들이 배를 문지르며 주위를 두리번대기 시작할 즈음, 명동 길거리 음식 포장마차들이 등장한다.

명동 중앙로를 가득 채운 상인들과 사람들 틈에서는 정말 다양한 것들을 볼 수 있다. 관광객을 타깃으로 한 기념품부터 양말, 애완견 옷까지 다양한 상품도 팔고 있지만 관건은 바로 먹거리 음식이다. 수제 소시지, 닭꼬치, 씨앗 계란빵, 붕어빵 아이크스림, 레몬과 오렌지주스, 김치삼겹살

야채말이, 타코야키, 누텔라 바닐라 크레이프, 딸기모찌 등 든든한 한 끼를 대체할 음식부터 디저트 음료와 과일까지 없는 게 없다. 붕어빵에 아이스크림을 얹어 그 위에 꿀을 바르고, 딸기에 팥소를 굴려 떡을 입히고, 즉석에서 츄러스를 튀겨 국수 가닥처럼 아이스크림을 뽑아 얹고 이쯤 되니 요리를 하는 건지, 발명을 하는 건지 헷갈릴 만큼 기상천외한 아이디어들에 감탄을 자아내게 된다.

사막엔 오아시스, 명동엔 명동피자
명동피자

🏠 서울시 중구 명동4길 46
🕐 11:30~22:30(연중무휴)
📱 02-777-8979
🅿️ 주차 불가

🍴 스테이크 없어도 안심 파스타 17,800원,
치즈끝판왕 피자 17,600원, 고르고골라 피자 14,700원,
만수무강 피자 17,400원
⭐ 다양한 피자를 맛보고 싶은 사람은 '반반피자'로
두 가지 맛을 동시에 즐겨볼 수도 있다.

#명동볼거리 #명동대성당 #명동조용한곳 #한국천주교의상징

중독성 강한 화덕피자의 진수 명동피자의 입구에 들어서면 두 눈을 사로잡는 거대한 화덕과 오픈 주방을 볼 수 있다. 오밀조밀한 테이블이 알차게 놓여져 있고, 아기자기한 피규어와 녹색 칠판에 감각적으로 붙여놓은 그림과 포스터들이 세련된 느낌을 준다. 스테이크 없어도 안심 파스타는 고르곤졸라 치즈가 들어간 진한 크림소스에 토시살 스테이크가 올려진 페투치네 파스타다. 치즈 끝판왕 피자는 세계 치즈의 총집합체와 다름없다. 느끼할 것 같다는 염려와는 다르게 오히려 치즈끼리의 향이 고소한 맛을 낸다. 그래도 치즈가 가득한 피자가 무겁다면 '만수무강 피자'를 추천한다. 크림치즈 베이스에 썬드라이 토마토,

애플 시저 샐러드가 듬뿍 올라가 있는 샐러드 피자인데 신선한 샐러드가 뭉개지는 피자의 식감에 아삭한 재미를 더한다.

명동피자는 피자 반죽을 매일 아침 36시간 저온·숙성시켜 이태리산 화덕에서 460도의 열에서 구워내 쫄깃한 도우를 자랑한다. 흔한 메뉴일 수 있는 피자를 색다르게 만들어주는 이곳의 화덕피자를 먹고 있으면 절로 맥주 생각이 난다.

옛스러움이 숨쉬는 카페
카페코인

🏠 서울시 중구 명동6길 10
🕐 월~토 09:00~23:00, 일요일 09:00~22:30
📱 02-753-1667
🅿 주차 불가

🍴 쌍화차, 모과차, 녹차빙수, 아메리카노, 티라미수, 생과일주스, 맥주, 위스키
⭐ 녹차빙수 얼음 밑에 팥이 잔뜩 숨어 있으므로 섞어 먹는 것을 추천한다!

#명동조용한카페 #명동복고카페 #응답하라1994촬영지

복잡한 명동 거리에 숨어있는 복고카페 카페코인은 복잡한 명동에서 평온함을 찾을 수 있는 몇 안 되는 곳으로, 명동성당과 을지로입구역 사이에 있다. 총 두 층으로 이루어진 카페는 들어가기 전 입구에 있는 샹들리에부터 다른 카페들과는 다른 복고 느낌이 난다.

이곳의 가장 유명한 메뉴는 녹차빙수다. 동그란 녹차 아이스크림이 귀엽게 탑을 쌓아 올려져 있고 그 위에는 아몬드가 앉아 있다. 녹차빙수의 얼음은 아삭한 얼음인데, 녹차와 함께 갈아 얼음도 녹차색을 띠고 있다. 이곳에서 쌍화차를 마시면 시중에서 파는 인스턴트 단맛이 아닌 본연의 쌍화차 맛을 제대로 느낄 수 있다. 정말 쓰지만 달다, 라는 표현이 입에서 절로 나온다.

카페코인은 농장을 소유하고 있어 카페에서 사용하는 재료들을 직접 생산하고 숙성시켜 다른 카페들과의 이색적인 신선함을 제공한다. 특히 이곳의 천연 잎차는 시간에 쫓겨 여유를 잃은 현대인들에게 소재 본연의 향, 맛, 그리고 효능으로 도심 속의 휴식을 선사한다.

정직함을 튀겨냅니다
모리도너츠

- 🏠 서울시 중구 명동7길 20
- 🕐 10:00~22:00
- 📱 02-773-3780
- 🅿 주차 불가

- 🍴 모리 도너츠 1,200원, 사탕수수 도넛 1,300원,
  홍차 도넛 1,300원, 녹차 도넛 1,600원
- ⭐ 도넛 모양과 닮은 숫자인 매월 8일을
  '도너츠 데이'로 지정해 1+1 행사를 진행한다.

#명동디저트카페 #명동도너츠맛집 #옛날도너츠

명동에 숨어 있는 디저트 맛집 모리도너츠는 2층으로 올라가면 큰 창문으로 햇살이 따사롭게 들어오는 아늑한 분위기를 자랑한다. 조용하고 아기자기한 곳에서 도넛과 즐기는 티타임은 색다른 경험이 된다.

모리도너츠의 가장 기본인 '모리도너츠'는 고단백 두유와 콩비지를 넣은 건강 도넛이다. 담백하고 가벼운 맛인데, 우유나 커피와 함께 먹으면 그 담백한 맛이 더 돋보인다. 그 외에 인기 있는 도넛으로는 사탕수수 도넛과 시나몬 도넛이다. 이 두 도넛 모두 특별히 달거나 자극적인 맛은 아니지만 모리도너츠보다는 달콤한 향이 나는 편이다. 사탕수수 도넛은 달콤한 맛을 좋아하는 사람에게, 시나몬 도넛은 진한 향을 좋아하는 사람에게 추천하고 싶다. 이보다도 더 단 맛을 찾는다면 초콜릿을 녹여 도넛 위에 묻힌 도넛을 추천한다. 특히 녹차 도넛은 녹차 고유의 쌉싸름한 맛과 화이트 초콜릿이 어우러진 진한 맛이다. 모리도너츠는 다양한 선물세트도 준비되어 있어 온 가족이 먹기에도 좋고 중요한 상대에게 선물하기에도 좋다.

정직함을 튀겨냅니다
모리도너츠

명동에서 도넛 맛집으로 소문이 나기란 얼마나 어려운 일인가. 오감을 사로잡는 수만가지 볼거리와 먹거리 사이에서 모리도너츠가 맛집으로 떠오르게 된 이유가 궁금해 참을 수가 없었다.

Q 어떻게 모리도너츠를 시작하셨나요?

모리도너츠는 직원들을 위해서 시작한 가게에요. 원래는 식재료나 원료를 만들던 조그만 회사를 하고 있었어요. 대기업보다는 못하겠지만 풍족하지는 못해도 부족함은 없는 생활을 영위하기 위해 필요한 만큼은 지원해주고 싶었어요.

Q 특별한 영업 철학이 있으신지?

정직하게 파는 것. 속이지 않는 것. 소비자에게 진실되게 팔자, 하는 것이죠. 원료를 만들던 회사이다 보니 원료에 신경을 많이 쓰고 있어요. 두유부터 콩비지까지 전부 국내산으로 사용하고 있고, 매장에서 한라봉을 직접 갈고 아이싱을 하기도 해요.

Q 모리도너츠의 대표 메뉴와 추천 메뉴는 무엇인가요?

공식적으로는 오리지널이 가장 인기가 있어요. 담백하고 기본적인 맛이라 남녀노소, 특히 어른들이 좋아하는 맛인 것 같아요. 비공식적인, 제가 개인적으로 좋아하는 도넛은 검은콩 도넛이에요. 꼭 드셔보세요.

Q 도너츠는 매장에서 직접 만드나요?

그럼요. 그렇기 때문에 매일 만드는 도넛의 종류가 일일이 다를 수 있는 거죠. 명동점에 보시면 아시겠지만, 벽면에 오늘 만들어진 도넛의 종류가 적혀 있어요. 매장에서 직접 도넛을 만들고 2분 30초 정확히 지켜 튀겨냅니다!

Q 향후 목표가 있다면 어떤 게 있으신가요?

많은 가게를 여는 것이 목표예요. 모리도너츠라는 이름을 달고 사업을 시작한 건 1년 반 정도밖에 되지 않아서 앞으로 여러 곳에서, 건강하게, 부담 없이 즐기실 수 있었으면 좋겠어요. 가게가 잘 됐으면 하는 이유가 따로 있다면 역시 직원들 때문이에요.

광희동 중앙아시아 거리

흔한 것들이 더 이상 흔해지지 않는 그곳.
시선을 조금 멀리 두면
웅장하고 높은 고층 건물들 틈에 위치한
광희동 중앙아시아 거리가 보인다.
이곳엔 복작복작하니 사람 냄새가 난다.
음식부터 사람, 문자, 언어 그 무엇 하나
익숙하게 느껴지는 것이 없어
낯설고 생소한 느낌을 준다.
긴장감에 숨을 크게 들이쉬고
거리에 들어서면 몇 발자국 가지 않아
이내 입가에 미소가 번진다.
어쩐지 이 생소함이 싫지가 않다.
플리터 4기 강혜지, 송지선

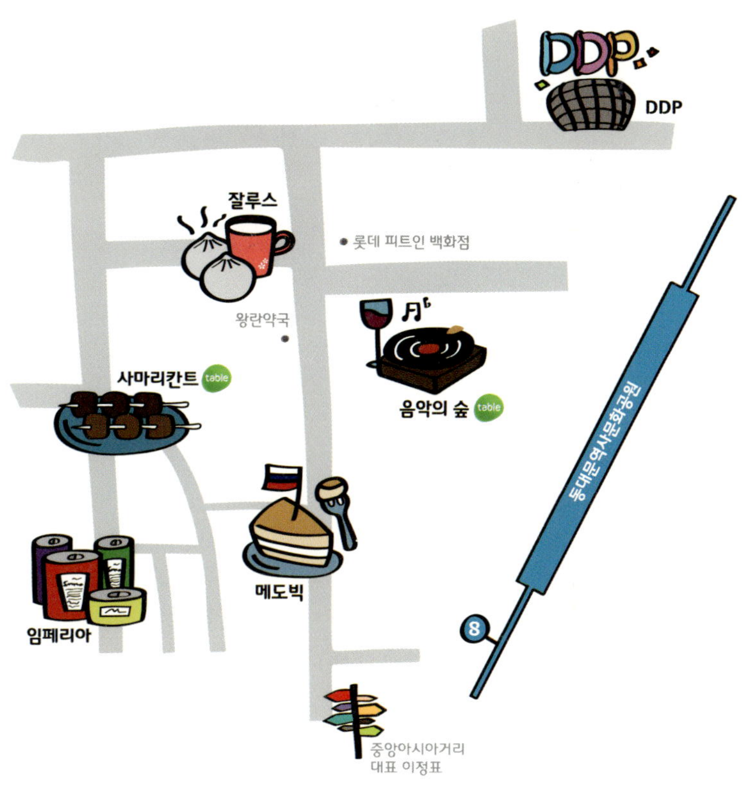

DDP
DDP
잘루스
롯데 피트인 백화점
왕란약국
사마리칸트
table
음악의 숲
table
임페리아
메도빅
동대문역사문화공원
8
중앙아시아거리
대표 이정표

와줘서 고마워요, 사마리칸트
사마리칸트

🏠 서울시 중구 광희동 1가 121
🕙 10:00~23:00
📱 02-2277-4163
🅿 주차 불가

🍴 프러프 8,000원, 소고기꼬치 5,000원,
　양고기꼬치 5,000원, 쌈싸 3,000원
⭐ 꼬치는 종류별로 2개씩 주문 가능하다.

#우즈벡음식 #양꼬치 #칭따오말고사마리칸트

우즈베키스탄 음식하면 사마리칸트 사마리칸트는 광희동 중앙아시아 거리의 대표 우즈베키스탄 음식점이다. 가게의 이름은 우즈베키스탄의 도시 이름을 따서 지었다. 사마리칸트의 테이블과 소파는 큼직큼직하고 넓게 자리 잡고 있어 식사하는 도중 종종 눕고 싶어진다. 우즈베키스탄식 전통 볶음밥인 프러프와 소고기꼬치, 양고기꼬치, 고기가 들어간 빵인 쌈싸 등이 이곳에서 가장 인기가 있다.

소고기꼬치와 양고기꼬치 위에는 곁들여 먹을 만한 양파가 올려져 나오는데, 고기에 간이 짭짤하게 되어 있기 때문에 함께 먹으면 합이 좋다. 쌈싸에서는 고기 자체의 특유의 향이 짙게 나기 때문에 양고기향이 익숙하지 않은 사람이라면 낯설게 느껴질 수 있다.

러시아의 상징과 다름없는 보드카도 별다른 위화감 없이 가게 내 냉장고에서 위용을 뽐내고 있다. 그 도수는 5도부터 40도까지 다양하니 반주를 좋아하는 편이라면 적당하게 시켜도 좋을 듯하다. 사마리칸트가 있는 골목에 있는 동명의 '사마리칸트' 가게는 형제가 운영하는 식당이라 메뉴나 가격이 같다고 하니 참고하면 좋겠다.

와줘서 고마워요, 사마리칸트
사마리칸트

사마리칸트는 실제로 우즈베키스탄에서 온 사리요프씨가 연 우즈베키스탄 음식점이다. 현지인이 어떤 계기로 한국에 건너와 자국의 요리를 할 생각을 했는지부터 어떻게 사마리칸트가 우즈베키스탄 대표 음식점이 될 수 있었는지 궁금했다.

Q 창업 배경이 무엇인가요?

저의 할아버지는 요리사셨어요. 한국에 계셨던 지인의 소개로 아버지와 함께 한국에 오게 되었는데요, 할아버지의 뒤를 따라 한국에서 우즈베키스탄 음식을 팔아보는 게 어떨까 생각해보게 되었고, 한국인의 입맛에 맞게 양꼬치를 비롯한 우즈벡 음식을 연구하면서 창업을 준비해 2004년 처음 식당을 개업했습니다.

Q 영업 철학이 있으신가요?

한국인들이 우즈벡 음식에 대해 부담이나 거부감이 없도록 만드는 것을 중요하게 생각합니다. 우즈베키스탄 음식이 한국에 흔한 것이 아니기 때문에 한국 사람들이 거부감 없이 먹을 수 있게 만들고 싶어요. 그래서 최대한 한국 손님들의 의견을 물어보고 개선할 점을 연구해서 반영하는 편이고, 그 결과 단골손님도 많이 생겼습니다.

Q 대표 메뉴는 무엇인가요?

프루프라는 소고기 볶음밥이랑 양꼬치, 쌈싸를 추천하고 싶네요.

Q 향후 목표가 있으신가요?

'더 맛있게' 만들고 '더 많은' 한국 손님이 오게 하는 것을 목표로 하고 있습니다. 그리고 맛있게 먹고 돌아간 후에도 우즈벡식 음식을 먹고 싶다는 생각이 들었으면 좋겠어요.

중앙아시아를 팝니다
임페리아(IMPERIA)

🏠 서울시 중구 마른내로 161
🅿 주차 불가
ℹ 주인 어르신이 생각보다 한국어에 서투시니 참고하자

#광희동러시아가게 #러시아통조림 #러시아가공식품도전

광희동 중앙아시아인들의 구멍가게 임페리아는 광희동에 거주하는 중앙아시아인들에게 마치 한인타운의 '대한슈퍼'와 같은 존재다. 러시아에서는 흔하지만 우리나라에서는 쉽게 접할 수 없는 생필품과 가공식품들이 이곳 임페리아에 모여 있기 때문이다. 러시아에서 즐겨 마시는 위스키나 보드카부터 한국인들도 즐겨 먹는 벽돌빵까지 없는 것이 없다. '케피르'라 불리는 고등어부터 '깔바싸'라는 소시지와 같은 가공식품이 냉장고에 진열되어 있고, 옆으로는 청어 통조림이 줄을 서 있다. 가게 내부에 식당 같은 공간이 있는데 메뉴가 전부 러시아어로 되어 있어 주문에 애를 먹을 수도 있다. 인형 속에 인형이 들어 있는 것으로 유명한 러시아 전통 인형인 마트료시카로 꾸며진 가게 내부도 색다르게 다가와 구경에 재미를 더해준다.

접시 하나에 몽골 하나
잘루스(Zaluus Mongolian Restaurant)

🏠 서울시 중구 광희동 143 3F(뉴금호타워 3층)
🕐 10:00~23:00
🅿 주차 불가

🍴 소고기굴야위 7,000원, 칼국수볶음 6,000원, 양고기볶음 7,000원
⭐ 밀크티를 미리 시키면 우유가 식으면서 표면이 굳으니 식사가 끝난 후 후식으로 시키는 것을 추천한다.

#동대문맛집 #몽골맛집 #울란바토르 #몽골향이몽골몽골

몽골 현지인들도 안다는 바로 그 맛집 몽골어로 잘로스(зaлyyc)의 뜻은 '젊음, 청춘, 원기' 등이다. 잘루스는 광희동 중앙아시아 거리에서 가장 유명한 몽골 음식점이다. 점심시간에 방문하면 현지인들로 북적여서 자리를 잡기가 여간 쉬운 것이 아닐 만큼 유명하다. 메뉴판이 몽골어 위주로 적혀 있어 당황스러울 수 있지만 한국어로도 작게 설명이 적혀 있으니 걱정하지 않아도 된다. 잘루스의 음식은 양에 비해 가격이 저렴한 편이다. 양고기와 야채를 함께 기름에 볶아낸 음식인 칼국수볶음 자체는 기름기가 거의 없고 간이 되어 있지 않아 텁텁하고 싱거운 편이다. 소고기굴야위는 삶은 감자를 으깨 그 위에 소고기를 삶

아 올린 뒤 토마토맛이 가미된 소스를 부은 요리이다. 소고기의 식감은 장조림과 비슷하고, 감자의 간은 달고 짜게 되어 있어 어딘가 익숙한 맛이 난다. 다른 곳에 비해 이곳의 요리에선 양고기 냄새가 덜 나기 때문에 양고기 특유의 향을 싫어하는 사람도 무난하게 즐길 수 있는 곳이니 이번 기회에 잘루스에서 양고기에 입문해보는 것도 좋을 듯하다.

추억 가득 머금은 그 시절 그 노래
음악의 숲

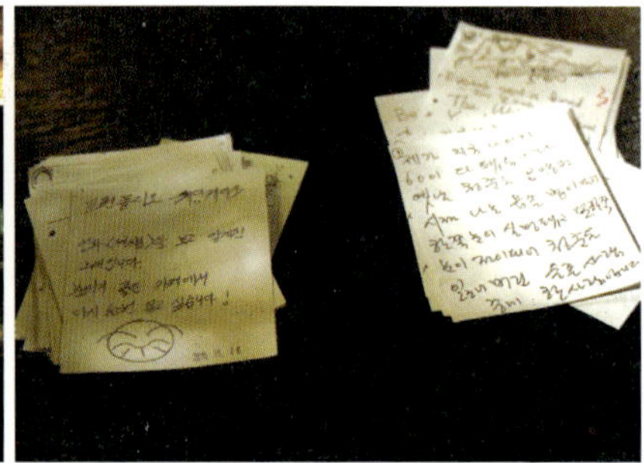

🏠 서울시 중구 을지로 44길 17-7
🕐 18:00~24:00(일요일 및 공휴일 휴무)
📱 02-2274-2254
🅿 주차 불가

🍴 황도 7,000원, 마른안주 10,000원, 수제소시지 10,000원, 위스키 60,000~250,000원, 맥주 4,000~10,000원
⭐ 최근 <응답하라 1988> 열풍으로 유행했던 곡들이 리메이크 곡이라는 것은 아는가? 그들의 원곡을 LP판으로 들을 수 있으니 좋아하는 곡이 있다면 신청해보자.

#LP맥주집 #LP펍 #분위기에취하네 #광희동LP펍 #써니촬영지

술에 한 번, 분위기에 두 번 취하는 감성 LP맥주가게 동대문역사문화공원역 8번 출구에서 나와 조금 걸어오면 있는 음악의 숲은 영화 <써니>의 촬영지로도 유명한 LP카페 겸 펍이다. 계단에서부터 존 앤더슨과 같은 옛 록그룹 멤버의 포스터가 붙어 있다. 음악의 숲에 들어오면 제일 먼저 빼곡히 진열된 LP판 커버들이 눈에 띈다. 테이블 옆에는 투박하게 잘린 흰 종이 여러 장과 모나미 볼펜이 꽂혀 있는데, 듣고 싶은 노래가 생기면 신청곡의 제목과 가수를 적어 내면 된다. 신청곡이 나오지 않을 때에는 주로 사장님의 추천곡으로 7080 일본 가요나 팝이 흘러나온다. 음악의 볼륨은 큰 편인데 시끄럽게 느껴지지는 않아서 가슴 벅차게 노래도 즐기고 대화도 하기에 딱이다. 특별하고 거창한 안주보다는 마른안주와 소시지가 주를 이루고 주류도 소주보다는 맥주와 양주 위주로 적혀 있다. 후미진 골목에 숨어 있는 오래된 LP펍이라고 해서 얕보지는 말자. 회사원들의 퇴근 시간이 조금 지난 8~9시면 이내 만석을 이루는 곳이니 일찍 방문하는 것이 좋겠다.

추억 가득 머금은 그 시절 그 노래
음악의 숲

빠르게 변해가는 21세기 대한민국의 서울 한가운데, 음악으로 세월을 붙잡아 둔 곳이 있다. 이렇게 오랜 세월을 한 곳에서 보낼 수 있었던 비결과 그만의 운영 철학이 궁금했다.

Q 창업 배경이 무엇인가요?

DJ인 나의 남편은 어렸을 적부터 지금까지 수천여 장의 LP판을 모으곤 했어요. LP가 많이 모이면 지인을 집으로 초대해 어김없이 음악을 틀고 차나 가벼운 맥주 한 잔을 즐기는 시간을 가졌는데, 문득 이런 시간을 좋은 사람들과 함께 즐기면 좋을 것 같다는 생각이 들었죠. 그리고 그 생각을 실행해 옮겨 후에 작은 가게를 차리게 되었습니다.

Q 영업 철학은 무엇인가요?

상업적인 목적보다도 손님이 가게에 왔을 때 편히 음악을 즐길 수 있게 하는 것이 철학이라면 철학입니다. 음악의 숲에서는 신청곡을 받고 있는데 손님이 어떤 곡을 신청하든지 틀어주려고 노력해요. 손님의 애청곡이 흘러나오는 것은 곧 DJ와의 교감과 다르지 않다고 생각하고 이런 교감을 이어나가는 것을 가장 중요시하기 때문이죠.

Q 자주 트는 곡이 있다면 어떤 곡을 추천해주시고 싶으신가요?

주로 올드팝과 7080, 8090 가요를 많이 트는데 그중에서도 혹은 70년대부터 90년대 가요 리메이크 곡이나 안전지대 같은 일본 가요도 자주 트는 편입니다. 일본 가요와 7080 가요를 좋아하는 주고객인 50대 이상을 위해 일본가수의 곡을 서비스로 틀어주기도 해요.

Q 향후 목표는 무엇인가요?

시간이 흘러 나이가 들더라도 건강이 허락하는 날까지 좋은 음악을 좋은 사람들과 공유하는 것입니다. 지금은 음악을 듣기 위해서나 술이나 음료를 마시러 많은 사람들이 방문해주지만 나중에는 음악만을 공유하고 들으러 오는 손님들이 가게에 가득하도록 만들고 싶네요.

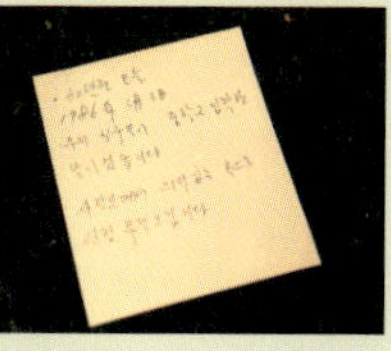

남산의 그늘에 뺨을 대보면

필동 동국대거리

충무로역 근처의 고층 빌딩 사이로
분주하게 흩어지는 인파를 헤치고
작은 골목에 들어서자 숨이 탁 트이는 길을
마주하게 된다. 저 멀리로 보이는
남산타워를 향하기도 하고
등지기도 하면서 걸어가다 보면
왠지 모를 한산한 공기가 가득하다.
골치 아픈 문제들은 이내 머릿속 뒤켠으로
사라지고 싱그러운 연둣빛 잎사귀와
고즈넉한 고궁의 자취만을 두 눈에
온전히 담아내기에 바빠진다.
정신 없이 흐르는 중구의 하루 중,
쉬어갈 수 있는 그늘이 있다면 이곳이 아닐까.
플리터 4기 강혜지, 송지선

충무로역
② ①
④ ③
치아바타 몽스
파스타마켓
부에노
BBQ MARKET
BBQ마켓
돈천동식당
남산골 한옥마을
동국대연등회

진심을 전하는 방법
파스타마켓

🏠 서울시 중구 퇴계로 210-14

🕐 11:30~21:00, 브레이크 타임 15:00~17:00(일요일 휴무)

📱 02-6348-1205

🅿 주차 불가

🍴 새우올리오 13,000원, 청양버섯크림 9,500원, 해산물토마토 12,000원

⭐ 모든 메뉴에 친절하게 '1인분' 혹은 '1.5인분'이 적혀 있으니 무리하게 주문하지 않아도 된다.

#충무로데이트코스 #동국대파스타맛집 #파스타와누룽지의만남

충무로 파스타 맛집계의 터줏대감 파스타마켓은 가게 이름에 '파스타'를 내건 만큼, 파스타로 충무로를 평정한 자타공인 최고의 파스타 맛집이다. 하얗게 눈을 사로잡는 외관부터 가게가 한눈에 들어올 만큼 아담한 규모에 곳곳에 보이는 드라이 플라워 장식까지 가게를 아늑하고 포근하게 만들어준다. 그래서인지 많은 연인들이 데이트코스로 이곳을 자주 방문한다.

추천할 만한 메뉴로는 새우올리오와 청양버섯크림파스타가 있다. 새우올리오는 특유의 기름 향이 싫어 올리브 파스타를 피하는 사람들도 부담 없이 즐길 수 있다. 청양버섯크림은 크림파스타는 느끼하다는 편견을 깨주기라도 하듯 매콤한 맛을 낸다. 고소한 버섯, 부드럽고 달콤한 크림소스, 매콤한 청양고추의 향이 하나라도 빠지면 아쉬울 만큼 최고의 조화를 이루고 있다. 이곳 파스타의 가장 큰 특징은 파스타 아래에 깔려 나오는 바삭한 누룽지다. 주문 시 원하지 않으면 뺄 수 있지만 바삭한 누룽지가 자칫 느끼할 수 있는 파스타의 풍미를 고소하게 만들어주기 때문에 넣어 먹는 것을 추천한다.

돼지와 함께 춤을
BBQ마켓

- 🏠 서울시 중구 서애로1길 6-4 지하 1층
- 🕐 17:00~23:00(주말 휴무)
- 📱 010-2005-2204
- 🅿 주차 불가

- 🍴 3인 플래터 33,000원, 2인 플래터 25,000원, BBQ 라이스 11,000원
- ⭐ 사이드 메뉴로 빵 4개가 2,000원, 감자튀김이 4,000원에 추가 가능하니 아껴 먹지 말자.

#충무로바비큐맛집 #동국대바비큐맛집 #바비큐입문추천지 #고기이즈원들

가장 편하게 바비큐를 즐기는 방법 동국대학교 후문에서 내려오는 길 아주 후미진 골목에 위치한 BBQ마켓은 외관부터 젊은 감각을 자랑하는 숨겨진 바비큐 맛집이다. 지하로 내려오는 길에 볼 수 있는 어두운 벽과 센스 있는 문구들, 귀여운 돼지 캐릭터와 감각적인 네온사인이 젊은 손님의 발길을 사로잡기에 충분하다.

통고기를 저온에서 장시간 조리하기 때문에 메뉴를 주문하면 조리 시간이 조금 길게 느껴질 수 있지만, 음식이 나온 후 맛을 한번 보면 15분가량의 기다림이 전혀 아깝지 않다. BBQ마켓의 대표 메뉴는 목살, 양지, 립(Half)과 감자튀김, 빵, 샐러드가 큰 접시에 함께 나오는 '플래터'이다.

고기를 3가지 소스에 기호대로 찍어 빵이나 감자튀김과 먹으면 되는데, 달달한 빵과 짭조름한 감자튀김, 상큼한 샐러드, 그리고 부드러운 고기가 최고의 조합을 자랑한다. 또 다른 시그니처 메뉴로는 볶음밥과 고기, 야채를 비빔밥처럼 섞어 먹는 'BBQ 라이스'가 있다. 김치볶음밥과 야채볶음밥 중 하나를 선택할 수 있는데, 매콤한 김치볶음밥과 달콤한 바비큐 소스의 조합이 가장 인기 있다. 화룡점정이라고, 맥주나 음료수는 가게 한쪽에 준비된 냉장고에서 자유롭게 꺼내다 먹을 수 있으니 친구들과 식사도 하고 맥주 한잔 즐기기에 더할 나위 없이 좋다.

돼지와 함께 춤을
BBQ마켓

골목 바닥에 투박하게 스프레이로 뿌려둔 'BBQ마켓 가는 길'이라는 나름의 이정표를 발견했다. 가게 문을 열자 젊은 사장님 두 분이 반겨주셨다. 요리와는 거리가 있을 것 같은 건장한 청년 두 분이 운영하는 가게였다. 김일중(30) 씨와 유재량(31) 씨는 대학 동기로 알게 되셨다고 한다. 이렇게 후미진 곳에 이런 음식점을 내게 된 이유가 뭘까 궁금해졌다.

Q 창업 배경이 무엇인가요?

원래 기업 식당에서 직원식을 맡았어요. 그런데 일을 하다 보니까 이렇게 살면 재미가 없을 것 같더라고요. 과연 내가 하고 싶은 게 뭘까 생각해보다가 동기들과 이야기를 하게 됐는데, 다들 같은 마음이란 걸 알게 됐어요. 그래서 충무로에 동기 3명이서 가게를 차리자, 하고 사업을 시작하게 되었죠.

Q 대학가에서 음식점을 운영하는 것의 장단점은 무엇일까요?

장점이라면 유동인구가 어느 정도 보장되어 있다는 점이겠죠. 또, 바쁜 시간대와 그렇지 않은 시간대가 분명해서 스케줄을 짜기도 편해요. 단점은 대학생들의 지갑 사정을 최대한 고려해 가격을 산정해야 하는 애로사항이 있는 것 같아요. 바비큐치고 저렴하게 판매하는 이유도 대학가를 겨냥한 거예요.

Q 대표 메뉴는 어떤 것이 있나요?

'2인 플레터'랑 '라이스 플레터'요. 2인 플레터에는 저희가 사용하는 바비큐 소스가 거의 모두 들어가기 때문에 모든 맛을 보실 수 있어서 추천해드리고 싶어요. 라이스 플레터는 밥을 주식으로 여기시는 분들, 탄수화물과 단백질을 동시에 맛보고 싶으신 분들께 추천하고 싶어요.

Q 어떻게 바비큐라는 메뉴를 판매할 생각을 했나요?

바비큐가 원래 미국식 조리법인데, 저도 이태원에서 처음 먹어봤거든요. 먹어보니까 너무 매력적인 맛이어서 공부를 했어요. 혼자 연습도 해보고 유튜브나 외국 사이트 들락날락하면서 익혔죠. 아직까지 바비큐를 전문적으로 파는 곳이 서울에 많지 않은 편이기도 하고, 이 정도 맛이면 시작해도 되지 않나 하고 시작하게 됐어요.

Q 향후 목표가 따로 있으신가요?

5월에 충무로에 가게를 하나 더 오픈할 예정이에요. 사실 가게보다 저희가 그리는 가장 큰 그림은 '4일3일'이라는 프로젝트에요. 4일 근무하고 3일 쉴 수 있는 회사를 만들자는 뜻이에요. 요리도 서비스직이고, 휴식이 절대적으로 필요한 직종이거든요. 사람들이 즐겁게 일할 수 있는 근무 환경을 만들고 싶다는 궁극적인 목표예요.

Q 요리사를 꿈으로 생각하는 학생들에게 한 마디 해주신다면?

요리사라는 직업이 그 어느 때보다 멋지게 포장되어 미디어에 보이지만 이미 많은 셰프들이 말했듯이 성공하는 셰프는 정말 극히 일부이고, 그 일부는 엄청난 노력과 고생으로 그 자리에 오를 수 있는 거거든요. 돈을 많이 벌기 위해서가 아니라 정말 요리가 하고 싶고, 요리나 장사에 그치지 않는 여러 상황들을 고려해본 사람들이 시작한다면 좋겠어요.

약은 약사에게, 치아바타는 이곳에서
치아바타 몽스(Ciabatta Mong's)

🏠 서울시 중구 퇴계로36길 21
🕐 10:00~21:00
📱 02-2261-0225
🅿️ 주차 불가

🍴 새우 시금치 피자 4,500원, 후레쉬 모짜렐라 8,800원,
   햄치즈 파니니 5,200원, 살라미 샌드위치 5,200원,
   치아바타 3,000원, 오늘의 스프 3,500원
⭐ 치아바타는 파스타에 찍어 먹어도 맛있다.
   어떻게 먹어도 맛있다.

#치아바타맛집 #이탈리아본고장의맛 #치아바타신의빵

세상에서 가장 맛있게 치아바타를 구워드립니다
프랑스에 바게트가 있다면, 이탈리아엔 치아바타가 있다. 치아바타는 이태리어로 '낡은 신발', '슬리퍼'를 의미하는데 넓적하고 가운데가 푹 들어간 모양에서 유래했다고 한다. 치아바타 몽스에서는 직접 천연효소로 발효시켜 매일 치아바타를 굽는다.

이곳에서는 파스타, 포카치아 피자, 파니니 등 이탈리안 음식을 맛볼 수 있다. 포카치아 피자는 밑바닥이 바삭하지만 중간까지 부드럽고 촉촉하게 구워져 나온다. 고기와 치즈가 올라간 피자만 접해 본 사람들에게 추천하고 싶은 '새우 시금치 피자'는 새우 특유의 고소한 향과 싱싱한 샐러드의 맛이 일품이다. 깔끔한 플레이팅에 담백한 맛의 '후레쉬 모짜렐라'도 부담 없는 가격으로 즐길 수 있다. 하지만 단연 최고는 치아바타다. 큼직한 치아바타 한 조각을 3,000원에 팔고 있는데, 기본적으로 나오는 발사믹 소스와 오일에 찍어 먹을 수 있다. 그보다도 더 맛있게 먹는 방법은 바로 스프를 시켜 찍어먹는 것인데, 치아바타와 스프를 함께 묶어 팔고 있기도 하니 참고하자.

'식'을 알고 나를 알아야 백전백승
돈천동식당

🏠 서울시 중구 필동로 15-11

🕐 11:00~20:00 , 브레이크 타임 16:00~17:00

📱 02-2263-6556

🅿 주차 불가

🍴 김치나베돈가스(계란 추가 500원) · 가츠동 · 수제돈가스 6,500원

⭐ 김치나베돈가스에만 계란 추가가 가능한데, 완숙과 반숙을 결정할 수 있다.

#충무로일식맛집 #동국대가성비최고 #돈니꾸내꾸 #김치나베돈가스

얼큰한 김치찌개와 바삭한 돈가스의 만남 돈천동식당은 가족이 함께 운영하고 있는 일본식 맛집이다. 충무로를 찾은 사람들이 입을 모아 말하는 '가성비 최고 맛집'에 돈천동식당이 빠지면 섭하다. 돈천동식당은 김치나베돈가스가 유명한 일본식 맛집인데, 모든 메뉴가 부담스럽지 않은 가격인 6,500원이다.

김치나베돈가스는 김치찌개에 담근 돈가스라고 할 수 있다. '바삭한 돈가스가 국물에 젖어 눅눅해지면 맛이 없어지지 않을까' 하는 의심이 들 수 있지만, 찌개가 스며든 돈가스의 맛이 엄청나다. 돈가스의 두께도 너무 얇거나 두껍지 않아 적당한 편이다. 돈가스와 김치찌개를 따로 먹고 싶다면 주문 시 따로 달라고 말할 수 있으니 돈가스 따로, 김가루가 솔솔 뿌려져 나온 밥 한 술을 김치찌개에 적셔 따로 먹어도 좋다. 돈니꾸는 소이소스에 바질향이 묻어나는 돼지고기 덮밥인데, 산뜻하고 담백한 맛이 나 한 끼 식사로 부족하지 않다. 메뉴가 빠르게 나와 대기 시간이 짧기 때문에 만석이라고 좌절하지 않고 끈기 있게 기다린다면 기다림에 대한 충분한 보상을 받을 수 있다.

디자인 창조, 산업의 중심
동대문디자인플라자(DDP)

흔히 'DDP'라고 불리는 동대문디자인플라자는 특유의 건물 디자인 덕분에 더욱 유명해진 곳이다. 동
대문에 위치한 이곳은 건축가 자하 하디드가 설계한 건물로, 서로 다투지 않고 물이 흘러가듯 이어진
3차원의 비정형 건축물이다. DDP는 크게 알림터, 배움터, 살림터, 어울림광장, 동대문역사문화공원
으로 이루어져 있다. 알림터는 런칭쇼, 패션쇼, 시사회 등 다양한 행사가 열리는 공간으로 활용되고 있
으며 배움터는 디자인 및 패션 전문 전시관으로, 살림터는 마켓, 전시, 디자이너 프로모션 공간, 디자
이너 갤러리나 숍 등으로 활용되고 있다.

플리터 4기 박윤정, 진가윤, 이은영

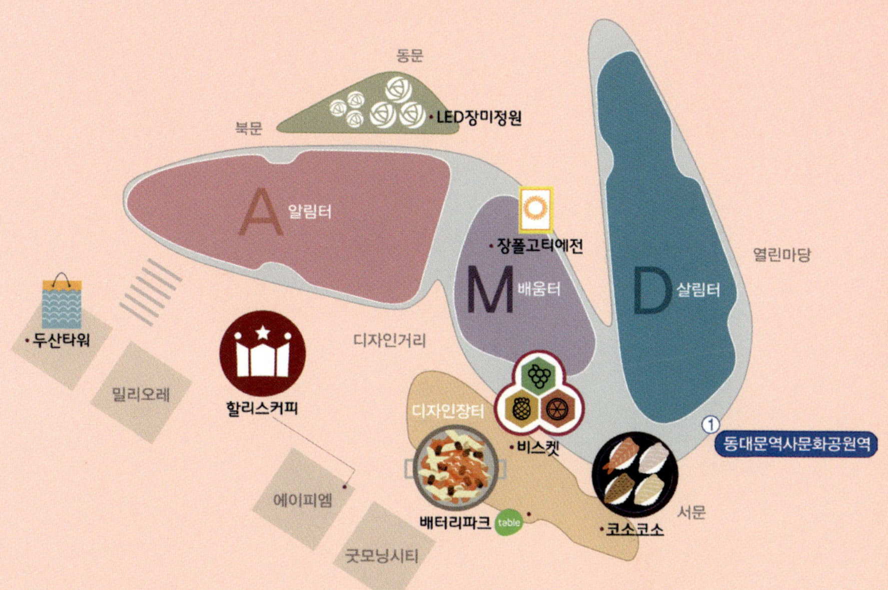

서울시 중구 을지로 281

10:00~21:00

02-2153-0000

주차 가능

www.ddp.or.kr

숫자 & 영어

060 버거앤비어 128
405 COFFEE 120
aA디자인 뮤지엄 121
BBQ마켓 231
CAFÉ Z 015
From SS 086
IF 이자벨 마랑 플래그십 스토어 018
K스타로드 & 강남돌HAUS 019

 ㄱ

가챠샵 145
개미마을 벽화 168
개성만두 궁 193
갤러리 타워 네이처포엠 018
걸 위드 벌룬 042
경리단 길거리 음식 컬렉션 061
그날그날 116
그레이스톤(Graystone) 091

 ㄴ

냅킨 플리즈(NAPKIN PLEASE) 035
노박주스(Novac Juice) 023
뉴욕비앤씨(뉴욕B&C) 150
뉴코아아울렛 강남점 054

 ㄷ

달 앤 스타일(DALL & STYLE) 053
달려라 개미 065
대림미술관 183
대포찜닭 151
더 리틀 파이(The Little Pie) 064
더 키쉬(The Quiche) 099
더 페어 스토리(The Fair Story) 097
독일주택 199
돈천동식당 235
동대문 디자인 플라자(DDP) 235
두 번째로 맛있는 집 175
득템마켓 112
딸부자네 불백 022

 ㄹ

라운드 어바웃(Round About) 079
레 필로소피(Les Philosophy) 092
레드 브릭(Red Brick) 034
르풀 206
리블랑제 049
리퀴드랩 096
릴리블랑 041
림벅와플 209

ㅁ

마루쿠식당 060
마미앤모미 048
마이페이브리트(My Favorite) 025
마제인 208
마켓 밤삼킨별 140
메르시네코 132
메리앤올리버(MARY&OLIVER) 164
명동 길거리 음식 215
명동성당 214
명동피자 216
모리도너츠 218
모모(MOMO) 080
몽마르뜨 공원 037
미나리 식당 108
미미네 떡볶이 108
미 카페토(Mi Cafeto) 017
민혁이네 외국포차 134
밀스(MEAL'S) 158
밀이그램(Mill2gram) 081

 ㅂ

바로그림 136
바바리아 073
박노수 생가 182
박물관은 살아 있다 192
반짝반짝 빛나는 194
밥+(밥 플러스) 186
뱅센느(Vincennes) 162
베로니카 이펙트 137
보다더카페 171
보스토크(VOSTOK) 163
봉쥬르 밥상 160
불독스(Bulldogs) 072

뽈랄라 수집관 144

 ㅅ

사과나무 195
사마리칸트 222
상수동블루스 136
소녀방앗간 098
소년식당 142
소소한 술집 144
소스 014
소쿠리 125
솔분식 170
수지앤파스타 119
수향 063
시들지 않는 정원 125
시소스시(SISOSUSI) 071
식탁의 목적 200
신림순대곱창막창 174
신촌 유플렉스(U-PLEX) 176

 ㅇ

아오이토리(AOITORI) 141
아하바브라카 207
양재 꽃시장 040
어반가든 210
어썸 그루브 044
언더스탠드에비뉴(Under Stand Avenue) 099
연대포 154
오뗄두스(Hôtel Douce) 036
오베이(5BEY) 062
옹느세자매 076
우콘카레 089
음악의 숲 226
이노메싸 043
인디앨리(IN D ALLEY) 161
인왕산 유아숲체험장 169
일렌토(il Lento) 127
임페리아 224

 ㅈ

자그마치 093
잘루스(Zaluus Mongolian Restaurant) 225
주오일식당 124

준에이치 아트주얼리(Jun.H) 165
지구촌 070

 ㅊ

치아바타 몽스(Ciabatta Mong's) 234

 ㅋ

카페 노르딕(Kafe Nordic) 076
카페 루프 135
카페 부부(CAFE BUBU) 126
카페코인 217
켈리(Kelly) 052
코노미 109
코스믹 맨션(Cosmic Mansion) 077
코엑스몰 028
코즈모 갤러리 037

 ㅌ

통인동 커피공방 184
트릭아이 미술관 111
틱택톡(Tic Tac Toc) 024

 ㅍ

파덜스도넛(Father's Doughnut) 172
파스타마켓 230
파크에비뉴 엔터식스 한양대점 102
팝 컨테이너(POP CONTAINER) 155
플라워 카페 티파니 043
피셔맨즈(Fisherman's) 072
핑거팁스(Fingertips) 087

 ㅎ

하나 152
하와이카레 188
하트 앤 애로우 100
학림다방 198
해야(バ-グ) 027
향수공방 050
홍대 개미 118
홍대 놀이터 예술시장 113
효자 베이커리 185

당신의 **작은 실천이** 세상을 **행복하게** 합니다.

OK캐쉬백으로 후원하세요!

이제, **OK캐쉬백 앱에서**에서 간편하게 후원할 수 있습니다.

OK캐쉬백 후원, 이렇게 쉽습니다!

1 OK캐쉬백 앱을 여세요.
(OK캐쉬백 앱은 Play 스토어, T 스토어, 앱 스토어에서 다운로드 받으실 수 있습니다.)

2 OK캐쉬백 앱 검색창에 '후원'을 검색하세요.

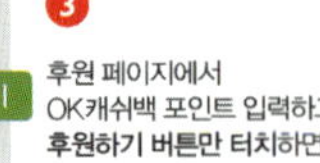

3 후원 페이지에서 OK캐쉬백 포인트 입력하고 **후원하기** 버튼만 터치하면 끝!

서울의 24개 구, 50개 골목에서 찾아낸
재기발랄 청춘들의
362개 핫 플레이스!

대학생 청춘들과 함께 소상공인을 위한 재능기부 프로젝트, 문화재를 조명하는 문화 테마지도 제작과 같은 다양한 활동을 해온 SK플래닛이 2016년 새롭게 향한 곳은 서울의 골목! <플래닛맵, 우리 골목에서 만나자>는 동네 주민들만이 아는 숨겨진 맛집과 골목 한 켠에 숨어있는 아기자기한 가게들까지 서울 시내 골목 구석구석을 조명한다. 젊은 감각으로 무장한 청춘들과 함께하는 SK플래닛의 따뜻한 행보, 그 속에 빛나는 서울을 만나보자!

 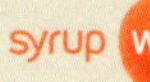     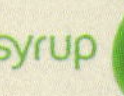 

우리, 골목에서 만나자

지은이 SK플래닛

02

당신만 몰랐던
서울의 골목

동대문구 | 송파구 | 성북구 | 강동구 | 동작구
관악구 | 광진구 | 강북구 | 도봉구 | 노원구 | 양천구
중랑구 | 은평구 | 구로구 | 금천구 | 영등포구

SK planet

\# 시대공감메신저
\# 플래닛맵

상상출판

우리, 골목에서 만나자

주머니는 가벼워도

느낌 있게 즐기는

서울 골목학 개론

우리, **골목**에서 만나자

초판 1쇄 | 2016년 10월 18일

글과 사진 | SK플래닛 대학생 체험 리포터 플리터 4기
강지현, 강하렴, 강혜지, 공정현, 곽민지, 권시아, 김나영, 김나운, 김다은, 김동언,
김민서, 김정연, 김지현, 김태경, 박윤정, 송지선, 양진호, 왕아란, 이건행, 이동현,
이병철, 이은영, 이종의, 이하영, 이현무, 임찬주, 장진화, 정준혜, 진가윤, 홍에스더, 황희덕
감수 | 조경희, 김기현, 이영진, 이진욱, 오세창, 이도연, 박영미, 이종민

발행인 겸 편집인 | 유철상
책임편집 | 장다솜
기획 | SK플래닛 마케팅본부
디자인 | 박미영
지도 및 로고 디자인 | SK플래닛 대학생 체험 리포터 플리터
교정 · 교열 | 장다솜
마케팅 | 조종삼, 조윤선
진행 | 이원탁, 김도희, 김종윤, 박하림, 노윤재

펴낸 곳 | 상상출판
주소 | 서울시 동대문구 정릉천동로 58, 103동 206호(용두동, 롯데캐슬피렌체)
구입 · 내용 문의 | 전화 02-963-9891, 070-8886-9892 팩스 02-963-9892
이메일 | cs@esangsang.co.kr
등록 | 2009년 9월 22일(제305-2010-02호)
찍은 곳 | 다라니

※ 가격은 뒤표지에 있습니다.

ISBN 979-11-86517-93-2(13980)

© 2016 SK플래닛

※ 이 책은 상상출판이 저작권자와의 계약에 따라 발행한 것이므로 본사의 서면 허락 없이는
어떠한 형태나 수단으로도 이용하지 못합니다.
※ 잘못된 책은 구입하신 곳에서 바꿔 드립니다.
※ 이 도서의 국립중앙도서관 출판예정도서목록(CIP)은 서지정보유통지원시스템 홈페이지(http://seoji.nl.go.kr)와
국가자료공동목록시스템(http://www.nl.go.kr/kolisnet)에서 이용하실 수 있습니다. (CIP 제어번호 : 2016023787)

www.esangsang.co.kr

서울의 24개 구, 50개 골목에서 찾아낸

재기발랄 청춘들의
362개 핫 플레이스!

CONTENTS

중랑천을 따라 자라난 서울 동부의 나이테
동대문구

나와 마주하는 시간 회기 홀로거리

와라비키친	012
JB파스타	012
제프리카벤디쉬런던	013
놀숲	014
오후 다섯시	015

맛의 거리, 젊음의 거리 외대앞거리

영화장	018
카빙당	019
언니네함바그	020
베러스위트	021
일층집	022
원더러스트	023
인터뷰 원더러스트	024

자연의 푸르름이 있는 곳 송파구

시민들의 휴식공간 석촌호수로

고양이랑	030
계봉박두 찹쌀누룽지통닭	031
멘야하나비	032
인터뷰 멘야하나비	033
엘리	034
Bin29 Lounge	035

**올림픽거리 is 뭔들! 나들이는 올림픽거리에서!
올림픽거리**

올림픽 공원	038
월리테마파크	039
살롱드쥬	040

인터뷰 살롱드쥬	041
카페 메종드한	042
인터뷰 카페 메종드한	043
롯데월드&롯데월드타워	044

아름다운, 그리고 아름다워진 사람을 만나다
성북구

청춘의 숨은 향기를 찾아서 하나로거리

비스트로 문화식당	050
인터뷰 비스트로 문화식당	051
레인드롭	052
놈파스타	053
카페 솔(SOL)	054
기막히계	055
북정마을	055

청춘, 그대로! 그대와 고대로 고대로

카페브레송	058
인터뷰 카페브레송	059
쿠이도라쿠	060
카페 드 나타(Café de nata)	061
매스플레이트	062
다람쥐길	063
고른햇살	063

그대와 함께 걷자 한리단길

파티스리 마담비(Patisserie madamB)	066
헝그리부처(Hungry Butcher)	067
성북동디너쑈	068
아티온(ARTION)	069
인터뷰 아티온(ARTION)	070
날아라코끼리	071
우주공간	071

따뜻한 풍경과 사람이 있는 곳 강동구

너와 나의 추억을 마주하는 길
강풀 만화 거리

강풀 만화 거리 · 076
추억이 흐르는 이발소 · 077
[인터뷰] 추억이 흐르는 이발소 · 078
등갈비 달인 · 079
쭈꾸쭈꾸 · 080
수상한 사진관 · 080
커피크림 · 081

광진교로 천호 한 바퀴 광진교로드

안녕 식당 · 084
[인터뷰] 안녕 식당 · 085
광진교&광나루 자전거 공원 · 086
벨로마노 · 087
[인터뷰] 벨로마노 · 088
더식당 · 089
b612 페이보리(b612favori) · 089

다양한 풍경과 역사가 담겨 있는 동작구

젊음이 팔딱팔딱 노량진 수산시장 거리

카페 이안 · 094
베트남 쌀국수 Miss420 · 095
노량진 수산물 도매시장 · 096
팔팔낙지 · 097
컵밥 거리 · 097
정동진 · 098
[인터뷰] 정동진 · 099

중앙대, 어디서 놀지? 핫 스폿 전격해부
중앙대거리

치폴레옹(CHIPOLEON) · 102
프랑세즈(Francaise) · 103
블랙덕 · 104
녹차먹은토스트 · 105

청춘의 시간이 흐르는 대학가 관악구

샤랑해, 나랑 샤귀자! 샤로수길

프랑스홍합집 · 110
더멜팅팟(The Melting Pot) · 111
릴루 · 112
키요이 · 113

기분도 꿀꿀한데, 순대에 소주 한 잔?
신림동 순대거리

마티스커피 · 116
[인터뷰] 마티스커피 · 117
신원시장 · 118
호남집 영미네 · 119
우탁규동 · 120
더콜로니 · 121

공부하는 학생들의 공식 1번가 녹두거리

덕봉식당 · 124
황해도빈대떡 · 125
남자가 쏘세지 굽는 집(남쏘집) · 126
카페 가치(Gachi) · 127
바바플(BaBaffle) · 127

너와 내가 그리는 거리 **광진구**

내 친구의 소울푸드는 무엇인가
건대 양꼬치거리

매운향솥   132
인터뷰 매운향솥   133
명봉 샤브샤브 양꼬치   134
샤츠인젤   134
매화반점   135

발걸음이 리듬이 되는 곳 **세종대 거리**

행복한 그릇   138
인터뷰 행복한 그릇   139
딸바의 유혹   140
인터뷰 딸바의 유혹   141
하루노히   142
옆   143
바나나 토크(BANANA TALK)   143
커먼그라운드   144

강 위의 푸른 곳 **강북구**

그때 그 열정과 지금 이 여유 **4.19 거리**

바람이 부네   150
인터뷰 바람이 부네   151
키에리   152
세컨밀(2nd meal)   153
인터뷰 세컨밀   154
더 팔로우(THE 8LOW)   155

평화로움, 자연의 고즈넉함과 문화의 다정함으로부터 **도봉구**

향수가 울려퍼지는 골목 **쌍문동 응팔골목**

정의여고 골목   160
호호분식   161
둘리뮤지엄   162
빌라 드 발자크(Villa de Balzac)   163
인터뷰 빌라 드 발자크   164
쌍문동 커피   165

자연과 함께 걷는 거리 **노원구**

철길 따라 낭만산책 **공릉동 경춘선 숲길**

토끼의 앞치마   170
리틀파스타   171
히게즈라   172
프라이팬고기   173
일상다반   174
인터뷰 일상다반   175

반전의 매력, 양천구 **양천구**

우리 함께 Refresh! **목동 예체능 거리**

목동 아이스링크   180
목동사격장   181
미쓰쭈   182
일미락   183

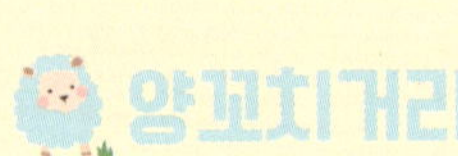

비쓰리펍 ... 184
비스트로 파니엔테 ... 185
`인터뷰` 비스트로 파니엔테 ... 186

자연은 중랑구를 사랑합니다 **중랑구**

도심 속 자연을 느끼다 이리와 용마로

소르르카페 ... 192
`인터뷰` 소르르카페 ... 193
카페트램 ... 194
파크더블유 ... 195
용마랜드 ... 196
박아저씨 과자점 ... 197
인생포차 ... 197

문화와 예술이 있는 곳, **은평구**

나만 알고 싶은 거리 역촌 아지트골목

텐비스트로 ... 202
`인터뷰` 텐비스트로 ... 203
우주미 ... 204
이상한 나라의 헌책방 ... 205
네스토 ... 206
커피맥아더 ... 207

서울의 핵심 산업단지로 우뚝 선 곳 **구로구**

기차대신 사람이 다니는 도심 속 철길 항동철길

퓨전다온 ... 212
다원국수 ... 213
`인터뷰` 다원국수 ... 214
항동철길 ... 215
카페 더(CAFE THE) ... 216
커피숍 클래식(Coffeeshop Classic) ... 217
신도림 디큐브시티 ... 218

우리나라 산업의 출발점, 금천구! **금천구**

기업들의 총 집합체, 그 속에 펼쳐진 음식·문화의 향연 가산동 디지털단지 거리

포차인닭갈비 ... 224
차이나 ... 224
퍼스트클래스(FIRST CLASS) ... 225
안양천 ... 226
더JK키친박스 ... 227

변화무쌍 서울 남부의 카멜레온 **영등포구**

투박해서 아름다운 것들 문래창작촌

권재우 C ... 232
칸칸엔인연 ... 233
치포리 ... 233
쉼표말랑 ... 234
카페 더 워리어 ... 235
로코안경공방 ... 235
영등포 타임스퀘어 ... 236

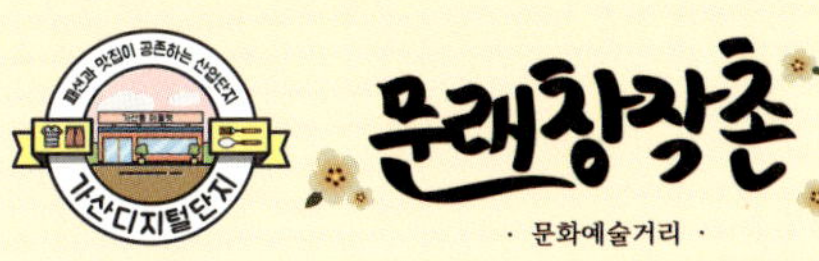

동대문구

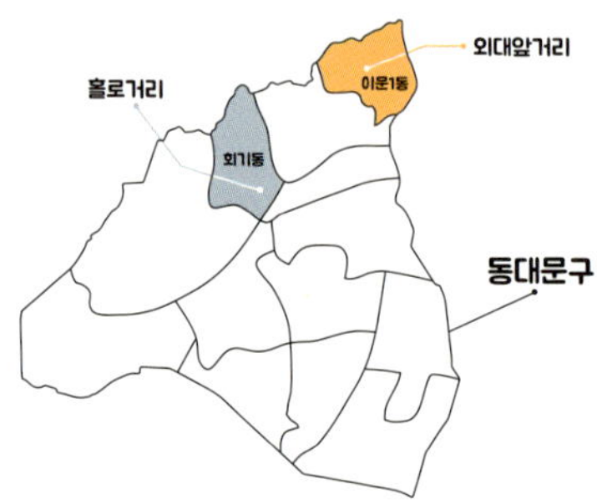

조선 시대 서울 도성 사대문 중 하나인 흥인지문 바깥에 위치한 곳이라는 의미로 '동대문구'라는 지명이 탄생하게 되었다. 조선말까지 동대문구는 평화롭고 한적한 농촌 마을과 다를 바 없었지만 개화기의 바람을 타고 빠르게 발전해갔다. 19세기 말, 근대 가로수가 흥인지문 외곽부터 청량리까지 세워졌고 최초의 전차가 청량리에 들어섰다.

동대문구는 시대의 흐름에 앞장서면서도 다른 한편으로는 우리 역사의 발자취와 인생의 흔적을 고스란히 간직하고 있는 곳이다. 명성황후의 영을 고이 모셨던 한국 최초의 수목원인 홍릉수목원과 세종대왕기념관을 비롯한, 수많은 문화유산이 동대문구에 살아 숨 쉰다. 한약재 전문시장인 서울 약령시와 경동시장, 청과물 시장도 굳건한 입지로 세월을 간직하고 있다.

시간이 흐르고 세월이 지나면 사라지거나 빛을 바라는 것들이 있기 마련이다. 그러나 동대문구는 고즈넉한 옛 세월의 풍취도, 매일 하루하루를 살아내는 사람들의 모습도 모두 간직하고 있다. 과거의 모습이 지워지지 않고 지금의 모습과 어우러져 한눈에 그 역사를 보여주는 서울 동부의 나이테. 잔잔하게 서울 부도심의 기능을 착실히 해내며 수많은 사람들의 퇴근길과 귀갓길의 종착지가 되어 고단한 하루의 마무리가 되어주고 있는 동대문구에서는 그만의 연륜이 묻어난다.

회기동 안녕 안전마을
DONGDAEMUN-GU

나와 마주하는 시간
회기 홀로거리

시끌벅적하게 붐비는 회기역과
경희대 부근을 벗어나자, 큰 소리는 잦아들고
평화로운 거리가 눈에 들어온다.
소음보다는 침묵이, 가득함보다는 여백이
더 잘 어울리는 이 거리에 들어서면
누군가와 함께 있기보다는 혼자이고 싶어진다.
이어폰 속 흐르는 노래만을 벗 삼아,
안녕마을 외곽부터 홍릉수목원을 지나서
거리의 끝까지 산책하다 보면
일렁이던 마음의 호수에 고요히
가라앉아 있던 나 자신과 마주하게 된다.

플리터 4기 강혜지, 송지선

경희대
JB파스타 table
홍릉수목원
놀숲 table
회기어린이집
와라비키친
회기동주민센터
제프리카밴디쉬런던
힐스테이트아파트
오후다섯시
홍릉근린공원
안녕회기마을
현대아파트

집밥이 맛있는 비밀
와라비키친

- 서울시 동대문구 회기로25길 4 1층
- 11:30~21:00(월요일 휴무), 브레이크 타임 14:30~17:00
- 070-7515-0710　ⓟ 주차 불가
- 카라아게 7,500원, 치킨남방 8,500원, 쇼가야키 8,500원, 사케동 9,500원, 연어샐러드 5,000원
- 밥과 장국은 무한리필이며 예약은 받지 않는다. 재료 소진 시 영업이 종료된다.

#일본가정식 #매실젤리 #오래걸려도괜찮아요

보기 좋은 밥이 먹기에도 좋다 일본 사마타 현에 위치한 조용한 마을의 이름을 딴 와라비키친은 지난 12월에 문을 열어 회기동에 자리 잡은 지 반 년도 되지 않은 곳이지만, 회기동의 대표 맛집이라 할 수 있다. 가정식답게 메인메뉴뿐만 아니라 반찬에도 상당한 정성을 쏟는다. 부드럽게 튀겨 소스에 절인 양파와 먹는 두부튀김부터 견과류 드레싱에 곁들여 먹는 샐러드까지, 어느 것 하나 아쉽지가 않다. 하지만 그중 단연 최고는 후식용으로 제공되는 매실 젤리다. 상큼하고 청량한 맛으로 입가심을 담당하는 그 맛이 가게를 나서도 생각난다. 정갈하고 담백한 맛의 여운이 강점인 와라비키친은 단연 회기역 최고의 맛집이다.

우리 오늘 가볍게 파스타 한입?
JB파스타

- 서울시 동대문구 회기로25길 18
- 11:30~22:00(월요일 휴무), 브레이크 타임 14:30~16:30
- 02-965-2822　ⓟ 주차 불가
- 뽀모도로 10,000원, 봉골레(모시조개) 10,000원, 카르보나라 10,000원, 감베로니 로제 11,000원
- 식후 디저트로 메밀차와 커피가 나온다

#회기역파스타 #파스타는과하다는편견을버려

회기역 골목에 숨은 진정한 파스타 맛집 사장님 이름의 이니셜을 딴 JB파스타는 뽀모도로와 봉골레, 카르보나라 등의 면 요리를 주메뉴로 내놓는 회기동 대표 맛집이다. 예쁘게 깐 조개가 올라간 봉골레나 무순이 앙증맞게 앉아 있는 크림파스타의 플레이팅은 맛보기도 전에 눈이 먼저 호강하는 메뉴다. 짭짤한 간이 잘 배어 있는 조개와 마늘향, 오일이 조화를 이루는 봉골레는 마지막 한 숟갈이 아쉬울 정도다. 매월마다 '이달의 파스타'로 여러 파스타들을 새롭게 선보이곤 하는데 색다른 파스타에 도전해보고 싶다면 이를 주문하는 것도 좋을 것 같다. 가격에 비해 음식의 양도 많고 맛도 좋아 가성비도 좋다.

커피향을 머금은 화원
제프리카벤디쉬런던

🏠 서울시 동대문구 회기로 111
🕐 10:00~23:00(연중무휴)
📱 02-3295-1110
🅿 7대까지 가능

🍴 아메리카노 4,500원, 카페라테 5,000원,
구름라떼 6,900원, 썸라떼 8,500원
⭐ 모든 음료에 구름, 즉 솜사탕을 추가할 수 있다.
가격은 1,500원으로 싼 편은 아니지만 제값을 하는
비주얼을 선사한다.

#플라워카페 #꽃도보고커피도마시고 #어떤게꽃인지모르겠네

꽃과 커피, 두 마리 토끼를 잡은 카페 회기 안녕마을의 입구를 기준으로 세종대왕기념관 삼거리 방면을 향해 걷다 보면 제프리카벤디쉬런던이 보인다. 제프리카벤디쉬런던은 플라워 카페로 꽃과 음료를 함께 팔고 있다. 플라워 카페인만큼 계절에 맞는 제철 꽃이 카페에 전시되어 있어 눈이 즐겁다. 요란법석하지 않게 흘러나오는 재즈풍의 노래가 꽃, 그리고 커피향과 어우러져 잔잔하고 고요한 카페의 분위기를 만들어낸다. 생화로 가득한 매장의 분위기도 아름답지만 제프리카벤디쉬런던만의 특색 있고 예쁜 비주얼 메뉴가 눈에 띈다. 생과일을 예쁘게 갈아 그 위에 생크림과 아이스크림을 넣어 완성한 '썸라테'와 라테 위에 몽글몽글한 솜사탕을 얹은 '구름라테'까지. 이곳에서는 눈코입이 모두 즐거워진다. 하늘이 보이는 테라스에 앉아 커피를 마시며 꽃을 보고 있노라면 이보다 더 좋은 시간이 있을까 싶게 행복하다.

그 많던 만화방은 다 어디로 갔을까
놀숲

🏠 서울시 동대문구 회기로13길 6 지층
🕐 평일 11:00~02:00, 주말·공휴일 10:00~02:00
📱 070-7719-0309
🅿 주차 불가

🍴 1시간 2,400원, 2시간 + 음료 6,500원,
　3시간 + 음료 8,000원, 5시간 + 음료 10,000원
⭐ 주말과 비교하면 평일 오후가 확실히 한가하다.
　평일을 노려보자.

#회기만화카페 #경희대만화카페 #연간회원가입은없나요사장님

만화부터 커피까지, 없는 게 없는 놀이터 놀숲은 만화카페지만 만화책뿐만 아니라 소설이나 에세이 등 수필도 보유하고 있다. 굳이 만화를 보지 않더라도 조용한 내부 덕분에 과제나 공부 등 일을 하러 가기에도 좋다. 놀숲에서 오랜 시간을 보낼 계획인 사람들에게 가장 반가운 이야기는 놀숲에서 끼니도 해결할 수 있다는 점이다. 라면부터 떡볶이, 그리고 볶음밥까지 다양한 메뉴를 팔고 있어서 밥도 먹고, 음료도 마시고, 책도 읽을 수 있어 한 곳에서 모든 것을 해결하고 싶은 대학생들에게 추천한다. 시간제에 포함된 음료는 기본으로 아메리카노와 아이스티지만 차액만 지불하면 다른 음료로 교환이 가능하다. 최근 다양한 매체에 소개되면서 매장도 늘어나고 있고 분위기도 깔끔해 찾는 사람이 많으니 친구와 또는 혼자 방문해보는 것을 권한다.

햇살 가득, 독립 서점
오후 다섯시

🏠 서울시 동대문구 회기로26길 14, 3층
🕐 화~금 14:00~20:00(영업 시간 변동 시 사전 공지)
📱 070-7565-5216
🅿 주차 불가

🍴 둘보다는 혼자, 시간적인 여유가 있을 때
　찬찬히 둘러보는 것이 좋다.
@ 5pmbooks.com
blog.naver.com/5pmbooks

#나홀로독립출판 #독립출판서점 #친국집같은책방 #서점과는다른매력

친구네 집, 독립출판서점 경희대학교 근처에 자리 잡은, 이 작은 독립 출판 서점은 회기동 뒷골목의 외진 건물 3층에 자리 잡고 있다. 큰 간판도 없기 때문에 자칫하면 헤맬 수도 있다. 건물 3층으로 올라가서 문을 열고 들어가면 책방 주인이 '신발 벗고 편하게 들어와서 둘러보세요.'라는 말과 함께 우리를 반겨준다. 오랜 친구의 스튜디오 한쪽을 빌려서 2015년 3월에 오픈을 해 올해 1년밖에 되지 않은 따끈따끈한 책방이다.

친구 집을 방문한 것 같은 느낌을 주고 싶다는 책방 주인의 말처럼 책방의 인테리어는 친구 집처럼 포근하고 아담하다. 책의 수량은 많지 않지만 종류는 다양하다. 소설부터 잡지까지 책방 주인의 취향대로 책들이 진열되어 있다. 독립 출판물이여서 그런지 개성도 가득하고 재미난 책들이 많아 눈이 즐겁다. 벽면에는 예쁜 사진들이 전시되어 있으니 전시된 사진을 보는 재미도 있다. 사람이 많지 않아 소란스럽지도 않고, 잔잔한 음악이 나오니 온전히 나만 있는 것 같은 느낌도 든다. 여유로운 일상을 즐기고 싶을 때, 혼자 찾아가보는 것도 좋을 것 같다.

외대앞거리

학식이 맛있는 대학을 꼽으라면
한국외대는 단연 부동의 1위로 꼽히곤 한다.
학생들의 열렬한 지지를 받고 있는
학식에 대항할 메뉴로 한국외대 앞에서
살아남기란 여간 어려운 일이 아니다.
그럼에도 불구하고 대학가 맛집은 언제나 있기 마련.
웬만한 고급 음식에 뒤지지 않는
학식을 마다하고 교문을 박차고 나가게 하는
그 맛은 어디에 숨어 있을까.
어쩌면 그 맛은 생각보다 멀지않은 곳에 있을 수 있다.

플리터 4기 강혜지, 송지선

잎층집
한국외국어대학교
영화장
베러스위트
카빙당
무르무르 드 마르젬
외대앞역 지하철
원더러스트
언니네 함바그
외대앞역
1
5
6

짬뽕, 너 좀 낯설다?
영화장

🏠 서울시 동대문구 휘경로 3-8
🕐 11:00~22:00(명절 연휴 휴무)
📱 02-967-9595
🅿 주차 불가

🍴 고추삼선짬뽕 9,500원, 굴짬뽕 8,000원,
고추삼선간짜장 8,000원
⭐ 매운 걸 좋아하면 고추삼선짬뽕, 그렇지 않다면
굴짬뽕을 추천한다

#짬뽕맛집 #짜증날땐짬뽕 #복잡할땐볶음밥 #굴짬뽕도추천

기본에 충실한 한국외대 중국요리 맛집 영화장은 화교 출신 주방장의 40년 내공이 빛나는 중국집이다. 점심시간에는 외대생뿐만 아니라 근처 주민과 직장인까지 한데 모여 빈 좌석이 없을 가능성이 크다. 매장은 총 2층으로 이루어져 있고, 단체석 예약이 가능하다.

짬뽕 맛집으로 유명한 영화장의 대표 메뉴는 두 말할 것 없이 짬뽕이다. 짬뽕을 먹을 때면 보통 국물에 기름기가 많이 돌아 국물이 부담스럽거나 신선하지 않은 해물에 아쉬움이 남기 마련인데, 영화장의 짬뽕은 둘 중 어느 면으로도 실패하는 법이 없다. 이곳의 시그니처 메뉴는 뽀얗게 내린 흰 국물에 굴이 푸짐하게 들어가 있는 '굴짬뽕'이다. 하얗지만 진한 짬뽕 국물이 자극적이지 않게 얼큰하면서도 시원하고, 아낌없이 들어간 굴 특유의 향긋한 향이 짬뽕의 끝 맛을 잡아준다. 매운 음식에는 취약하지만 얼큰한 '맛'을 아는 사람들, 그리고 중국음식은 '요리'라기보다 빠르고 간편히 즐기는 배달음식이라고 생각하는 사람들이 영화장을 찾는다면, 그 날이 바로 '인생 짬뽕'을 찾게 되는 날이 아닐까.

골목 맛집의 특권
카빙당

🏠 서울시 동대문구 이문로25길 31
🕐 11:00~22:00
📱 031-557-1322
🅿 주차 불가

🍴 돈가스카레 6,000원, 일본카레 5,000원,
　 가츠동 6,000원, 함박 스테이크 7,000원
⭐ 웨이팅이 늘 있는 곳이니 점심시간에 방문하려면
　 서두르는 것이 좋다. 예약은 불가하다.

#외대의숨은맛집 #카페를빙자한식당 #평범함을빙자한맛집

외대 앞 숨겨진 일본식 맛집 카빙당에서는 주문과 동시에 조리가 시작되는, 정성이 가득 담긴 일본 가정식을 맛볼 수가 있다. 인테리어 못지않게 아기자기한 접시와 소박한 밑반찬들이 하나의 트레이에 나온다. 특별한 밑반찬은 아니지만 음식과 함께 나오는 샐러드에 알록달록한 시리얼 몇 조각이 곁들여져 나와, 앙증맞은 모양새와 달달한 맛이 애교처럼 느껴진다.

카빙당의 주력 메뉴는 돈가스 카레와 규동이다. 카레의 맛은 일본식 카레에 가까운데, 바삭바삭한 식감의 돈가스를 찍어 먹을 때 제일 맛있다. 규동에는 식감과 풍미를 더 해주는 초생강과 파가 고기 위에 올라앉아 맛을 더해준다.

'카페를 빙자한 식당'이라는 작명 센스에서부터 소소한 미소가 번진다. 사장님 부부 내외가 한 달여의 시간을 들여 꾸민 아기자기한 인테리어부터 눈과 마음을 편안하게 만들어주는 색감의 소품, 그리고 소박하고 부드러운 카빙당의 요리가 기승전결을 이룬다.

작은 함바그가 맵다
언니네함바그

🏠 서울시 동대문구 휘경로 6-8
🕐 10:00~20:30(일요일 휴무)
📱 010-9493-6832
🅿 주차 불가

🍴 언니네함바그 M 6,500원, 치즈함바그 M 7,000원,
　매콤함바그 M 6,800원
⭐ 가게가 매우 협소해 두 명이서 가는 것을 추천한다
@ www.instagram.com/unninehambageu

#외대맛집 #저렴함함박스테이크맛집 #맛은저렴하지않음 #언니네함바그

함박스테이크를 가장 맛있게 즐기는 법 언니네 함바그는 가게 내부에서 식사를 하고 있는 손님 보다 웨이팅 중인 손님이 더 많은 곳이다. 언니네 함바그가 상당히 협소한 가게라는 점과 그럼에 도 불구하고 엄청난 인기를 끌고 있는 맛집이라 는 것을 방증하기라도 하듯 말이다. 높은 퀄리티 의 함박스테이크를 6,000원대에 맛볼 수 있다 는 점이 대학가에 입지한 언니네함바그의 매력 포인트이기도 하지만, 비싼 가격에라도 기꺼이 먹고 싶은 맛이 바로 언니네함바그 인기의 비결 이라 생각된다.

언니네함바그의 소스는 기본적으로 토마토와 치 즈의 조합으로 이루어져 있다. 들깨소스를 뿌린 양상추 샐러드를 먹고 나면, 납작한 솥처럼 생긴 그릇에 담긴 함박스테이크를 만나볼 수 있다. 모 든 메뉴엔 터뜨리고 싶은 비주얼의 반숙 계란과 바삭한 감자튀김채, 그리고 아삭아삭한 식감의 숙주가 곁들여져 나온다. 함박스테이크의 식감 을 숙주가 보완해주고, 그릇을 따라 넓게 두른 푸 짐한 양의 소스가 스테이크를 퍽퍽하지 않게 만 들어 준다. 매콤한 소스를 원한다면 '매콤함바그' 를, 좀 더 진한 소스를 원한다면 '치즈함바그'를 추천한다.

정문 앞 카페의 반란
베러스위트

🏠 서울시 동대문구 이문로 108 2층
🕐 10:00~23:00
📱 070-5056-4601
🅿 주차 불가

🍴 카페오레 5,000원, 유자아메리카노 4,500원,
　크로크무슈 브런치 8,900원
⭐ 주말에는 브런치 세트를 팔지 않으니
　헛걸음하는 일이 없도록 유의하자
@ cafebettersweet.modoo.at

#외대브런치맛집 #세계음료카페 #카페오레 #유자아메리카노

한국외대 앞에서 만나는 특색 있는 세계 각국의 음료 베러스위트에서는 세계 각국을 대표하는 이색적인 음료를 만나볼 수 있다. 프랑스 대표 음료인 카페오레에는 시나몬 스틱을 푹 담가 짙은 향을 내고, 일본 대표 음료인 유자아메리카노는 유자향이 가득한 청량한 아메리카노이다. 그 외에도 연유가 들어간 라테인 월남라테와 꿀, 우유, 연유에 커피를 넣은 '카페 허니 콘 레체'가 각각 베트남과 스페인 대표 음료로 큰 인기를 끌고 있다.

이곳의 브런치로는 기본적으로 베이글, 크로크무슈 등이 있지만 추천 메뉴는 단연 '키슈'다. 키슈는 프랑스 북동쪽 지방에서 유래한 프랑스식 파이이다. 주재료인 베이컨 또는 연어와 부드러운 달걀로 가운데에 필링을 채워 구워, 내부는 촉촉하고 부드럽지만 가장자리는 페이스트리처럼 바삭한 식감을 자랑한다.

머리부터 발끝까지, 이름부터 맛까지
일층집

🏠 서울시 동대문구 천장산로 40 남경빌딩

🕐 10:00~22:00

📱 02-959-5309

🅿️ 주차 불가

🍴 小(2~3인) 13,000원, 中(3~4인) 18,000원,
모듬사리 7,000원

⭐ 밥이 별도로 1,000원이지만 무한으로 리필된다.

#외대부대찌개맛집 #담백한부대찌개 #깔끔한한식맛집

무겁지 않은 국물의 부대찌개 일층집은 한식을 좋아하는 사람이라면 누구나 좋아할 만한 부대찌개 맛집이다. 점심시간에 방문하면 줄을 서서 먹어야 할 만큼 외대생뿐만 아니라 이문동 주민들의 사랑을 독차지하고 있다.

부대찌개의 내용물 중 어느 하나라도 빠지게 되면 아쉬운데, 가지런하게 쌓아 올려진 베이크드 빈, 떡, 두부, 대파, 소고기, 햄 등이 이루는 깔끔한 플레이팅부터가 무척 만족스럽다. '지금쯤 먹어도 될까'하며 휘적거릴 틈 없이 직원이 타이머로 2번씩 시간을 재 육수를 부어주고, 찌개를 끓여주기 때문에 언제나 변함없는 맛을 보장한다. 부대찌개가 대개 시간이 지나면 국물이 걸쭉해지면서 짜지기 쉬운데 일층집의 국물은 부담스럽지 않게 우러나면서 담백한 맛을 내는 의정부식 부대찌개에 가깝다. 부대찌개의 생명이라고도 불리는 햄의 양도 푸짐하고 갈아 넣은 소고기가 찌개의 향을 돋우면서 최고의 맛을 낸다. 부대찌개 한 숟갈에 밥 한 숟갈을 푹 담가 먹다 보면 어느새 바닥까지 싹싹 긁어 사라진 밥그릇을 보게 될지도 모른다.

나만 알고 싶은, 당신과 오고 싶은
원더러스트

🏠 서울시 동대문구 휘경로7길 7
🕐 11:00~02:00
📱 010-9318-8531
🅿 주차 불가

🍴 크루아상 카프레제 7,000원, 시카고 하우스 6,000원,
　마더자몽 4,500원, 기네스 8,000원
⭐ 사장님이 굉장한 오픈마인드의 소유자이니
　새로운 친구가 필요할 때 참고하시길.
@ www.facebook.com/WANDERLUST.hufs

#분위기좋은카페 #외대맛집 #가성비좋은브런치 #탈외대카페

독보적 분위기를 자랑하는 카페 오래된 상가와 주택 사이에서 눈길을 사로잡는 카페, 원더러스트. 갑작스러운 실직 후의 다양한 이야기를 다룬 영화 〈원더러스트〉가 개봉한 후 새로 생겼다는 단어 'wanderlust'는 한 곳에 정착하기보다 이리저리 떠돌고 싶어 하는 '방랑벽'을 의미한다. 원더러스트는 생긴 지 오래되지 않은 카페이지만 낮엔 외대생들과 외국인들로 가게가 붐빈다. 다소 다운된 톤의 인테리어가 차분하고 따뜻한 분위기를 풍기는데 이런 분위기의 매력은 밤에 배로 발휘된다. 밤이 되면 가게 앞 공사 현장에 쳐진 바리케이드에 프로젝터로 영화를 틀어 이국적인 분위기가 감돈다.

이곳의 브런치는 6,000원대로 저렴한 편이지만 가격 대비 맛이 상당히 고급스럽다. 재료가 소진되지 않는 한, 시간대의 구애 없이 판매하고 있다는 브런치가 이곳의 시그니처 메뉴다. 카페 겸 펍인 만큼 다양한 세계맥주와 기본적인 칵테일도 있기 때문에 낮에는 과제하며 커피 한 잔, 밤에는 친구들과 브런치에 맥주 한 잔을 즐기러 많은 대학생들이 찾고 있다.

원더러스트를 운영 중인 신종언 씨는 외대 말레인도네시어과를 졸업해 한국외대 앞에 카페를 차렸다. 자신의 모교인 외대 앞에서 '탈외대' 카페를 목표로 삼고, 손님을 고객이 아닌 '후배'로 대하며 그들과 함께 투닥투닥 지내는 이유가 궁금해졌다.

Q 어떻게 카페를 시작하게 되셨나요?

학교를 졸업하고는 원래 롯데백화점 마케팅팀에서 일했었어요. 일 자체가 재미없는 건 아니었지만 직장 생활이라는 게 으레 그렇듯이 점점 지루해지더라고요. 입사 후에 끝없이 경쟁하는 모습을 보면서 '내가 원하던 모습이 맞는 걸까?', '이렇게 계속 살아도 나 스스로에게 괜찮은 건가?'라는 의문도 들었고요. 그러던 중 〈아메리칸 셰프〉라는 영화를 보게 되었어요. 영화 속 주인공들이 저마다 하고 싶은 일에 도전하면서 치열하지만 행복하게, 자신이 원하는 삶을 살아가는 모습에 자극을 받게 되었죠. 그래서 직장을 때려치우고 모아둔 돈으로 이곳, 원더러스트를 차렸습니다.

Q 영업 철학이 있다면 어떤 것이 있을까요?

대단한 경영인은 못 돼서 특별한 영업 철학은 없지만 하나의 신조가 있어요. 인건비를 최소화해서 후배들에게 돌아가는 편익을 극대화하자는 거예요. 싸게 팔아도 좋고 많이 남지 않아도 괜찮다고 생각해요. 그리고 외대 근처 상권이 대부분 후미진 탓에 분위기 좋은, 타대생 친구들을 데려와 소개해줄 만한 맛집이나 카페가 없는 것이 사실이거든요. 원더러스트가 외대 골목을 좀 더 운치 있게 밝힐 수 있었으면 좋겠고. 한 마디로 그냥 '외대생들을 위한 가게'가 되었으면 좋겠어요.

Q 원더러스트의 대표 메뉴는 무엇인가요?

손님들이 커피보다도 많이 찾는 게 브런치 메뉴 3종이에요. 제가 생각해도 가격 면에서 브런치치고는 굉장히 저렴한데도 퀄리티가 높아서 그런 것 같아요. 제가 매일 아침 장을 보러 가서 신선한 재료를 준비하고, 소진되지 않은 재료는 다음 날 처분해버리기 때문에 브런치의 생명인 '신선함'을 보장해드릴 수 있는 것 같아요.

Q 원더러스트의 인테리어는 직접 하신 건가요?

제가 직접 다했어요. 의자 빼고는 제가 전부 만들었다고 봐도 돼요. 원래 손으로 뭘 만드는 걸 좋아했어요. 직장을 그만두고 돈도 모으고 경험도 쌓을 겸 하루에 16시간 동안 알바를 한 적이 있어요. 카페 알바를 하면서 보고 배우는 게 있다 보니 레시피나 인테리어를 많이 고민하게 됐던 것 같아요. 밤에는 인테리어 공부를 했어요. 나무는 어디서, 어떻게, 얼마나 구하는 게 좋은지도 수소문해보고, 조명 같은 건 제가 5만 원 주고 만들었죠. 시공 맡겼으면 아마 20만 원 정도 나왔을까요. 철거부터 작은 부분까지 스스로 해서 그런지 오히려 전문가가 직접 시공한 인테리어보다 빈티지한 느낌으로 이태원 같은 분위기가 나는 것 같기도 해요.

Q 향후 목표가 있으신가요?

제 계획대로라면 지금쯤 시립대 쪽에 2호점이 있어야 하지만 그 계획을 아직 이루지는 못했어요. 시립대 부근도 외대와 비슷하게 상권이 많이 죽었고, 예쁘다거나 분위기가 좋다거나 할 만한 카페가 없거든요. '원더러스트'와는 조금 다르더라도 그쪽 상권 분위기에 맞는 카페로 새로 차리고 싶은 계획이 있죠.

자연의 푸르름이 있는 곳
송파구

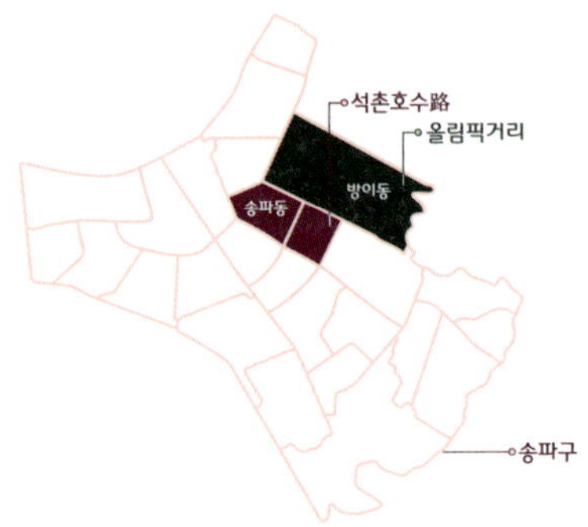

송파는 언덕 위에 소나무가 푸르게 우거진, 산 좋고 물 맑은 강변 마을이라는 뜻이다. 지리적 역사를 살펴보면, 원래는 경기 광주군 중대면에 속했는데 1963년 서울의 행정구역 확장에 따라 성동구에 편입된 곳이다. 그러나 1975년에 성동구에서 강남구로 분리되었으며 1979년에는 강남구에서 분리된 강동구에 속하게 되었다. 1988년에는 지방자치제의 시행과 함께 강동구에서 분리되어 송파구가 신설되어 오늘에 이르게 되었다.

송파에는 자연을 느낄 만한 곳이 많다. 석촌호수, 잠실나루공원, 올림픽공원, 풍납토성 등 곳곳에 산 좋고 물 맑은 강변 마을이라는 것을 증명할 수 있는 스폿들로 가득하다. 이뿐만 아니라, 1985년에 개장한 한국 최대의 가락동 농수산물도매시장을 포함하여 롯데월드몰과 같은 대형백화점, 신천동 수협 수산물백화점 등 대단위의 종합유통시설들이 들어서 서울의 상업 및 유통의 중심지 역할을 하고 있다. 또한, 1986년 아시아 경기대회와 1988년 올림픽 경기대회의 개최지로서 서울종합운동장과 올림픽공원과 같은 국제 규모의 경기장이 밀집된 곳이기도 하다.

LOTTE WORLD
WHERE'S WALLY?

석촌호수로

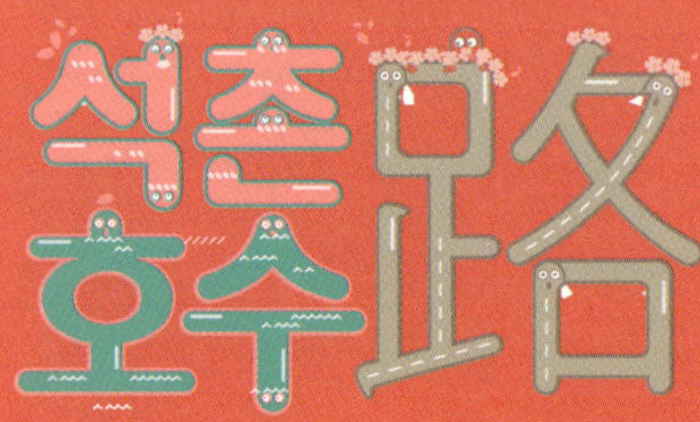

1970년대에는 볼품없던 호수였으나,
1982년 호수 주변에 녹지를 조성하고
산책로와 쉼터 등을 설치하여
공원(송파나루공원)으로 만들면서부터
시민들의 휴식공간이 되었다.
한동안은 수질악화와 악취로 외면받기도 했다.
그러나 2001년부터 송파구가 석촌호수를
명소화 사업대상지로 선정하여 대대적인
정비사업을 벌인 후부터 수질이 많이 개선되었고,
이곳을 찾는 사람도 점점 늘어갔다.
2.5km의 호안 중 1.88km의
콘크리트 호안시설을 철거하고
대신 수생식물을 심어 생태호안으로 바꾸었고,
한강물 순환체계를 구축하면서 생태를 복원하였다.

플리터 4기 박윤정, 이은영, 진가윤

2호선 잠실역
①
②
8호선 잠실역
⑪
롯데월드 & 롯데월드몰
석촌호수
엘리
고양이랑
멘야하나비 table
BIN29 LOUNGE
계봉박두
찹쌀누룽지통닭 table
8호선 석촌역
①
②

고양이랑, 너랑 나랑
고양이랑

🏠 서울 송파구 백제고분로41길 39
🕐 월~금 12:00~22:00, 주말 11:00~23:00
📱 02-2202-8199
🅿 주차 가능
🍴 이용시간 평일 3시간, 주말/공휴일 2시간

⭐ 13세 이하 어린이와 외부 고양이는 출입이 제한되며 평일에는 3시간, 주말 및 공휴일에는 2시간을 기본으로 이용할 수 있다.
@ thecatcafe.alldaycafe.kr

#고양이카페 #석촌호수고양이카페 #집사들이여이곳으로 #석촌호수힐링

고양이랑, 너랑 나랑 '고양이랑'은 석촌호수 근처에 위치한 고양이 카페이다. 고양이를 이용해 카페를 운영한다는 느낌보다는 고양이를 위한 공간을 먼저 만들고, 그 이후에 고양이를 보러 온 손님을 받는다는 느낌이 든다. 말하자면 가족 같은 느낌이랄까. 입장료는 없고 1인1음료로 무조건 음료를 시키면 되는데, 음료 가격에 입장료가 포함되어 음료 가격이 조금 비싼 편이다.

이곳에서는 37마리의 고양이가 있다. 실내는 테이블이 아닌 방석과 낮은 테이블로 고양이들에게 더 친근하게 다가갈 수 있다. 특수 제작된 투명 캣워크 아래에서 고양이 발바닥도 볼 수 있다. 가게 내부 분위기는 아늑하고 따뜻하기 때문에 하나의 힐링 공간 같은 느낌이 난다. 상업적인 느낌보다는 정말 고양이를 사랑하는 주인이 운영하는 가족 같은 느낌의 고양이 카페이다. 이곳의 고양이들은 다가가 손으로 만져도 일반 고양이들처럼 피하거나 싫어하지 않고 사람들의 손길을 좋아하고, 큰 눈망울로 쳐다봐주기도 한다. 평소 고양이를 좋아하는 사람들에게는 이곳이 아마 지상낙원일 것이다.

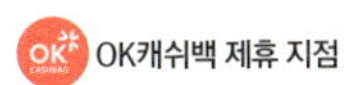
OK캐쉬백 제휴 지점

계봉박두, 새로운 치느님!
계봉박두 찹쌀누룽지통닭

🏠 서울시 송파구 백제고분로41길 17 부림빌딩 1층
🕐 15:00~02:00
📱 02-2244-5900

Ⓟ 주차 가능
🍴 찹쌀누룽지통닭(16,000원), 누룽지 콘치즈(20,000원)

#찹쌀누룽지통닭 #누룽지불닭 #누룽지콘치즈 #누룽지데리야끼통닭

계봉박두! 이색적인 통닭! '계봉박두 찹쌀누룽지통닭'은 신천역 4번 출구에서 내려 조금 걸으면 나온다. 한국인의 공통 사랑은 뭐니 뭐니 해도 치느님이다. 그런데, 독특하고, 새로운 치킨 요리를 맛볼 기회가 여기 있다. 송파구에 위치한 계봉박두에서 찹쌀누룽지통닭을 먹어보자.

수북한 콘치즈와 단호박, 계란, 그리고 메인 요리인 닭. 닭 요리 밑에 깔려 있는 누룽지까지. 이 모든 것들이 조화를 이루어 이제껏 맛보지 못한 치킨 맛이 난다.

이곳의 대표 메뉴는 찹쌀누룽지통닭인데, 통닭 밑에 누룽지가 깔려 있어서 붙여진 이름이다. 일단 누룽지를 밑에 깔고 닭의 살을 발라 올려 준 후 콘치즈와 김치를 얹어 한입에 쏙 넣으면 정말이지 입에서 사르르 녹는다. 누룽지의 바삭함은 식감을 더해주고, 기름기 쏙 빠진 통닭은 고소하고 담백한 맛을 살려 준다. 여기에 맥주 한 잔을 더하면 세상만사 갖은 고민과 힘든 일들이 묵은 때 벗겨지듯 다 날아가 버리는 기분이다. 색다른 치킨을 맛보고 싶은 사람은 꼭 이곳에 들러 찹쌀누룽지통닭은 맛보는 것을 추천한다.

일본 나고야에서 건너온 소바
멘야하나비

🏠 서울시 송파구 백제고분로45길 38
🕐 월~금 11:30~21:00, 브레이크 타임 14:00~18:00
　　주말 11:00~21:00(월요일·셋째 주 화요일 휴무)
📱 070-8959-1108

🅿 주차 가능
🍴 나고야 마제소바 9,000원,
　　도니꾸 나고야마제소바 12,000원

#일본비빔소바 #일본라멘 #마제소바 #일본식비빔면

일본에서 건너온 소바 멘야하나비는 잠실역 10번 출구에서 내려서 석촌호수 방향으로 10분쯤 걸어가면 나온다. 일본에서 직접 소바 요리법을 배워 오신 사장님이 운영하시는 일본 소바·라멘집이다.

일본 나고야에 있는 일식집의 직영점으로 운영 중이다. 일본에서도 현지인들이 줄 서서 먹는 집으로 유명한데 한국에도 사람들이 이곳에서 밥 한번 먹으려고 오픈 전부터 줄을 서 있는다. 대표 메뉴인 나고야 마제소바를 받은 후 소바 위에 올려져 있는 계란 노른자를 탁 터트려주고, 다른 건더기와 잘 비벼 먹으면 된다. 살짝 매콤하면서도 부드러운 맛이다. 1/3 정도 먹은 후에는 가게에서 직접 만든 다시마 식초를 조금씩 뿌려 먹으면 더 감칠맛이 나고 풍미가 좋아지는 걸 느낄 수 있다.

면을 다 먹고 나면 소량의 밥을 주는데, 남은 소바 양념에 밥을 비벼 먹으면 면과는 다른 맛을 느껴 볼 수 있다.

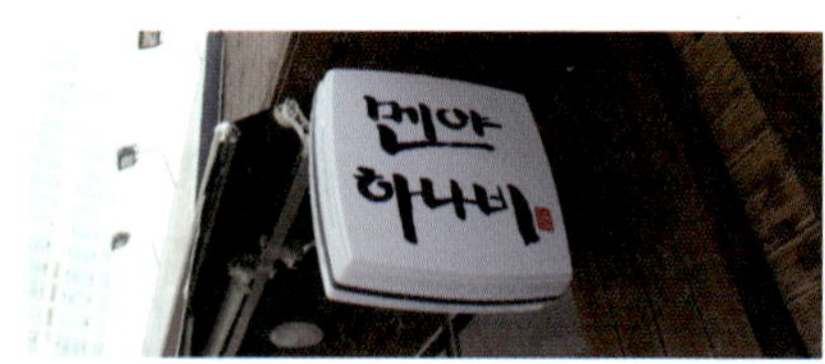

일본 나고야에서 건너온 소바
멘야하나비

일본 나고야에서 매우 유명한 일식집의 한국 직영점이다. 송파구 멘야하나비가 바로 그곳이다. 입점한 지 4개월밖에 되지 않았지만 〈생활의 달인〉에도 나온 곳이기에 이 가게의 창업 배경과 창업에 대한 주인장의 생각을 더 듣고 싶었다.

Q 멘야하나비를 어떻게 시작하게 되셨나요?
일본에서 교육을 받고, 한국의 우동집에서 일을 하다가 창업의 뜻을 가지고 라멘집을 열게 되었습니다. 오픈한 지는 4개월 정도인데, 운이 좋아 방송에도 나온 거 같아요. 오픈할 때가 겨울이었어서 걱정을 많이 했는데, 방송 이후에 손님이 많이 늘었습니다.

Q 멘야하나비의 영업 철학이 있으신가요?
일본에서 배운 그대로 했습니다. 제가 할 수 있는 최선을 다 했다고 할 수 있죠.

Q 멘야하나비를 대표하는 메뉴는 무엇인가요?
나고야 마제소바가 대표 메뉴입니다. 국물 없이 비벼 먹는 라멘이 일본에서 유행하고 있기 때문에 그걸 한국에서도 선보이고 싶었습니다. 국물이 있는 라멘도 물론 있고요.

Q 멘야하나비의 향후 목표는 무엇인가요?
초심에서 벗어나지 말자가 저의 목표입니다. 제가 배운 그대로 할 것이며 일찍 출근하고 늦게 퇴근하지만, 좋아서 하는 일이기 때문에 그 마음을 계속 가지고 일을 할 것입니다.

엘리에서 이탈리아를 만나다
엘리

🏠 서울시 송파구 백제고분로 41길 43-21
SANDONG빌딩 1층
🕐 매일 11:30~22:00, 브레이크 타임 15:00~17:30
📱 02-422-1210

🅿 주차 가능
🍴 피자 9,800~23,000원, 파스타 15,000~19,800원

#화덕피자 #이탈리아음식 #파스타 #송파구파스타집 #엘리

서울에서 이탈리아를 맛보다 엘리는 석촌호수 근처에 있는 파스타집이다. 외관이 유럽 파스타집을 그대로 옮겨 놓은 듯한 느낌이다. 이탈리아 정통 파스타집이라 그 맛도 외국에서 직접 먹는 맛과 비슷하다. 내부는 조용하고 아늑하며 아기자기하다. 피자를 시키면 이탈리안 식 피자를 진짜 화덕으로 구워주는데, 그 모습을 보는 것도 신기하고 재미나다.

가게 안은 조용하고 아늑하다. 한쪽에는 피아노와 분위기 있는 조명으로 인테리어를 해 놓아 멋스러운 느낌도 느낄 수 있다. 부엌 한쪽에서는 직접 화덕으로 피자를 굽고 있는 직원도 구경할 수 있다. 그 모습이 그저 신기할 따름이다. 이곳의

대표 메뉴인 카르보나라 피자는 여러 가지 다른 종류의 치즈로 만들어졌기 때문에 한 번에 여러 맛을 낸다. 표면은 거칠어 보이지만 입 안에서는 부드럽게 맛이 녹아내리고, 베이컨의 짠맛이 토핑들과 어우러져 한 번에 5가지 맛이 섞인다. 먹는 내내 '맛있다'라는 말을 연발할 수밖에 없는 피자를 꼭 먹어보길 추천한다.

모히토에서 석촌호수 한 잔
Bin29 Lounge

🏠 서울시 송파구 올림픽로32길 42-6 아미텔
🕐 월~금 16:30~02:00
　　주말 16:00~02:00(월요일 휴무)

📱 02-424-0929
🅿 주차 가능
🍴 모히토 12,000원

#송파구칵테일바 #분위기좋은칵테일바 #데이트추천 #분위기한번잡아봐

모히토에서 석촌호수 한 잔 Bin29 Lounge는 석촌호수 근처, 시끄럽고 정신없는 방이동 먹자골목에서 조금 떨어진 곳에 있다. 크진 않지만 깔끔하고, 아기자기한 조명으로 분위기를 낸 곳이다. 와인도 있고, 칵테일도 있다. 이곳에서 모히토 한 잔하면, 몰디브에서 마시는 모히토가 부럽지 않을 것이다. 조용한 분위기에서 친구 또는 애인과 잔 하고 싶다면 이곳으로 가자.

모히토는 어느 바에서도 인기 메뉴라 하는데, 이곳에서 마시는 모히토는 몰디브에서 모히토 한 잔하는 기분이 절로 든다. 완전히 녹지 않는 알갱이와 굵은 황설탕을 환상의 비율로 넣고 생라임을 가득 빨아서 향이 굉장히 향긋하고 새콤하다.

커피를 좋아하는 사람이라면 에스프레소 마티니도 추천한다. 커피의 진한 맛과 향을 그대로 살려서 깔루아 밀크를 즐겨 먹는 사람, 커피를 즐기는 사람에게 취향저격일 듯하다.

올림픽거리

올림픽 공원은 1986년 서울아시아경기대회와
1988년 서울올림픽대회를 목적으로 건설되었으나,
지금은 체육·문화예술·역사·교육·휴식 등
다양한 용도를 갖춘 종합공원으로 이용되고 있다.
올림픽 공원은 3개의 테마공원으로 구분되는데,
첫째는 산책·조깅 코스, 건강 지압로, 인라인스케이팅,
레포츠 킥보딩, 엑스게임경기장으로 이루어진
건강 테마, 둘째는 몽촌역사관, 몽촌토성,
평화의 성지, 조각작품공원, 올림픽미술관으로
이루어진 볼거리 테마, 마지막으로는
호돌이 관광열차, 음악분수, 웨딩사진 찍기,
이벤트 광장 등으로 구성된 엔터테인먼트 테마가 있다.
공원 자체가 주는 즐거움도 있지만,
근처에 있는 올림픽기념관, 소마미술관,
현대백화점 등에서 이색적인 나들이를 즐길 수도 있다.
분위기 좋은 카페, 음식점들도 많고 방이동 먹자골목도 가까워
즐거운 외출을 하기에 안성맞춤인 장소이다.

폴리터 4기 박윤정, 이은영, 진가윤

8호선 천호역
④ 윌리테마파크
◀올림픽대로
북1문
메종드한 table
북2문
한국체육대학교
나홀로나무
올림픽공원
올림픽기념관
③ 5호선 올림픽공원역
동1문
Sora
소마미술관
① 8호선 몽촌토선역
② 남4문 마실한정식 table 남3문 살롱드쥬 table 남2문

혼자여도 함께 인 그곳
올림픽 공원

서울시 송파구 올림픽로 424 올림픽공원
05:00~22:00(광장 지역은 24:00까지)
02-410-1114

주차 가능
www.olympicpark.co.kr

#올림픽공원 #나홀로나무 #데이트코스 #사진촬영스팟 #송파구가볼만한곳

올림픽 공원은 나홀로 나무 이미 올림픽 공원은 이 나홀로 나무 덕에 서울의 유명한 데이트 장소, 사진 촬영 스폿으로 알려졌다. 나홀로 나무가 위치한 곳으로 가는 방법은 다양하다. 올림픽공원역에서부터 운행하는 코끼리 열차를 타면 나홀로 나무까지 더 쉽고 편하게 갈 수 있다. 8호선 몽촌토성역에서 내려 자전거를 대여해 자전거를 타고 가도 좋다.

가는 길에는 드넓은 꽃밭과 탁 트인 푸른 들판을 볼 수 있고 그 사이로 나홀로 나무가 우두커니 서 있는 걸 발견할 수 있다. 웅장하고 곧게 뻗은 나홀로 나무 앞에서 소중한 사람들과 함께 활짝 웃으며 사진을 남겨보자.

현대백화점
월리테마파크

🏠 서울시 강동구 천호대로 1005
　현대백화점천호점 13층 하늘공원
🕐 월~금 10:30~20:00, 주말 10:30~20:30

📱 02-488-2233
🅿 주차 가능
@ www.ehyundai.com/newPortal/DP/DP000000_
　V.do?branchCd=B00126000

#월리테마파크 #현대백화점천호점 #월리를찾아라 #현대카드혜택

하늘공원의 월리 5,8호선 천호역에서 내리면 쉽게 찾아 갈 수 있는 이곳은 올라가는 계단 곳곳에 어릴 적 많이 했던 월리를 찾는 그림들이 있어서 동심으로 돌아가는 느낌을 받을 수 있을 것이다. 월리테마파크 안에는 월리 포토존, 에어벌룬, 꼬마기차, 회전목마, 해적선 등 사진을 찍을 수 있는 공간과 놀이기구들이 준비되어 있다. 놀이기구는 현대카드 소지자에 한에서 무료로 이용 가능하며, 아이만 탈 수 있다. 그리 큰 규모는 아니지만 어린 시절 월리와의 추억을 상기하면 더욱 설렘 가득한 놀이공원이 된다. 또한 아이와 함께 가면 아이를 위한 최고의 놀이장소가 되기도 한다.

송파구의 아늑한 이탈리아
살롱드쥬

🏠 서울시 송파구 위례성대로 12길 4 으뜸빌딩
🕐 11:30~24:00
📱 02-420-9523
🅿 주차 가능

🍴 마성의 꽃게 로제 파스타 17,700원,
안심스테이크 34,000원, 해산물리소토 17,200원

#살롱드쥬 #올림픽공원맛집 #송파구맛집 #꽃게파스타 #와인클래스

올림픽 공원 근처에 있는 이탈리안 요리 와인과 맥주 전문집으로 유명한 살롱드쥬가 있다. 은은한 조명 빛으로 한껏 분위기를 낸 가게 안으로 들어서면, 깔끔하고 서구적으로 꾸며진 내부가 눈을 현혹시킨다. 살롱드쥬의 대표 메뉴인 마성의 꽃게 로제 파스타에 기호에 맞는 생맥주를 한 잔 시켜서 같이 먹으면 그 맛이 단연 일품이다. 점심에는 더 저렴한 가격으로 맛있는 음식을 만나볼 수 있으니, 점심에 방문하는 것을 추천한다. 안쪽에는 큰 방이 있어서 단체로 방문하기에도 무리가 없다. 또한 살롱드쥬에서는 와인 클래스를 진행하고 있는데 이곳의 오너는 와인을 진정으로 사랑하고 조예가 깊으신 분이시기 때문에, 일반인들에게도 와인을 널리 알리고 싶어 하신다. 와인에 관심이 있고, 와인에 대해 부담 없이 배우고 싶은 사람에게 살롱드쥬를 추천한다.

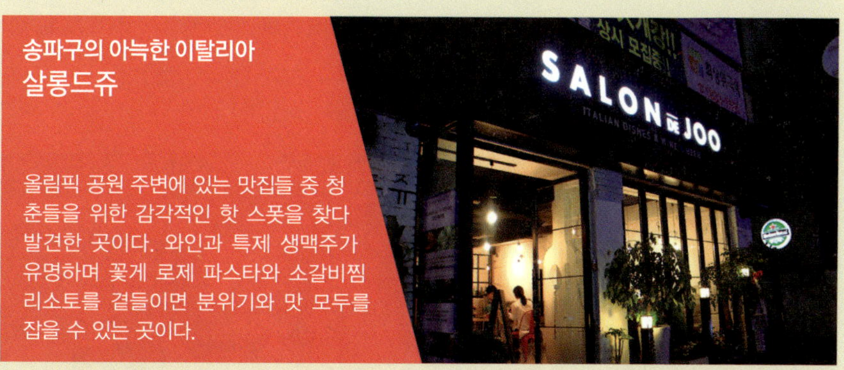

Q 살롱드쥬의 창업 배경은 어떻게 되시나요?

외식업에 12년 정도 종사했었는데, 와인을 정말 좋아해 내 가게를 차리기로 마음먹었습니다. 와인이라 하면 좀 무겁고 부담스러운 느낌이 드는 사람들이 많을 텐데, 동네에서 편하게 와인을 즐길 수 있는 곳을 만들고 싶다는 생각을 하게 되어 이런 음식점을 만들게 되었죠.

Q 살롱드쥬만의 영업 철학이 있다면요?

신선한 재료는 기본입니다. 음식에 있어서는 조미료를 전혀 쓰지 않고, 모든 국물과 소스를 직접 끓여 만드는 것이 철학입니다. 또한, 오시는 모든 손님들이 서로 예의를 갖추어 음식을 즐기고 가셨으면 좋겠다는 생각을 많이 합니다.

Q 살롱드쥬만의 대표 메뉴를 꼽아주세요.

마성의 꽃게 로제 파스타를 추천합니다. 꽃게는 남녀노소가 모두 좋아하기도 하고, 무엇보다 꽃게를 이용하면 비주얼적으로도 괜찮은 음식을 만들 수 있을 거라 생각을 해 만들었는데 이 부분이 손님들께도 잘 어필이 돼서 사랑받고 있는 것 같습니다.

Q 살롱드쥬의 향후 목표는 무엇인가요?

우리 가게에 오시는 손님들이 '좋은 서비스 받았다.', '예의 바른 사람들 속에서 조용하고 편안하게 식사를 즐겼다.'는 생각이 들게 하고 싶어요. 고급 호텔 식당, 레스토랑은 아니지만 예의 있고 매너 좋은 손님들이 오는, 음식도 맛있는 동네 레스토랑으로 자리 잡고 싶습니다.

가옥인 듯 카페인 듯, 이색 한옥카페
카페 메종드한

🏠 서울시 강동구 강동대로 177 206호
🕐 11:00~22:00(예약 시 연장 가능)
📱 02-482-2005

🅿 주차 가능
🍴 오미자 에이드 5,800원, 호박 식혜 4,500원
@ blog.naver.com/maisondehan

#메종드한 #올림픽공원카페 #한옥전통카페 #갤러리카페

올림픽 공원 근처 2층에 위치한 카페 메종드한 한국의 아름다움을 뜻하는 '한(韓)'과 가옥을 뜻하는 프랑스어 '메종(MAISON)'을 합쳐 만든 이름의 메종드한은 조용하고 편안한 분위기의 한옥 인테리어 카페이다. 한옥의 느낌과 현대적 느낌의 인테리어를 조화롭게 매치해 이색적인 분위기를 연출했다. 메인 카운터를 제외한 나머지 공간은 한지공예, 전통악기, 한옥가구 등 한국의 전통 소재로 꾸며놔 한국의 아름다움을 고스란히 느낄 수 있다.

메뉴는 전통차부터 커피, 생과일 주스, 왕이 먹었다는 디저트까지 다양하다. 그중에서도 오미자 에이드와 호박 식혜는 다른 곳에서는 맛볼 수 없는, 메종드한만이 지닌 건강한 대표 메뉴이다. 또한 브런치로는 비빔밥도 판매하고 있다. 한국 전통의 아름다움과 건강을 함께 마시고 먹는 듯한 기분을 경험하고 싶다면 메종드한에 꼭 가보길 바란다.

가옥인 듯 카페인 듯, 이색 한옥카페 카페 메종드한

대형 프랜차이즈 카페가 즐비한 요즘, 한국의 미와 멋이 살아 있는 카페이다. 한옥과 현대식 인테리어가 조화를 잘 이루고 있다는 점에서 젊은 사람들이 오기에도 좋은 데이트 코스가 될 수 있을 거 같아 이곳을 좀 더 자세히 소개하고 싶었다.

Q 카페를 시작하게 된 계기는 무엇인가요?

회색 건물 2층집에 한옥집이 있는데, 그 집을 보고 비슷한 연출을 통해 지친 서울의 현대인들에게 한옥카페라는 공간 속 쉼과 여유를 즐기게 하고 싶었습니다. 또한 우리 가게에서만 맛볼 수 있는 건강한 음료와 음식들로 패스트푸드에 길들여진 사람들의 입맛을 조금이라도 바꾸고 싶어 이런 카페를 만들게 되었습니다.

Q 카페 메종드한만의 영업 철학이 있다면요?

웰빙 음료와 힐링의 분위기가 손님들에게 기쁨을 줬으면 좋겠습니다. 우리가 테이크아웃 잔을 안 쓰는 이유이기도 하죠. 이곳에 들러서 잠깐이라도 커피 한 잔의 여유를 즐기셨으면 하는 마음이 큽니다.

Q 카페 메종드한을 대표하는 메뉴는 무엇인가요?

메종 드 세트를 추천합니다. 가볍게 떡을 음료와 즐길 수 있는 메뉴로 떡은 3가지 종류가 나가는데, 이 떡들은 각각 가장 유명한 떡집에서 사오는 떡으로 우리가 손님께 정성을 쏟는 부분이라고 볼

수 있습니다. 간단하고 시원하게 먹을 수 있는 음료에는 호박 식혜와 오미자 에이드를 추천하고 싶습니다. 이 둘은 오직 메종드한에서만 즐길 수 있는 건강하고 맛있는 음료들이기에 꼭 맛보셨으면 좋겠네요.

Q 향후 목표가 있으시다면 알려주세요.

최고급 원두, 좋은 재료로 만든 떡 등 재료를 더욱 좋은 것으로 쓰고 싶습니다. 신경써서 선별한 원두로 내린 커피를 값싸게 즐길 수 있고, 농장에서 직접 가져와 만든 차와 먹거리로 건강함이 가득한 공간을 만들겠다는 것이 우리의 포부이고 향후의 목표이기도 합니다.

롯데월드몰

놀고, 보고, 즐기고, 삼색 문화 공간

롯데월드 & 롯데월드타워

놀이와 쇼핑을 함께하는 곳 롯데월드&롯데월드 타워는 송파구에 있는 대형 레저·쇼핑타운이고, 롯데월드는 모험과 신비를 주제로 한 서울의 유명한 테마파크이다. 롯데월드는 어드벤처, 호수공원인 매직 아일랜드, 쇼핑몰, 민속박물관, 아이스링크, 호텔, 백화점 등으로 구성되어 관광, 레저, 쇼핑 문화를 한 곳에서 해결할 수 있는 문화생활공간이라고도 할 수 있다. 서울 송파구에 위치한 한국의 대표 놀이동산이기 때문에 남녀노소 상관없이 피크닉 장소로 이 곳을 찾기도 한다. 놀이동산은 비쌀 거라는 생각은 노노~ 시간대별로 할인을 받을 수도 있고, 할인되는 제휴카드도 많으니 이 점 꼭 기억하고 가자. 롯데월드타워는 롯데월드 부지 옆에 108층 높이로 건설된 초고층 빌딩이다. 2009년 5월에 시공을 시작하였고 2016년 말에 완공될 예정이다. 롯데월드타워에는 백화점, 면세점, 쇼핑몰, 마트, 영화관, 아쿠아리움, 공연장 등이 있어 쇼핑과 문화를 한꺼번에 즐길 수 있다. 또한 지하광장을 통해 송파대로 맞은편에 있는 롯데월드와 연결되어 있어 교통에도 어려움이 없다.　　플리터 4기 김태경, 이종의, 이하영

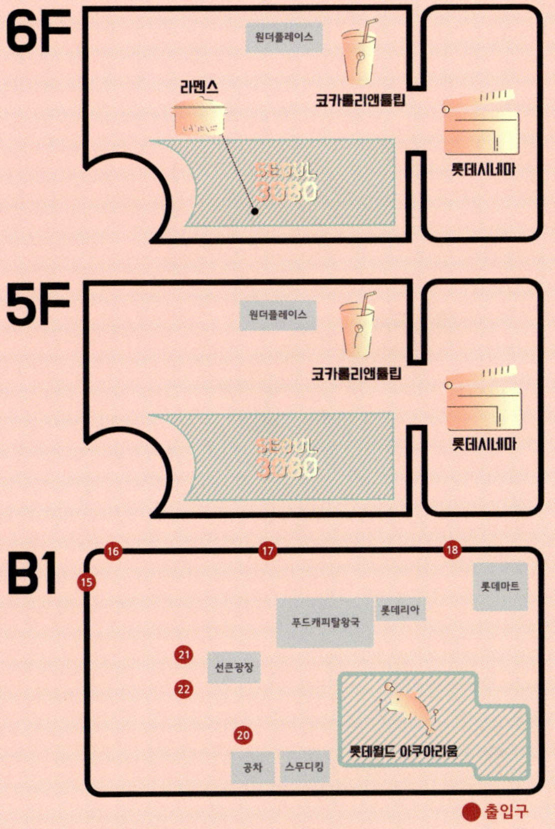

롯데월드 서울시 송파구 올림픽로 240롯데월드
롯데월드타워 서울시 송파구 올림픽로 300

월~금 09:30~22:00, 토~일 09:30~23:00

롯데월드 02-1661-2000
롯데월드타워 02-3213-5000

주차 가능

어른(입장권) 33,000원, 청소년(입장권) 30,000원,
어린이(입장권) 27,000원, 어른(자유이용권) 48,000원

롯데월드 www.lotteworld.com
롯데월드타워 www.lwt.co.kr

아름다운, 그리고 아름다워진 사람을 만나다

성북구

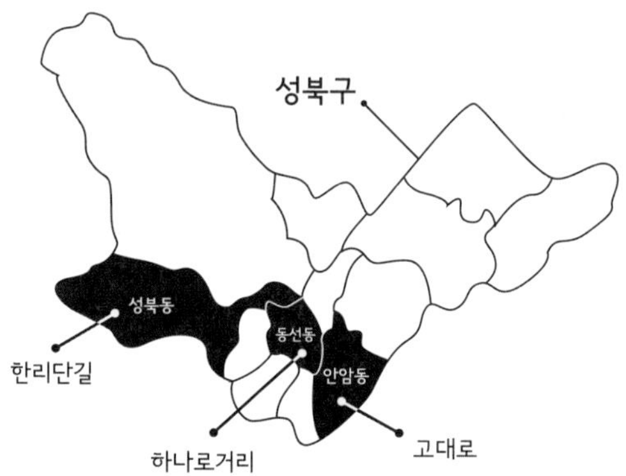

북적북적 열정과 사랑이 넘쳐나는 대학가, 그와는 대비되는 조용하고 한산한 성북구의 유적지. 성북구는 '사람이 희망인 도시'라는 슬로건 아래 역사와 교육, 그리고 문화를 머금으며 전 세대가 한데 어우러져 있다.

성북구는 서울의 도심과 동북부 지역을 연결하는 요지로 성북구라는 이름은 문자 그대로 지역이 도성의 북쪽에 위치한 데서 유래했다. 북서로는 북한산이 자리하고 동서로는 정릉천과 성북천이 흐르며 서울성곽, 정릉, 간송미술관 등 다양한 유적지와 문화재가 있는 수려한 자연환경 속 역사와 문화가 살아 숨 쉬는 도시다.

성북구의 사람 중심 도시는 한 세대에 국한되어 있지 않다. 도시 브랜드로 어르신 행복 도시 성북, 어린이 친구 성북 등을 내세우고 있는 성북구는 어르신, 어린이, 장애인을 비롯한 모든 주민들이 행복한 삶을 누릴 수 있도록 힘쓰고 있다. 또한 복지, 교육, 인권 등 사람 중심의 가치 투자에 힘써 서울에서 가장 살기 좋은 도시로 거듭나고 있다.

하나로거리

하나로 거리는 성신여대역 1번 출구에서부터
성신여대까지 젊음을 느낄 수 있는 거리다.
이곳에서는 영화관과 다양한 맛집,
카페들과 옷가게, 로드숍 등
젊은이들이 많이 가는 가게들로
왁자지껄한 청춘의 향연이 펼쳐진다.
하지만 하나로 거리의 새로운 매력은
숨겨진 골목에 있다. 메인 도로를 벗어나
더 세세한 골목으로 들어갈수록
조용하고 분위기 좋은 가게들로 가득 차 있다.
구석구석 골목에는 화려함에 숨겨져
우리가 몰랐던 맛집들로 가슴을 설레게 한다.
하나로 거리의 메인 도로를 벗어나
청춘의 숨은 향기를 찾아 걸어보도록 하자.
플리터 4기 김태경, 이하영, 이현무

북정마을
한적한 골목 걸어보기
4호선 성신여대입구역
①
젊음의 거리 만끽하기~!!
wallet
가막히계
table
츄로바이커피
table
놈파스타
table
카페SOL
table
레인드롭
table
비스트로문화식당
성신여대
골목골목!
맛있고 분위기있는
맛집이 가득!

오감만족, 꽃과 술을 곁들인 밥집
비스트로 문화식당

🏠 서울시 성북구 보문로 30나길 34
🕐 11:30~24:00(연중무휴), 브레이크 타임 16:00~17:30
📱 02-6381-4644
🅿 주차 불가

🍴 베이컨 크림 오무라이스 8,000원,
　목살 차슈 돈부리 6,500원
⭐ 점심 할인 시간대(11:30~15:30)에는 일부 메뉴를
　1,000원 더 저렴한 가격에 만나볼 수 있다.

#성신여대맛집 #분위기맛집 #테이스티로드 #파스타 #꽃

어느 것 하나 힙하지 않은 것이 없는 곳 해가 쨍쨍한 점심시간, 작은 식당으로 들어간다. 힙한 음악과 마치 가든을 연상시키는 듯한 드라이플라워, 감각적인 인테리어와 조명. 이곳은 마치 저녁 여덟시 반, 뉴욕의 한 펍에 도착한 것 같은 느낌을 준다.

성신여대 앞에는 학생들이 북적이는 음식점들이 즐비하다. 특별한 당신, 오늘 당신만큼이나 특별한 곳에서 식사를 하고 싶다면 망설임 없이 추천하고 싶은 비스트로가 있다. 성신여대 정문에서 멀지 않은 곳, '문화식당'이라는 작은 배너가 세워져 있는 식당으로 안내한다. 계단을 조심스레 내려가면 감각적인 조명과 음악으로 가득 찬 공간이 나타난다. 음악, 조명, 인테리어 어느 하나 빠질 것 없이 센스로 중무장한 이 공간은 작지만 알찬 비스트로, '문화식당'이다.

책을 보며 밥을 먹을 수 있는 곳, 수많은 꽃들 사이에서 소주 한 잔을 기울이고 싶은 공간을 만들고 싶으셨다는 사장님의 한 마디는 절로 고개를 끄덕이게 만들었다. 밥을 먹으며 읽는 책, 수많은 꽃들 사이에서의 소주 한 잔, 이토록 섹시하고 재미있을 수 있다니! 오늘, 조금 특별한 공간에서 맛있는 시간을 보내고 싶은 당신에게 추천한다. 비스트로 문화식당!

오감만족, 꽃과 술을 곁들인 밥집
비스트로 문화식당

프랜차이즈가 아닌, 테마와 색깔이 있는 비스트로를 찾고 있다면 바로 이곳으로 가보자. 오감을 만족시키는 음식점, 가게 안의 소품 하나하나에 정성과 애정이 깃들어 있는 이 가게의 시작점에는 특별한 무언가가 담겨져 있을 것만 같다.

Q 비스트로 문화식당을 시작하게 된 특별한 이유가 있나요?

사실 거창한 이유가 있진 않아요. 이런 저런 일을 해보다가 시작하게 되었죠. 사람들이 괜찮은 분위기에서 소주 한잔 할 수 있는 그런 공간을 만들고 싶었어요.

Q 비스트로 문화식당의 영업 철학은 무엇인가요?

메뉴와 더불어 인테리어에도 신경을 많이 쓰고 있어요. 음, 덧붙이자면, 사람의 느낌은 오감을 통하잖아요. 보이는 것만이 전부는 아니라고 생각해요. 그래서 전체적인 가게의 조도를 낮춤으로써 단순히 먹는 것과 보는 것만이 아닌 다른 감각에도 집중하실 수 있도록 했어요. 음악이라든가 향기를 통해서 단순히 식사만 하는 곳이 아니라 오감을 만족시키는 그런 가게를 만들고 싶었어요.

Q 이곳을 대표하는 메뉴는 무엇인가요?

베이컨 크림 오무라이스와 문화식당 삼합을 추천해드려요. 크림소스와 오무라이스가 어우러져서 촉촉한 식감을 느끼실 수 있을 거예요. 풍미를 더하기 위해 칠리소스를 살짝 곁들이고 있는데 반응이 되게 좋아요.

그리고 문화식당 삼합의 경우는 소등심과 파스타, 샐러드를 함께 드실 수 있게 한 메뉴예요. 세 가지의 각기 다른 맛이 한데 어우러져서 굉장히 맛있어요. 담백하고 깔끔해서 많은 분들이 좋아해주시더라고요.

Q 향후 목표가 있으신가요?

비스트로 문화식당 같은 식당을 더 해보고 싶어요. 다른 콘셉트로 해서요. 술을 곁들일 수 있는 작은 음식점이라는 콘셉트는 같아요. 뭘 해도 개성 있게 잘하면 손님들도 사랑해주시더라고요.

Rain is better than snow
레인드롭

🏠 서울시 성북구 동소문로22길 57-12
🕐 11:00~23:00
📱 02-921-4014
🅿 주차 불가
🍴 아메리카노 3,500원, 레인보우 카푸치노 5,000원

⭐ 11:00~13:30은 커피 타임으로 뜨거운 아메리카노는 1,500원, 시원한 아메리카노는 2,000원으로 판매한다. 나머지 모든 음료는 1,000원 할인!

#레인보우카푸치노 #분위기카페 #비오는날 #운치있는카페

봄비 소리가 듣고 싶은 날에 어울리는 곳 창가에 내리는 비를 바라보며 커피 한 잔의 여유를 느낄 곳을 찾고 있다면 레인드롭만한 곳이 없을 것이다. 가게 이름에서도 느껴지듯이 레인드롭은 비가 오는 날 당신의 감성을 더욱 진하게 해줄 것이다. 한 여름의 비 냄새가 그리워진다면, 그리고 짙은 이슬이 생각난다면 이 카페에서 음악을 들으며 시간을 보낼 것을 추천한다.

어린 시절의 나는 추적추적 내리는 비보다는 뽀드득 뽀드득 내리는 눈을 더 좋아했다. 그런데 어느 날부턴가 창문에 떨어지는 빗소리에 마음이 움직이기도 하고, 흐르는 빗물이 매력적으로 느껴졌다. 비에 대한 생각에 잠기게 하고 빗방울에 대한 감성을 자극하는 최적의 장소가 바로 레인드롭이다. 비가 오는 날이면 비 오는 풍경이 보이는 창가에 앉아 맛있는 커피를 마시며 음악을 듣는 것은 어떨까? 굳이 비가 오는 날이 아니어도 된다. 봄의 시작을 알리는 봄비가 그립다면, 맑은 날 여우를 사랑한 구름이 운다는 한 여름의 여우비를 느끼고 싶다면 레인드롭에서 그 날의 감성을 만끽하는 것도 좋을 듯하다.

처음 만난 너와 함께하고 싶은 곳
놈파스타

🏠 서울시 성북구 보문로30길 81
🕐 11:30~22:00, 브레이크 타임 15:00~17:00
📱 02-929-1354
🅿 주차 불가

🍴 놈 샐러드+음료 2잔 (사이다/콜라)+디저트 2개 (판나코타) 8,000원, 쉬림프 크림파스타 12,000원, 하프 앤 하프 13,500원

#나폴리식화덕피자 #소개팅명소 #이태리정통스타일 #연인들데이트코스

여대생 취향저격 조용한 골목에 자리 잡은 놈파스타는 모르는 사람이 본다면 그냥 지나치기 쉬운 곳에 있다. 그러나 여대 근처에 자리 잡은 음식점답게 깔끔하고 감성적인 외관을 자랑하며 내부 또한 분위기 좋은 인테리어와 함께 조리 과정을 모두 오픈해 믿음이 가는 음식점이다.

놈 샐러드와 함께 쉬림프 크림파스타와 하프 앤 하프라는 화덕피자를 맛보았다. 느끼하지 않은 크림소스는 새우와 어우러져 더 담백하게 느껴졌고 마르게리따와 고르곤졸라 유자 피자가 반반씩 있어 두 가지의 화덕피자 맛을 동시에 즐길 수 있었다. 식전에 주는 빵 또한 쫄깃쫄깃하면서도 감칠맛이 나 식욕을 돋우기에 적합했다.

실제로 쫀득한 나폴리식 화덕피자는 장인이 아니면 만들기 어렵다고 하는데 놈파스타는 변함없이 높은 퀄리티의 이태리 정통스타일을 고집하고 매일 들여오는 신선한 재료와 소스나 반죽, 심지어 리코타 치즈까지 직접 만들어 제공한다고 한다. 무엇보다 대학가에 있는 레스토랑답게 고퀄리티지만 저렴한 가격으로도 유명하다.

감성이 흐르는 카페, SOL!
카페 솔(SOL)

서울시 성북구 동소문로22길 33-9

11:00~23:00

070-4409-4224

주차 불가

아메리카노 3,300원(아이스 +500원),
더치라테 4,800원(아이스 +700원), 플레인 프라페
5,000원, 생딸기 요거트 프라페(계절 메뉴) 6,500원,
스페셜 브런치 8,900원

브런치 타임은 오전 11시부터 오후 3시까지이니
참고하자.

#감성이솔솔솔 #과제도공부도오케이 #사랑을속삭이기에도좋아요

감성이 흐르는 카페 가게 안에 비치된 신시사이저와 테이블 천장마다 달려 있는 콘센트가 카페의 감성을 더해주는 곳이다. 편안한 분위기의 솔 카페는 커피 같은 음료뿐만 아니라 브런치 메뉴도 판매하는 가게이다. 날씨 좋은 날 햇살을 받으며 브런치를 먹고 싶다면 솔 카페만 한 곳이 없다고 생각한다. 브런치뿐만 아니라 카페 메뉴 또한 탁월한 맛을 자랑한다. 특히 계절 메뉴인 생딸기 요거트 프라페는 토핑된 생딸기와 휘핑크림이 눈을 사로잡고 달콤한 딸기 우유가 맛있는 프라페임을 온몸으로 어필하고 있다.

햇살이 내리쬐는 날, 맛있는 브런치가 먹고 싶거나 달콤한 음료와 함께 공부나 과제를 할 수 있는 장소를 찾고 있다면 이곳을 추천한다. 편안한 분위기와 감성이 흐르는 솔 카페에서 따사로운 햇빛을 받는다면 즐거움을 맛볼 수 있기 때문이다.

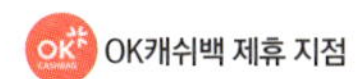

기막힌 맛, 기막힌 기분
기막히계

🏠 서울시 성북구 동소문로20다길 28
🕐 월~금 14:00~01:50, 주말 12:00~01:50
📱 02-925-5353 🅿 주차 불가
🍴 후라이드 15,000원, 후라이드반 양념반 16,000원
⭐ OK캐쉬백 사용이 가능하며 배달 시에는
　 최소 주문 금액 15,000원을 넘겨야 한다.

#기가막히고코가막히는맛 #성신여대맛집 #기막히다

신선한 재료와 풍요로운 맛 기막히계는 여느 프랜차이즈 치킨집과는 다른 특별한 치킨 전문점이다. 신선한 재료와 차별화된 조리법, 그렇기에 우리가 일상적으로 아는 맛과는 조금 다른, 특별한 치킨을 제공한다. 시끄러운 노래 소리, 웅성거리는 사람들의 음에서 벗어나 한산하고 고즈넉한 골목에 있는 곳. 주택들 사이에 옹기종기 있어 친근한 느낌이 물씬 풍긴다. 기막히계는 홀 주문과 배달 모두 가능하며 저렴하면서도 차별화된 맛을 자랑한다. 홀에서 시원한 생맥주와 함께 치킨을 즐기기도, 혹은 가족들과 단란하게 집에서 즐기기에도 좋은 맛이다.

서울 하늘의 달동네
북정마을

🏠 서울시 성북구 성북로 23길

#서울의달동네 #심우장 #한용운 #성북동비둘기

골목에는 우리의 삶이 있다 가팔랐던 개발붐을 비껴간 곳, 성북동의 북정마을. 김광섭 시인의 시, 「성북동 비둘기」의 배경이 된 이곳은 서울에서 얼마 남지 않은 달동네이다. '북적거린다'라는 말에서 그 이름이 유래한 북정마을은 한용운 선생의 발자취가 고스란히 남아 있는 곳이기도 하다. 그의 유택인 '심우장'으로 가는 이정표를 찾는 것도 북정마을을 즐기는 쏠쏠한 재미 중 하나. 다양한 색과 분위기의 간판들, 자기와 솟대를 만들어 파는 가게와 고소한 냄새가 퍼지는 베이커리는 덤이다. 조용하고 정감이 넘치는 마을이다.

고대로

고려대학교는 성북구에 위치한 학교로
우리나라 3대 대학교 중 한 곳으로
꼽힐 만큼 많은 학생들의 로망을
한몸에 받고 있는 학교 중 하나이다.
고려대학교는 오래된 역사와
이를 가득 담은 세련된 캠퍼스를 자랑하며
그 거리 역시 번화했다.
학교 내부에 있는 재미있는 장소부터
안암캠퍼스 전체를 둘러싸고 있는
맛집과 분위기를 가득 담은 카페는
학생의 자취부터 세련된 레스토랑까지
그들의 정서와 성북구의 정서를 듬뿍 담고 있다.
폴리터 4기 김태경, 이하영, 이현무

아이스링크
다람쥐길
6호선 고려대역
6
카페브레송
문뒤엔
고른햇살
매스플레이트
6호선 안암역
스타벅스
카페드나타
쿠이도라쿠
상호야초밥

사진을 사랑한 카페
카페브레송

🏠 서울시 동대문구 안암로22길

🕐 10:00~23:00

📱 070-4383-5372

🅿 주차 불가

🍴 커피류 3,000원~, 퐁당쇼콜라 4,500원,
플레인 와플 7,000원, 아이스크림 와플 9,000원,
캐러멜 치즈 빙수 9,500원

🍴 테이크 아웃 시 500원 할인, 사이즈업에는
500원이 추가되며 와플 주문 시 아메리카노가 1,000원
할인되니 참고하자.

#고대인들이사랑한카페 #와플맛집 #퐁당쇼콜라가제맛 #카페데이트

고대 앞 카페의 명소 카페브레송은 고려대학교 정문에서 1분 거리에 위치한 작은 카페다. 사진을 사랑하는 사장님의 정성이 공간 곳곳에 녹아 있는 카페브레송은 졸업생들도 다시 찾는 고대 앞 카페의 명소 중의 명소. 사람 만나기 좋아하는 사장님은 기분 좋은 미소로 손님들을 맞는다. 직접 굽는 와플과 곁들이는 부드러운 생크림, 딸기, 그리고 아이스크림, 달콤한 디저트가 다가 아니다. 톡톡 깨어 먹는 부드러운 프렌치 디저트 크림 브륄레부터 초코의 정석, 도저히 숟가락을 멀리할 수 없게 하는 꾸덕한 퐁당쇼콜라는 카페브레송을 찾는 손님들의 주문 순위 1위인 디저트다. 함께 마시는 아메리카노 또한 맛이 훌륭하다. 이게 다가 아니다. 와플 주문 시에는 아메리카노를 더욱 저렴하게 즐겨볼 수 있다는 점. 아늑하고 센스 있는 인테리어는 편안한 느낌을 준다. 폭신한 의자와 모던한 쿠션, 깔끔한 테이블 등 인테리어에도 정성이 가득하다는 것을 카페를 방문한 누구라도 알 수 있다. 머무르고 싶게 하는 공간, 그곳으로 당신을 초대한다.

사진을 사랑한 카페
카페브레송

카페 한쪽 벽면에 색색의 포스트잇, 가게 곳곳의 카메라와 사진들, 달콤한 향기의 디저트와 쌉싸름한 커피향, 그 모든 것이 꽤나 조화로운 한 공간이 있다. 고려대학교 정문에서 멀지 않은 곳에 위치한 카페브레송이 바로 그 주인공이다.

Q 카페브레송을 열게 된 계기가 있으신가요?
사실 고대 앞에는 집밖에 없잖아요. 사람들에게 친근한 카페가 필요하다고 느꼈어요. 제가 이 동네 사람이거든요. 이 동네에 편하게 머물 곳이 제가 생각해도 없더라고요. 그래서 회사를 퇴직하고서 시작하게 되었어요.

Q 카페브레송만의 영업 철학이 있다면요?
저는 접근성이 가장 중요하다고 생각해요. 거리감이 드는 것 보다는요. 그래서 처음에는 모던한 콘셉트로 가려고 했는데 학생들에게 거리감을 주고 싶지 않아 지금의 인테리어가 나오게 되었죠.

Q 이곳을 대표할 수 있는 메뉴는 무엇이 있을까요?
퐁당쇼콜라와 크렘브륄레가 가장 잘 나가요. 자몽에이드는 제 추천 메뉴입니다.

Q 카페브레송의 향후 목표는 무엇인가요?
목표라고 하면 너무 거창할 테고, 졸업생들도 다시 찾아오는 가게가 되고 싶어요. 처음에는 몰랐는데 영업을 하다 보니 졸업생 분들도 종종 찾아주시더라고요. 그럴 때마다 기분이 좋아요. 이유 모를 유대감이 느껴진다고나 할까요.

나만을 위한 라멘집
쿠이도라쿠

🏠 서울시 성북구 안암로 103
🕐 11:30~21:30
📱 02-929-9290
🅿 주차 불가

🍴 돈코츠 라멘 6,000원, 돈코츠 차슈 라멘 7,000원,
매운 돈코츠 라멘 6,000원

#자취생들을위한라멘집 #고대맛집 #푹우려낸명품육수로몸보신하기

먹는 즐거움으로 가득한 라멘집 일식집의 분위기가 물씬 나는 이곳은 일본 규슈의 정통 돈코츠 라멘 전문점으로, 가게 이름처럼 먹는 즐거움으로 가득한 쿠이도라쿠(喰道楽)라는 가게이다. 매우 작은 식당이지만 본관과 별관으로 나뉘어져 있는데 본관에서는 직접 라멘의 조리 과정을 볼 수 있다.

쿠이도라쿠의 주메뉴인 돈코츠 차슈 라멘은 3일간 푹 우려낸 깊은 돼지 사골 육수에 일본식 편육을 넣어 풍부한 맛이 나는 라멘이고 또 다른 주메뉴인 돈코츠 미소라멘은 진한 사골 육수에 얼큰하고 감칠맛 나는 일본 특제 된장소스를 가미한 일본의 된장 라멘이다. 특히 함께 나오는 반숙계란은 그 맛을 더욱 더 풍부하게 해주어 입 안에서 맛있는 행복을 느낄 수 있다.

특히 쿠이도라쿠는 내가 원하는 만큼 밥을 무한 리필해서 가져올 수 있고 냉장고에 있는 음료와 갖가지 반찬들을 마음껏 꺼내 먹을 수 있다. 푸짐한 서비스부터 진한 국물이 맛있는 이 라멘은 고대 근처에 살고 있는 자취생들에게 힐링푸드가 될 수 있는 음식이 아닐까 생각한다.

사르르 녹아 내린 타르트
카페 드 나타(Café de nata)

🏠 서울시 성북구 인촌로 28길 11 1층
🕐 월~금 11:00~21:00, 토 11:30~20:00(일요일 휴무)
📱 02-923-7771

🅿 주차 불가
🍴 에그타르트 2,000원, 아이스타르트 2,500원,
   아메리카노 3,500원, 카페라테 4,000원
⭐ 박스는 4~5개, 6~12개 단위로 포장

#타르트천국 #처음만나는타르트의신세계 #고대타르트카페

내 생에 처음 만나는 타르트 타르트에는 에그타르트만 있는 줄 알았던 당신이 놀랄만한 곳이 있다. 달걀에서부터 초콜릿, 망고, 딸기에 아이스까지! 이 모든 종류의 타르트를 직접 손으로 만들어 판매하고 있는 이 '카페 드 나타'는 특히 타르트를 사랑하는 여대생들의 입맛을 사로잡고 있다. 안암역에서 조금만 걸어와 작은 골목 사이를 지나면 깔끔하고 심플한 외관의 카페가 보인다. 심플한 외관과는 달리 당신은 쇼케이스에 팔고 있는 수많은 타르트를 보면 놀람과 동시에 기다렸다는 듯이 입 안에 달콤한 침이 고일 것이다. 무려 8가지 종류의 맛있는 타르트를 직접 만들어 판매하는 '카페 드 나타'는 대학생들에게 많은 인기를 얻고 있는 카페로 손꼽힌다.

이곳에서 바삭바삭한 겉과 부드러움으로 가득 차 있는 속을 함께 먹으면 홍콩의 에그타르트가 부럽지 않을 정도로 달콤하고 맛있는 타르트를 먹을 수 있다.

이곳의 타르트가 더욱 맛있는 이유는 아무래도 많은 종류의 타르트가 있기 때문인데 가장 기본적인 에그타르트부터 초콜릿, 망고, 딸기, 블루베리, 그리고 카푸치노와 고구마, 마지막으로 아이스타르트까지, 총 8가지 맛의 타르트를 마음껏 즐길 수 있다.

고급스러운 푸짐함
매스플레이트

🏠 서울시 성북구 개운사길 18 2층

🕐 11:00~22:00(주문 마감 20:30)
브레이크 타임 15:00~ 16:30

📱 010-5684-4484

🅿 건물 옆에 주차 가능

🍴 목살(치킨, 떡갈비) 스테이크 샐러드 18,000원(2인분),
필라프 S 9,900원 L 18,000원, 리소토 S 9,900원
L 18,000원, 스파게티 S 9,900원 L 18,000원

📍 SNS에 매스플레이트를 태그한 뒤 보여주면
음료(생맥주/칵테일 中 1)를 서비스로 받을 수 있다.

#목살스테이크 #가성비끝판왕 #안암맛집 #여긴꼭가야해

가성비 좋은 고대 대표 맛집 안암의 맛집하면 단연 손꼽히는 음식점 중의 하나인 매스플레이트는 푸짐한 음식에 비해 저렴한 가격으로 고대 학생들에게 많은 사랑을 받고 있는 가게이다. 가게의 내부는 오픈형 키친이기 때문에 직접 조리하는 과정을 볼 수 있고 깔끔하고 고급스러운 인테리어가 가게의 분위기를 더해주고 있다.

가장 유명한 메뉴인 목살 스테이크는 매스플레이트만의 특별한 방법으로 숙성시킨 스테이크와 신선한 야채, 그리고 마늘 드레싱을 매치한 메뉴로 더욱더 풍부한 맛을 느낄 수 있고 필라프와 리소토, 그리고 스파게티 또한 매일 엄선된 재료와 먹기 좋게 손질되어 나온 야채가 함께 나와 먹

는 즐거움을 더한다. 평소에 간단히 해결하곤 하는 점심을 친구와 혹은 연인과 특별하게 보내고 싶을 때 가장 추천하고 싶은 곳이라 생각한다. 고급스럽지만 부담스럽지 않고 풍부하지만 저렴한 가격이 대학생들의 마음을 이미 사로잡았기 때문이다. 오늘은 함께하고 싶은 사람과 이곳에서 식사를 해보는 것은 어떨까?

사랑, 고대로
다람쥐길

🏠 서울시 성북구 안암동5가 1
⭐ 연인과 함께하면 즐거움이 배가 된다

우리 사랑 이대로 고대생들의 옆구리를 시리게 하는 사랑의 주범, 다람쥐길. 이곳에서는 썸남썸녀가 다람쥐를 발견하면 그들의 사랑이 이루어진다는 전설이 있다. 수많은 캠퍼스 커플들이 울고 웃었던 청춘의 길을 밟아보자. 정말 다람쥐를 보면 사랑이 이루어지는지. 다람쥐길은 고려대학교 법과대학, 사범대학과 정경대학, 인문대학을 이어주고 본관과 인촌 기념관 사이를 가로지르는 길이다. 학교 안에서 울창한 숲을 볼 수 있는 산책길이자 학교를 가로지르는 빠른 길이기 때문에 많은 학생들의 사랑을 받고 있으며 봄에는 꽃을, 여름에는 청량한 나무를, 가을에는 단풍을, 겨울에는 소복이 쌓인 눈을 만끽할 수 있는 곳이다.

시험공부로 밤을 꼴딱 샌 날,
고른 햇살로 맞이하는 아침
고른햇살

🏠 서울시 성북구 개운사길 27 원영스위트
🕐 06:00~24:00
📱 02-953-3394
🅿 주차 불가
🍴 참치김밥 2,500원, 치즈 라볶이 3,500원, 찹쌀 순대 2,000원
@ www.mangoplate.com/restaurants/c2Y7nyFdix

따뜻한 김밥 한 줄은 의외로 힘이 된다 멀리서부터 고소한 냄새와 함께 김밥을 말고 계시는 아주머니의 모습이 창문을 통해 보인다. 고른햇살은 가게 내부뿐만 아니라 창밖을 통해 밖에서 주문하고 가져갈 수도 있다. 가게 내부의 풍경은 푸근하고 친근한 냄새를 풍긴다. 고른햇살의 대표 메뉴는 참치김밥과 치즈 라볶이. 어느 한 고대생에 의하면 이 참치김밥을 먹어본 이상 다른 집 참치김밥은 더 이상 참치김밥이 아니라고. 터질 듯 꽉 찬 김밥이 입 안을 가득 메우고 치즈 라볶이 역시 엄청난 양을 자랑한다. 피자 치즈로 가득 메워져 있는 라볶이의 조화가 먹음직스럽다.

한리단길

한성대입구역에서 조금만 걸어오면
아주 조용한 골목이 있다.
소중한 사람과 조용히 걷고 싶은 그런 골목 말이다.
이곳은 꽃이 만개한 성북천과 키덜트들을 위한
아기자기하고 귀여운 소품숍,
스테이크부터 파스타, 그리고 소시지와
맥주까지 맛있는 맛집으로 가득한 곳이다.
거기다가 다양한 콘셉트의 카페들이 가득한데
나의 아지트 같은 카페부터
예술의 향기를 맡을 수 있는 전시회,
그리고 동네 사진관을 모티브로 한 카페 겸 사진관,
마치 중세유럽에서 홍차를 즐겨 마시는 것 같은
카페까지 소중한 사람과 데이트하기에
더할 나위 없이 좋은 골목이다.
아마 그 사람과 이곳을 걷게 된다면
더욱 깊은 사이로 발전할 수 있을 것이라고 확신한다.
플리터 4기 김태경, 이하영, 이현무

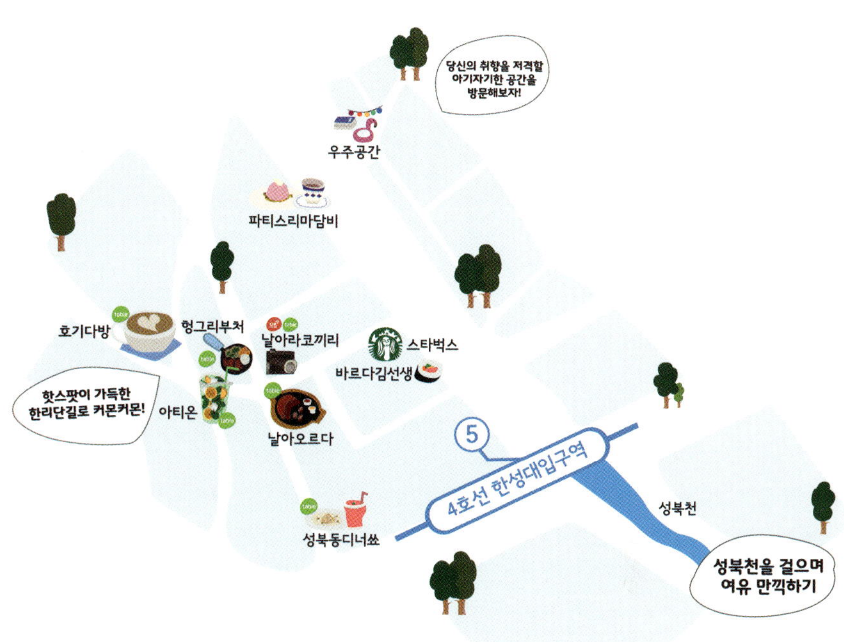
당신의 취향을 저격할
아기자기한 공간을
방문해보자!
우주공간
파티스리마담비
호기다방
헝그리부처
날아라코끼리
스타벅스
바르다김선생
핫스팟이 가득한
한리단길로 커몬커몬!
아티온
날아오르다
성북동디너쑈
4호선 한성대입구역
성북천
성북천을 걸으며
여유 만끽하기

포크가 빨라지는 디저트숍
파티스리 마담비(Patisserie madamB)

🏠 서울시 성북구 성북로 19-1
🕐 화~토 11:30~20:30, 일 11:30~19:30(월요일 휴무)
📱 070-7670-6261
🅿 가게 앞 주차 가능

🍴 커피 5,000원~, 홍차 7,000원~, 케이크 8,500원~, 스콘 3,600원
@ instagram.com/PATISSERIE_MADAMB

#눈이황홀해지는티웨어 #소소한위로가필요하다면 #프렌치디저트 #티푸드

제대로 된 디저트를 맛보고 싶은 그대에게 르 꼬르동 블루 출신 파티시에의 정성이 가득 담긴, 제대로 된 디저트 맛집. 쇼케이스 안에 있는 맛있는 디저트는 품절이 잦으니 서둘러 가보시길 바란다. 여기서 다가 아니다. 파티스리 마담비에는 디저트뿐만 아니라 다양한 시즌 티도 만나볼 수 있다. 직접 시향해보고 즐길 수 있는 티를 디저트와 함께 즐겨보시길 추천한다.

화이트와 골드로 장식한 실내 인테리어는 기분 좋은 발걸음을 재촉한다. 파티스리 마담비에서는 디저트뿐만 아니라 다양한 티도 만나볼 수 있는데 예쁜 티웨어는 덤이며 예쁜 잔에 향긋한 티를 졸졸 따라 마시면 작은 것에도 감동하게 된다.

준비되어 있는 시즌 티는 시향이 가능하며 마리아쥬 플뢰르, 얼그레이, 헤로즈, 포트넘 등 다양한 티를 만나볼 수 있다. 사장님이 시향 안내와 함께 간단한 설명도 해주시니 티타임은 그리 어렵지 않다. 아무것도 바르지 않아도 고소함이 가득한 이곳의 스콘은 이미 소문이 자자하다. 오늘도 열심히 달린 당신, 이곳에서 우아한 티타임을 가져보는 건 어떨까?

부담스럽지 않은 드라이에이징 스테이크
헝그리부처(Hungry Butcher)

🏠 서울시 성북구 성북로5길 20 1층
🕐 11:30~03:00
📱 070-7764-3000
🅿 가게 앞에 1대 정도 가능

🍴 에이징(Wet aged) 부채살/살치살 200g 16,000/17,000
(+100g 7,000원, +200g 13,000원, +300g 20,000원)
에이징(Wet aged) 꽃갈비살 200g 18,000
(+100g 8,000원, +200g 14,000원, +300g 22,000원)

#가성비좋은스테이크 #성북동레스토랑 #스테이크도런치로즐기자

가성비 끝판왕 스테이크 비싸고 고급스러운 이미지가 강한 스테이크에 대한 편견을 깨주는 곳이 있다. 바로 이 헝그리부처라는 레스토랑이다. 가게에서 직접 숙성시켜 드라이에이징한 고기를 간단하게 팬에 구워 먹을 수 있는 곳으로, 한성대입구역에서 조금만 걸어오면 성북동의 작은 골목에서 헝그리부처를 쉽게 찾을 수 있다. 심플한 카페 같은 외관처럼 내부도 화려한 장식보다는 간단한 인테리어로 편안한 느낌이다.

주방이 훤히 보이고 따로 고기를 숙성시키는 숙성고도 쉽게 눈으로 확인할 수 있어 식사를 하면서 더욱더 신선하고 깨끗한 느낌을 받아 식사가 배로 만족스러워진다. 굽기도 다양하게 주문할 수 있는데 가장 인기가 많은 미디움 레어로 시키게 된다면 겉은 바삭바삭하고 질기지만 속은 부드럽고 말랑말랑한 고기가 입 안에서 감칠맛을 돋우며 사르르 녹는 경험을 하게 될 것이다.

스테이크는 언제나 비싸다는 편견을 이곳에서 확실히 깰 수 있다. 고기의 질에 비해 저렴한 가격 덕분에 이 스테이크는 디너보다는 런치에 더 어울릴 것 같다고 생각이 들 정도로 식사가 부담스럽지 않다. 만약 스테이크와 곁들여 오늘의 와인을 주문한다면 그날의 식사는 그 어떤 날보다도 풍족한 식사가 될 것이다.

한옥 정원 속 디너파티
성북동디너쑈

🏠 서울시 성북구 창경궁로43길 6
🕐 매일 11:00~22:00
📱 02-741-3335
🅿 야외 1~2대 가능

🍴 마르게리따 피자 23,000원, 해물볶음밥 7,000원, 카르보나라 14,000원

#한옥에서즐기는퓨전음식 #분위기에홀라당반해요 #한옥레스토랑 #성북동맛집

고요한 듯 세련된 감각이 돋보이는 성북동 골목 곳곳에 돋보이는 예술적, 디자인적 감각은 사람이 머물게 하는 힘을 지녔다. 여기에 그 정서를 듬뿍 담고 있는 패밀리 레스토랑이 있다. 건물 외관부터 세련미를 철철 풍기는 성북동디너쑈이다. 세련된 디자인으로 사람들을 사로잡은 성북동 디너쑈는 막상 내부로 들어가면 세미 한옥 스타일의 식당이다. 재질은 한옥인데 무언가 글램핑에 온 것 같은 느낌이 드는 동서양의 조화는 마음을 흔들기에 충분했다.

성북동 디너쑈는 다양한 느낌을 지니고 있다. 낮에 방문했을 때는 피크닉을 온 것처럼 경쾌하고 맑은 느낌이지만 밤에 방문하면 곳곳에 있는 등불이 포근한 밤을 어루만져 준다. 곳곳에 꽃과 나무, 식물과 와인, 통조림 병으로 장식되어 있는 내부는 상충될 것 같은 이들의 조화를 이끌어낸다. 창밖이 보이는 공간도, 장식품이 돋보이는 좌식 공간도 있으며 실내와 실외를 모두 경험할 수 있는 특별한 공간이다.

성북동디너쑈는 감각적인 인테리어뿐만 아니라 음식의 맛과 가격 역시 탁월하다. 패밀리 레스토랑이라 비싸다고 생각한다면 이는 편견이다. 피자, 파스타부터 볶음밥까지 우리의 입맛에 딱 맞는 퓨전 음식들이 제공된다. 그대, 디너쑈를 즐길 준비가 되었는가?

감각적인 아트살롱
아티온(ARTION)

🏠 서울시 성북구 성북로7길 35
📱 02-6080-4932, 010-3823-4932
🅿 가게 앞 주차 가능
🍴 아메리카노 4,000원, 카페라테 5,000원, 바닐라라테
　 5,000원, 레모네이드 7,000원, 오렌지에이드 7,000원,
　 라임에이드 7,500원, 루이보스티 6,000원

⭐ 평일 점심시간(12:00~14:00)에는 커피 메뉴가
　 1,000원 할인된다. 3주에 한 번씩 전시가 바뀌니
　 홈페이지를 참고하자.
@ www.theartion.com

#성북동문화생활 #아티스트들의꿈의공간 #성북동갤러리 #아트살롱

아티스트와 아티스트가 만들어낸 새로운 세상
Artist Union, ARTION. 아티온은 국내외 신진 아티스트들과의 연계를 통해 그들의 창작 활동을 지원하고 다양한 아트 프로젝트를 전개하고 있다. 서촌에서 이사 온 지 얼마 되지 않은 따끈따끈한 공간. 이제는 신진 작가들 사이에서 '꼭 한번 전시해보고 싶은 공간'이 된 아티온은 그 색과 정체성을 뚜렷하게 잡아가고 있다. 얼마 있지 않아 성북동의 핫 플레이스로 자리 잡을 힙한 공간, 아티온을 소개한다.
국내외 신진 아티스트들의 창작 활동을 지원하고 연계 프로젝트를 진행하는 아티온은 이미 작가들에게는 소중한 공간이 되었다. 가정집을 개조한 아티온은 일상 속에서 예술을 만날 수 있는 공간을 제공한다. 공간의 천장은 큰 유리창으로 되어있어 낮에는 따뜻한 햇살을, 운이 좋다면 저녁에는 별을 볼 수 있다. 비가 온다면 금상첨화, 따뜻한 나무의자에 앉아 두런두런 수다를 떨며 비 오는 소리를 듣기에도 좋다. 아티온에서 즐길 수 있는 커피와 에이드는 단순히 갈증을 해소하기만을 위한 것은 아니다. 아티온에서의 커피 한 모금은 작품에 시선이 더욱 오래 머무르게 한다. 단순히 작품을 감상하는 갤러리가 아닌 아트살롱이라는 이름을 가진 공간인 만큼 당신은 아티온에서 보다 긴 시간 동안 머무르고 싶어질 것이다.

성북동의 새로운 보물, 새로운 세상을 꿈꿀 수 있는 공간 아티온(ARTION)

아티온은 국내외 신진 아티스트들과의 연계를 통해 그들의 창작 활동을 지원하고 다양한 아트 프로젝트를 전개하고 있다. 서촌에서 이사온 지 얼마 되지 않은 따끈따끈한 공간으로 얼마 있지 않아 성북동의 핫플레이스가 될 아티온을 소개한다.

Q 아티온이라는 공간을 열게 된 이유가 무엇이었나요?

아티온이라는 상호는 '아티스트'와 '유니온'의 합성어예요. 제가 애초에 슬로건으로 걸었던 게 아티스트와 아티스트의 만남을 통해 새로운 장을 만들자였는데요, 좀 더 예술의 장벽을 낮춰주기 위해, 접근성이나 여러 가지 대중성 면에서 접근을 해보자는 취지로 신진 아티스트 발굴도 하고 초대해서 전시하는 공간을 만들었다가 좀 더 커뮤니티를 위한 공간이 필요하지 않을까 하는 마음에서 변화를 주기 시작했어요.

Q 영업 철학이 있으시다면요?

저는 전시 기획자예요. 갤러리는 오래 머물지 못하는 공간이잖아요. 커피 한잔하시면서 여유롭게 작품 감상을 하시면 좋겠어요. 신진 작가들을 잘 모르는 분들도 많으니까 조금 더 오래 작품을 음미하시길 바란다는 기획 의도가 있죠. 단순히 카페, 그리고 갤러리가 아니라 융합적인 공간을 만들고 싶었어요.

Q 아티온을 대표하는 메뉴가 있나요?

수입맥주와 에이드가 대표 메뉴예요. 레몬이나 복분자 에이드요. 이 근방에 카페가 많기 때문에 시그니처 메뉴를 만들고자 했어요. 그러던 도중 에이드나 맥주를 메인으로 택했는데 지금 취급하는 맥주도 여성분들이 좋아하시는 제품들이 많아요. 화이트 와인처럼! 여성분들이 자주 방문해주시거든요.

Q 향후 이루고 싶은 목표가 있으신가요?

아티온 타이틀로 운영을 하기 시작한 게 벌써 4년차거든요. 서촌에서 3년 있다가 이리로 온 거예요. 어느 정도 작가들 사이에서는 저희 공간이 알려졌으니 그만큼 어깨가 무거워진 거죠. 저희만의 색깔과 정체성이 갖춰지면서 유지·발전시키고 싶은 것들이 많아졌어요.

특별한 사진을 달콤한 디저트와 함께
날아라코끼리

- 서울시 성북구 창경궁로 43길 22
- 사진관 11:00~19:00(예약제, 수요일 휴무)
  카페 11:00~22:00(일요일 휴무)
- 070-7432-1368 건물 앞 1대 정도 가능
- 아메리카노 3,000원, 더치커피 4,500원
- 사진관은 예약제이며 테이크아웃 시
  모든 음료를 1,000원 할인해준다.

#동네사진관 #카페를품은사진관 #크림치즈케이크

성북동의 아주 특별한 사진관 오래된 한옥을 개조해 만든 이곳은 맛있는 커피와 다양한 음료, 그리고 달콤한 디저트를 파는 카페다. 사진작가와 일러스트레이터로 일하고 있는 두 친구가 함께 운영하며 '하늘빛사진관'이라는 사진관과 '날아라코끼리'라는 카페가 같은 공간에 있다. 카페의 내부로 들어서면 한옥의 고유한 모습과 아기자기한 소품에서 자연스럽지만 담백하고, 소박하면서도 특별한 분위기를 느낄 수 있다. 하늘빛 사진관은 화려한 스튜디오보다 '동네 사진관'을 지향하며 언제나 가벼운 마음으로 쉬어갈 수 있는 공간을 꿈꾸고 있다.

기다리고 기다리던 공간
우주공간

- 서울시 성북구 성북로8길 3
- 12:00~22:00 010-5155-0774
- 주차 불가
- 온라인 구매도 가능하다
  (storefarm.naver.com/woozoospace)
- woozoospace.modoo.at, instagram.com/woozoospace

#마음만은영원히아이인우리들 #키덜트들의천국

따끈따끈한 키덜트숍 새하얀 공간에 기분 좋은 석고 방향제 향이 피어오르며 아기자기한 피규어들까지 만나볼 수 있는 곳, 우주공간. 이화여자대학교 앞에 있다 2016년 3월 성북동으로 매장을 이전했다. 훈훈한 대표님의 셀프 인테리어를 통해 탄생한 이곳은 키덜트족들을 감동시키기에 충분하며 직수입을 통해 숍에 입점한 피규어들은 존재 자체로 희귀성을 갖는다. 대표님은 고객들 취향을 저격하는 스나이퍼. 성북동으로의 매장 이전과 함께 예능 소품 협찬 및 여러 플리마켓에 참여하는 등 활동 영역을 서서히 넓혀가고 있다.

따뜻한 풍경과 사람이 있는 곳

강동구

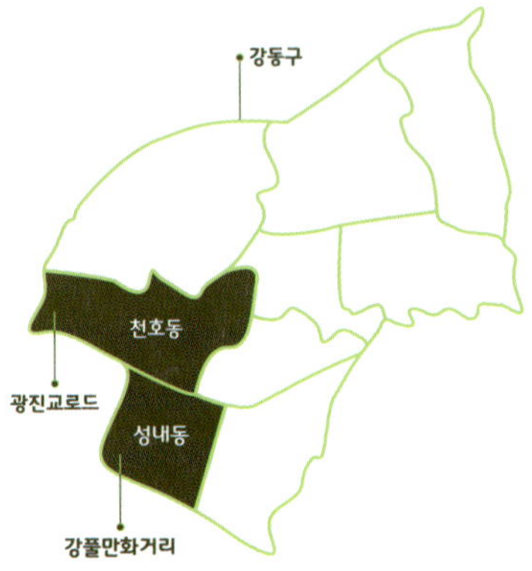

한강의 동쪽에 위치해 '강동'이란 이름을 얻었다. 하지만 강동구는 몇십 년에 걸쳐 강동구만의 이름을 갖게 된다. 1963년 서울시 성동구 관할이 되어 천호출장소와 송파출장소에 속하게 되었고, 10년 뒤인 1973년에는 영동출장소에 속하게 되었다. 그 이후로도 1975년 강남구가 신설되면서 강남구에 속하게 되었지만 이후 1979년 강남구 소속의 천호출장소가 분리되면서 드디어 강동구가 신설되었다.

강동구는 이렇게 여러 지역에 포함되면서 강동구만의 색깔을 갖기 쉽지 않았지만 '강풀'이라는 유명 웹툰 작가와 자원봉사자들의 노력으로 강동구만의 골목을 만들게 된다. '강풀 만화 거리'는 강동구를 대표하는 하나의 골목이 되었고 더 많은 사람들이 강동구를 찾아오는 효과를 주기도 했다. 그 외에도 따뜻한 사람들이 가득한 성내시장과 보기만 해도 군침 도는 주꾸미 골목, 여러 특색을 가진 등갈비 맛집이 즐비해 강동구 나름의 입지를 넓혀가는 중이다.

강풀 만화 거리

강풀이 태어나고 자란 강동구.
이 골목에는 강풀의 어렸을 적 동심과 꿈이 깃들어 있다.
강풀과 자원봉사자들이 강풀의 가슴 따뜻해지는
작품을 곳곳에 옮겨놓았다. 골목을 따라가다 보면
보이는 가정집들과 동네 주민으로 보이는 이들까지,
모든 게 만화 속 이야기 같다.
강풀 만화 거리가 끝날 때쯤 만나는
성내시장과 주꾸미 골목,
그 외 골목골목에는 여러 맛집이 있다.
그곳에서 오늘의 추억을 새롭게 만들자.

플리터 4기 박윤정, 이은영, 진가윤

성내 전통시장
비쥬얼 갑 등갈비 달인
커피 크림
수상한 사진관
Chun ♡ 꾸미
추억이 흐르는 이발소
웹툰세계로 Go!
쭈꾸쭈꾸 쭈꾸미
강풀 만화거리 & 도넛
→ 150m
5호선 강동역
4

만화 속 주인공이 되는 길
강풀 만화 거리

🏠 서울시 강동구 성내동 강풀 만화 거리
📱 강동구청 1577-1188
🅿 주차 가능

⭐ 강풀만화거리 해설 프로그램 '도슨트'를 이용해보자.

#강동구벽화거리 #강풀만화거리 #강동구사진찍기좋은곳 #웹툰작가강풀

만화 주인공이 되어 보는 거리 '강풀 만화 거리'는 강동구 천호동에 위치한 골목이다. 만화를 좋아하는 사람, 강풀을 좋아하는 사람은 응답하라. 강풀 만화 거리를 걸으면서 만화 속 주인공이 되어보는 경험을 해보자.

강풀 만화 거리는 강풀이 태어나고 자란 거리를 그의 유명한 작품으로 꾸며놓은 곳이다. 골목 곳곳의 벽에는 강풀의 가슴 따뜻해지는 만화들이 그대로 옮겨져 있다. 강풀과 여러 자원봉사자들이 그린 그림들이다. 연인, 가족, 친구, 이웃의 이야기를 그림으로 모두 만날 수 있어 벽화를 따라 발걸음을 옮기다 보면 덩달아 가슴이 따뜻해진다. 마음에 드는 그림 앞에서 사진을 찍다 보면 시간 가는 줄 모른다.

벽화의 내용을 해설해주는 프로그램도 있다. 강동구청 도시디자인과에 3인 이상 유선으로 신청을 하면 되는데 겨울철에는 운영하지 않는다. 웹툰을 보지 않았던 사람에게는 벽화 속 이야기를 들으면서 그림에 더욱 공감할 기회이고, 웹툰을 접했던 사람에게는 좀 더 자세히 내용을 느낄 기회가 될 것이다.

시간을 간직한 추억의 이발소
추억이 흐르는 이발소

🏠 서울시 강동구 천호대로168가길 42
🍴 커트 10,000원, 학생 7,000원, 면도 10,000원,
정발(드라이) 6,000원, 염색 12,000원

#시간을간직한이발소 #40년의시간이고스란히 #추억소품박물관

시간을 간직한 이발소 '추억이 흐르는 이발소'는 강동구 강풀 만화 거리에 위치한 40년이 넘은 이발소이다. 가게 전면에는 강풀의 『그대를 사랑합니다』 속 주인공 만석이 할아버지 모습이 그려져 있다. 만화 속에서 만석이 할아버지가 송이뿐 할머니와 데이트하러 가기 전 머리를 자르러 가는데 그 만화 속 장면이 절로 떠오른다.

성안마을이 강풀 만화 거리로 새롭게 조성되면서 이발소 가게 전면에도 그림이 하나 그려졌는데, 그때 그려진 그림이다. 이곳에서는 50년 경력의 이발사 김영후 할아버지께서 이발소를 홀로 운영하고 계신다. 할아버지의 노련한 이발 솜씨는 성안마을에 이미 널리 알려졌고, 단골손님도 꾸준히 늘어나고 있다.

이발소 안에는 옛날 이발 기구와 축음기, 타자기, 옛 전화기 등 아기자기한 소품들로 가득하다. 이발소를 운영하는 할아버지께서 직접 하나하나 들여와 할아버지만의 소품 박물관을 만드셨다. 이발소 안을 구경하고 나면 우리가 경험하지 못했던 그 옛날을 여행한 것 같은 기분이 든다.

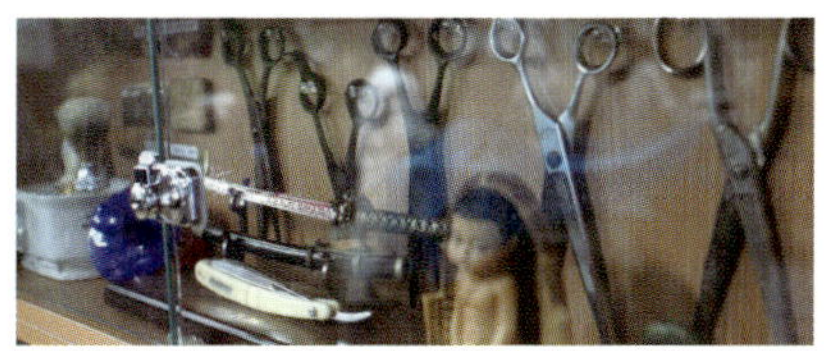

시간을 간직한 추억의 이발소
추억이 흐르는 이발소

추억이 흐르는 이발소의 주인이신 이발사 김영호 할아버지께서는 이 이발소에서 무려 40년 동안 주민들의 이발을 책임지셨다고 한다. 강동구 성내동 주민들에게는 강풀 작가보다도 더 유명한 김영호 할아버지를 만나보자.

Q 어떻게 이발소를 시작하게 되셨나요?

1965년부터 이발을 배우며 매력을 느꼈고, 이 직업을 택한 이상 최고가 되고자 노력했습니다. 그런 노력의 일환으로 1990년도에 일본에 가서 미용을 더 배우기 시작했고요. 한국에 돌아와 그때의 경험을 바탕으로 이발소를 시작하게 되었는데 원래 이 장소는 아는 후배가 하던 이발소였어요. 하지만 후배가 월남전에 참전해 고엽제 때문에 일을 못 하게 되어서 내가 이곳을 책임지게 되었죠.

Q 사장님만의 영업 철학이 있으신가요?

영업 철학은 언제나 나 자신이 깨끗한 차림으로 손님을 맞이하는 것입니다. 이발사는 손님을 깨끗하고 단정하게 하는 직업이잖아요. 그렇기 때문에 기분까지도 상쾌하게 하는 것이 언제나 나의 목표이고 철학이에요. 지난 40년 동안 단 한 번도 넥타이를 풀고 이발소에 온 적이 없을 만큼 단정한 모습을 고수해왔습니다. 이렇게 노력하면서 앞으로는 손님들에게 감동을 주고 싶은 게 저의 바람입니다.

Q 사장님이 가장 자신 있는 건 무엇인가요?

당연 커트죠. 일본에선 여성들도 이발소에 와서 커트도 하고 면도도 해서 여성커트를 할 수 있지만 이발소라는 편견 때문인지 한국에서는 여성들이 이발소에 오지 않아요. 그래서 아저씨나 나이 드신 어르신들을 대상으로 하는 커트와 이발이 대표적일 수밖에 없죠.

Q 향후 목표가 있으신가요?

가위 집과 악기 하나 들고 전국 노인정이나 복지관을 돌며 봉사하는 것이 목표입니다. 평소 음악을 좋아하고 악기 다루는 것을 좋아하는데, 음악이 필요하고 이발이 필요한 어르신들, 몸이 불편하신 분들께 감동을 선사하며, 내가 가장 좋아하는 이발을 하면서 평생 살고 싶어요.

군침 돌게 하는 특허 받은 등갈비
등갈비 달인

🏠 서울시 강동구 천호대로 158길 25 1층
🕐 월~금 12:00~02:00, 토·일·공휴일 12:00~03:00
📱 02-6203-4638
🅿 주차 가능

🍴 매운 등갈비찜 11,000원/1인분, 치즈 등갈비찜 15,000원/1인분, 날치알 주먹밥 2,500원, 떡튀김 2,500원, 계란찜 3,000원
⭐ 등갈비의 매콤한 맛을 잡아줄 수 있는 날치알 주먹밥이나 떡튀김을 같이 시켜 먹는 것을 추천한다.

#매운등갈비 #등갈비달인 #천호동등갈비달인 #강동구등갈비

특허받은 등갈비 '등갈비 달인'은 강동구에 위치한 소문난 등갈비 음식점이다. 국내 유일의 등갈비 요리로 특허도 받은 곳이고 이미 방송에서 맛집으로도 소개된 곳이다. 매운 음식이 땡기는 날, 조금은 새롭고 푸짐한 매운 음식을 즐기고 싶으면 이곳으로 오자. 가게 안에는 넓은 자리가 준비되어 있다. 포장마차 자리로 꾸며놓아 편안하고 아늑한 느낌이 들며, 가게 곳곳을 꾸미고 있는 어벤저스 캐릭터는 왠지 모르게 기분을 업되게 한다. 이곳의 대표 메뉴는 매운 등갈비찜과 치즈 등갈비찜이다.

매운 단계는 1단계 약한넘부터 3단계 미친넘까지 있고 그 중간에는 1.5단계와 2.5단계도 있어 선택의 폭도 넓다. 치즈 등갈비찜을 시키면 매운 등갈비를 한층 더 고소하고 덜 맵게 즐길 수 있다고 하니 기억해두자! 살이 통통하게 붙어 있는 등갈비 위에 치즈가 한가득이다. 갈비 한 쪽을 잡고 올리면 치즈가 끊이지 않고 따라 온다. 주인아저씨 인심도 넉넉하시다. 콘치즈와 계란 후라이 서비스가 무제한이니 눈치 보지 말고 더 달라 해서 많이 먹고 또 먹자!

천호동 주꾸미 골목의 최강자
쭈꾸쭈꾸

- 🏠 서울시 강동구 천호대로 158길 10
- 🕐 12:00~24:00 📱 02-484-3472 🅿 주차 불가
- 🍴 주꾸미 10,000원, 주꾸미삼겹살 11,000원,
  주꾸미새우 11,000원, 주꾸미삼겹살새우 12,000원
- ⭐ 평일 6시 이전에 방문하면 음료 혹은 사리 중
  한 가지 서비스를 제공한다.

#천호동주꾸미골목 #천호동주꾸미골목절대강자

천호동 주꾸미의 넘버원 천호동 주꾸미 골목에서는 어느 가게를 선택해도 맛있는 식사를 할 수 있겠지만, 동네 주민들에게는 쭈꾸쭈꾸가 가장 유명하다. 1호점, 2호점에 이어 3호점까지 있는 걸 보면 명성이 얼마나 대단한지 알 수 있다. 주꾸미 요리는 한 마디로 매콤 그 자체이다. 하지만, 맛있게 매운맛이라 자신도 모르게 계속 손이 간다. 그냥 주꾸미를 먹는 것보다 깻잎에 쌈무를 넣고, 주꾸미를 올린 뒤 이것저것 넣고 싸먹으면 그 맛이 최고가 된다. 주꾸미와 버섯의 쫄깃함과 쌈무의 아삭함이 어우러져 최고의 식감을 만들고 깻잎은 주꾸미의 매운맛을 잡아 준다.

현재와 과거의 추억이 공존하는 사진관
수상한 사진관

- 🏠 서울시 강동구 천호옛14길 40 B1
- 🕐 10:00~21:00
- 📱 02-470-0155
- 🅿 주차 가능
- ₩ 이미지 사진 5,000원/1인/1컷, 증명사진 10,000원,
  여권사진 10,000원

#천호수상한사진관 #이미지사진 #단체사진

지금의 추억이 저장되는 곳 '수상한 사진관'은 강동구 천호동에 위치한 사진 스튜디오이다. 스튜디오에는 메이크업 공간이 마련되어 있는데 화려한 조명이 비치는 거울 앞에 앉아 있으면 마치 배우가 된 것 같은 느낌이 든다. 머리 손질 한 번, 메이크업 체크 한 번 하고 준비해 온 의상을 탈의실에서 갈아입는다. 어떤 콘셉트로 촬영할지 정하지 못했다 하더라도 걱정할 필요 없다. 수상한 사진관에서 준비해 준 샘플 사진이 있으므로 마음에 드는 것으로 고르면 된다. 또한 다양한 소품들도 준비되어 있으니 참고할 것!

붕어빵과 마카롱, 직접 로스팅 한 커피를 한곳에서
커피크림

🏠 서울시 강동구 천호옛14길 26
🕐 09:00~23:00
📱 02-474-7497
🅿 주차 가능

🍴 아메리카노 1,000원(소),
컵아이스크림 2,500원(작은거), 3,500원(큰거),
마카롱 3,800원, 붕어빵 2,500원

#마카롱 #크로아상붕어빵 #커피크림 #타이야끼 #붕어빵 #천호동디저트카페

천호동 대표 이색 디저트 카페 '커피크림'은 자칫 투박해 보일 수 있는 천호동 골목에 위치한 예쁜 색감의 디저트 가게이다. 크로아상 타이야키와 마카롱 아이스크림으로 유명한 곳이다. 가게 내부는 작지만 맛과 특이함으로 승부를 보는 천호동의 대표 디저트 카페이다.

타이야키는 붕어빵 모양의 빵인데, 흔히 알고 있는 붕어빵 식감이 아닌 쫄깃한 크루아상 빵으로 이제까지 느껴보지 못한 새로운 맛을 경험해 볼 수 있다. 안에 들어가는 시럽의 종류에는 망고, 플레인, 블루베리 등이 있어서 취향대로 선택하면 된다. 비주얼까지 너무 귀엽고 예뻐서 함부로 베어 먹기 아까울 정도이다.

상큼한 아이스크림이 들어간 큼지막한 마카롱 맛도 일품이다. 마카롱 열풍이 불고 여기저기서 마카롱 아이스크림이 등장했는데, 어설픈 마카롱 아이스크림이라 생각하면 큰 오산이다! 크기도 크고, 아이스크림 양도 많은 진짜 중의 진짜가 여기 있다. 여기에 사장님께서 직접 로스팅한 에스프레소 커피 한 잔을 곁들이면 여기가 천국이지 싶은 달콤함이 밀려온다.

광진교로 천호 한 바퀴
광진교로드

광진교 근처에 있는 광나루 한강공원에서는
자전거 도로, 자전거 대여,
이색적인 자전거 체험 시설 등이 잘 갖춰져 있어
자전거를 좋아하는 사람들에겐 지상낙원으로 통한다.
광진교 근처에는 문화와 예술을 즐길 수 있게 한
공연장인 광진교 8번가도 있다.
이 곳은 전 세계적으로 세 개밖에 존재하지 않는
교각 하부 전망대인데, 최고의 절경과 공연,
전시를 모두 즐길 수 있는 공간이 있다.
한강 야외 데이트, 천호동 내의 숨은 맛집,
광진교에서의 문화·예술 체험을
모두 할 수 있는 거리가 바로, 광진교 로드이다.
지금부터 천호동 광진교를 한 바퀴 돌아보자.

플리터 4기 박윤정, 이은영, 진가윤

광나루역
천일중학교
광진교&광나루자전거공원
천호공원
천호시장
벨로마노(VELOMANO) table
안녕식당 table
B612FAVORI
천호로데오거리
현대백화점 OK
탐앤탐스 OK
천호대교
더식당(THE SIC-DDANG) table
1
4
5,8호선 천호역
풍납토성
카페453키친 table

안녕 식당, 안녕 나의 아지트
안녕 식당

🏠 서울시 강동구 천호대로 159길 53
🕐 월~금 11:30~21:00
　　브레이크 타임 15:30~17:00
📱 02-473-0543
🅿 주차 불가

🍴 가츠동 6,000원, 히레가츠동 7,000원, 사케동 8,500원,
　　안녕짬뽕 8,500원
⭐ 밥과 소스는 추가할 수 있다.

#천호동맛집 #안녕식당 #안녕짬뽕 #돈부리가땡길땐안녕식당

일식집에서 먹는 비밀스러운 짬뽕 '안녕짬뽕'은 강동구 천호동에 위치한 작은 일식집이다. 20대의 풋풋한 대학생이라면 누구나 자기만의 아지트를 갖고 싶어 할 것이다. 나만 알고 있는 비밀의 장소, 몇몇 사람들과 비밀스러운 이야기를 나눌 수 있는 곳을 찾고 싶어 한다. 안녕 식당은 그런 아지트 느낌이 나는 곳이다. 천호동의 어느 외진 골목, 음식점이 있을 것 같지 않은 그런 골목에 이름마저 귀여운 식당이 자리 잡고 있다. 가게 위치도, 가게의 내부와 외부도 나만 알고 싶은 신비한 느낌이다. 매일 오픈 시작과 함께 많은 사람들이 줄을 서는 천호동 맛집, 안녕 식당이 '안녕' 하며 당신을 반겨줄 것이다.

안녕 식당에서 파는 여러 돈부리 요리들 사이에서 많은 손님들의 사랑을 받은 짬뽕 요리가 하나 있다. 바로 안녕짬뽕. 돈부리, 덮밥, 새우튀김, 치즈감자고로케 등등의 메뉴들 역시 하나 같이 맛있는데, 안녕 식당 하면 당연 안녕 짬뽕이라고 소문이 날 만큼 대표 메뉴이니 꼭 먹어보길 추천한다.

안녕 식당, 안녕 나의 아지트
안녕 식당

오픈한 지 일 년이 조금 넘었고, 위치도 천호의 한적한 골목에 있다. 그럼에도 불구하고 줄을 서야 먹을 수 있는 유명한 맛집이 된 노하우나 비결이 있는 지 궁금했다. 일본의 가정집 같기도 한 안녕 식당을 찾았다.

Q 안녕 식당은 어떻게 시작하게 되셨나요?

원래는 의류 관련 사업을 하다가, 호기심이 있었던 외식업을 하게 됐습니다. 30년 넘게 강동구에 산 강동구 토박이인데, 강동구에 이런 식당이 하나 있었으면 좋겠다는 생각에 안녕 식당을 열게 되었죠. 단순히, 편하게 찾아가서 먹을 수 있는 식당이 있었으면 좋겠단 생각이었습니다.

Q 안녕 식당만의 영업 철학이 있으신가요?

사실 전문적인 요리사가 아니므로 '지금 내고 있는 맛만이라도 지키자.'라는 마인드로 요리를 하고 있습니다. 또한 재료를 아끼지 않아요. 화려하고 신기한 맛을 낼 수는 없지만, 꾸준한 맛과 푸짐한 양을 제공한다면 지금처럼 사랑받을 수 있다고 믿기 때문에 최대한 지금의 맛을 지키고, 재료를 아끼지 않고 쓰려고 노력하고 있습니다.

Q 이곳의 대표 메뉴를 소개해주세요?

안녕 짬뽕이 대표 메뉴입니다. 일반 짬뽕과는 맛이 다르다 보니 많은 분들이 좋아하세요. 요리를 배운 적이 없어서 손님들의 반응을 보고, 주변의 자문을 구하며 메뉴를 개발했는데, 반응이 좋아서 다행이라고 생각합니다.

Q 안녕 식당의 향후 목표는 무엇인가요?

안녕 식당을 체계화시켜서 다른 지역에도 안녕 식당을 여는 것을 목표로 하고 있습니다. 한적한 곳을 선호하고, 아늑한 느낌을 좋아하기 때문에 일본의 가정집 같은 느낌으로 직접 위치를 선택하고 인테리어를 할 예정이에요. 인테리어는 가게 직원들이 가지고 있는 소품을 하나둘 모아 자유롭게 꾸미고 있습니다.

너와 나를 이어주는 다리
광진교 & 광나루 자전거 공원

🏠 서울시 강동구 천호동 483-8
🅿 주차 가능

🍴 이색 자전거 체험장 10,000원,
자전거 대여 3,000원(1시간)

#한강데이트 #광나루자전거공원 #광진교8번가 #천호동에서한강만끽하기

로맨틱, 낭만, 건강, 모두가 있는 지상낙원 광진교와 광나루 자전거 공원은 서울 광나루역이나 천호역에서 10여 분 정도 걷다 보면 금세 찾을 수 있는 곳이다. 드라마 아이리스 촬영지로 유명세를 탄 곳이기도 하다. 한강뷰를 바라보면서 함께 간 사람과 오순도순 이야기를 나누면 그 진심이 낭만과 분위기를 타고 상대방에게까지 전해진다. 또한, 이곳에서는 한강을 찾은 시민들을 위한 전시와 공연이 진행되기 때문에 시간을 잘 맞춰 가면 무료 전시와 공연을 덤으로 얻어갈 수 있다.

광진교 근처에 있는 광나루 자전거 공원에서는 자전거를 제대로 즐길 수 있다. 자전거 대여소, 이색 자전거 체험장, BMX 경기장이 있어 자전거를 사랑하는 사람들에게 이곳은 분명 천국일 것이다. 레이싱 경기장과 레일바이크장, 인라인 스케이트장도 가까워서 자연스러운 스킨십이 오가는 운동 데이트를 하기에 이만한 곳이 없다.

조용하고 아기자기한 느낌의 동네인 천호동과 가까워 천호동의 맛집을 즐기기에도 편하고 좋다. 자전거 테마 카페, 무료 공연이 있는 펍 등 천호동의 숨은 맛집들이 가까이에 있으니, 한강 데이트를 마친 후에 천호동으로 이동하면 좋을 것이다.

최초의 자전거 카페
벨로마노

🏠 서울시 광진구 구천면로 13 광진빌딩 1층 벨로마노
🕐 월~금 10: 30~23:00, 주말 08:00~23:00
📱 02-6497-0045
🅿 주차 가능

🍴 땅콩빙수 6,000원, 라이스케이크 2,500원,
　사이클링 드링크 5,500원, 사이클링 푸드 8,000원
⭐ 자전거 펌프, 부품 수리 도구가 가게 입구에 마련되어
　있으니 참고하자.
@ velomano.com

#자전거카페 #라이더들의성지 #최고의자전거카페 #에너지보충은여기서

최고의 자전거 테마카페 벨로마노는 광진교 근처에 위치한 자전거 테마카페이다. 이미 많은 라이더들 사이에선 소문이 퍼진 곳이다. 자전거를 타다가 시원한 음료가 마시고 싶고 잠시 쉬어 가고 싶을 때 찾는 라이더들의 놀이터와 같은 곳이다. 카페 외관부터 내부까지 자전거를 위한 공간이라는 느낌이 확 느껴진다. 라이더들을 위해 준비해 놓은 펌프부터 안장 등 자전거를 조금씩 손볼 수 있는 도구들이 입구에 진열되어 있다. 이러니 라이더들이 이곳을 사랑할 수밖에.

자전거를 좋아하지 않는다 하더라도 이곳을 찾을 만한 가치가 있다. 벨로마노에서만 맛볼 수 있는 땅콩빙수가 있기 때문이다. 땅콩을 재료로 해 빙수를 만든 이유도 라이더들을 위함 이라고 한다. 오랜 시간 자전거를 타고나면 당이 떨어지고 체력 소모도 많이 되기 때문에 단맛과 에너지를 보충할 수 있는 땅콩을 이용해 빙수를 만들게 된 것이 그 이유. 그렇지만 단맛과 고소하고 깔끔한 맛 덕분에 라이더들뿐만 아니라 일반 사람들도 벨로마노의 땅콩빙수를 찾아온다고 한다.

최초의 자전거 카페
벨로마노

최초의 자전거 카페이기도 하고, 테마 카페로서의 콘셉트도 이색적이고 재미있기 때문에 많은 사람들이 알았으면 했다. 가맹 사업을 시작해 전국적으로 매장이 늘어나고 있기도 한 벨로마노의 매력을 파헤쳐보자.

Q 어떻게 자전거 카페를 창업하게 되셨어요?

당연히 자전거에 관심이 많았기 때문에 시작하게 됐습니다. 자전거 동호회 활동을 했었고, 카페 일도 계속했었는데, 라이더들을 위한 카페가 생기면 어떨까 하는 생각에서부터 시작하게 되었죠.

Q 벨로마노만의 영업 철학이 있다면요?

자전거 카페이기 때문에 자전거를 타는 사람들을 위한 공간을 만드는 것을 가장 중요하게 생각했습니다. 라이더들이 이곳에 들렀을 때 필요로 할 것들이 무엇이 있을까 계속 고민하고 알맞은 상품을 제공하려고 노력하고 있죠. 메뉴도 자전거를 타는 사람들이 먹었을 때 효과가 좋을 만한 것들로 먼저 개발하고 있습니다.

Q 벨로마노를 대표하는 메뉴에는 뭐가 있을까요?

라이더들 사이에서는 자체 개발한 땅콩빙수가 제일 유명합니다. 일반 고객들에게도 반응이 좋고요. 빙수라는 게 차가운 음식이잖아요? 하지만 팥이 따뜻한 성질을 가지고 있어 빙수에 팥을 넣

어 먹었다고 하더라고요. 땅콩도 역시 콩류이기 때문에 따뜻한 성질을 가지고 있고 또 맛도 고소하고 달콤하니까 빙수로서 음식의 조합이 잘 맞을 거라 생각했어요. 라이더들에게도 좋은 음식으로 소문이 났고요.

Q 벨로마노의 향후 목표는 무엇인가요?

가맹 사업을 시작했어요. 전국적으로 50개 지점을 확보하는 것이 목표입니다. 자전거를 사랑하는 사람들이 많아지고 있는 추세이기 때문에, 충분히 가능할 거라 믿고, 다 채우지 못하게 되더라도 자전거를 좋아하는 사람들이 늘어났으면 하는 바람을 가지고 있습니다.

이제 고민하지 말고, 한식·양식 다 먹어!
더식당

- 서울시 강동구 천호대로 157길 24 2층
- 11:00~23:00　 02-489-0403　 가능
- 2인 쭈칼세트 16,800원, 2인 FULL세트 29,800원, 2인 랍스타A코스 37,800원
- 포장이 가능하다

#주꾸미의색다른만남 #한식와양식의컬래버레이션

한식과 양식 사이 고민 해결자 천호동은 주꾸미 골목이 따로 있을 정도로 주꾸미가 유명해 일부러 주꾸미 요리를 먹으려고 천호를 찾는 사람들도 많다. 이번엔 주꾸미 플러스 양식을 맛보는 건 어떨까. '피자와 주꾸미와 조화', '로브스터와 주꾸미의 조화'가 일품이라는 더식당을 찾아가 보자. 주꾸미 직화구이와 치즈구이 로브스터를 다 맛볼 수 있는 세트메뉴를 주문하면, 시원한 빨간 냉국수와 샐러드 파스타가 같이 나온다. 로브스터는 치즈의 맛이 더해져 고소하다. 같이 먹는 직화구이 주꾸미는 매콤한데 이 둘의 맛은 환상적인 조화를 이룬다.

어린왕자의 소행성 같은 카페
b612 페이보리(b612favori)

- 서울시 강동구 구천면로 146-1
- 15:00~(유동적)　 070-4175-1024
- 주차 가능(가게 앞)
- 아메리카노 4,500원, 베일리스 밀크 7,000원, 보드카 토닉 7,000원, 마티니 11,000원
- 매주 토요일 오후 8~11시 무료 라이브 공연이 펼쳐진다.

#나만의소행성 #정성가득 #라이브공연카페

아늑한 분위기에 취하는 나만의 소행성 b612favori는 크지 않은 규모이지만, 아늑한 느낌이 들어 나만의 아지트를 발견한 것 같은 곳이다. 펍과 카페를 함께 운영하는 곳으로 가게 내부는 정말 아기자기하다. 어린왕자의 소행성이 바로 b612인데, 어린왕자를 꿈꾸는 사장님이 본인 취향대로 가게를 꾸며 놓으셨다고 한다.

외진 곳에 있어서 메뉴의 맛을 의심했다면 큰 오산. 주인아저씨의 정성이 느껴지는 맛이다. 매주 토요일 저녁 8시부터 11시까지는 라이브 공연도 진행되며 무료로 공연을 감상할 수 있다. 아늑한 카페 분위기에 어울리는 잔잔한 곡을 라이브로 들을 수 있는 매력적인 곳이다.

다양한 풍경과 역사가 담겨 있는

동작구

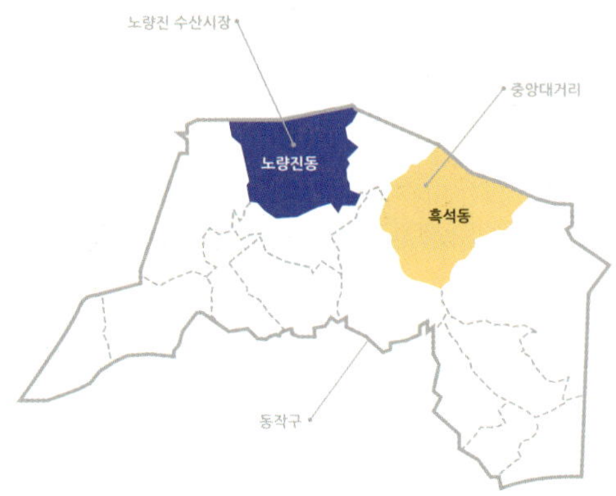

동작구는 1980년에 관악구에서 분리되어 서울시의 17번째 구로 신설되었다. 명칭은 나루터에서 유래했으며 한강 옆에 있다. 나루터 이름은 '동재기나루'로 강가 일대에 구릿빛 돌들이 많이 분포하고 있는 데서 붙여진 이름이다.

동작구 노량진의 학원가에는 다양한 연령대의 수험생들이 눈에 띈다. 학생들이 지나가는 거리에는 오래전부터 '컵밥'이라는 명칭의 음식도 판매하고 있다. 바쁘게 먹는 이들의 모습에서 일분일초 촌각을 다투는 모습을 확인할 수 있다. 전국의 수산물이 한 곳에 모인다는 40년 전통의 수산시장은 꼭두새벽에도 상인들의 목소리로 가득 메워진다. 대학이 위치한 흑석동 쪽으로 가면 파릇한 대학생들의 모습도 볼 수 있다. 서울 속 하나의 작은 구지만 이처럼 동작구 안에는 다양한 사람들의 모습이 펼쳐진다. 목표를 향해 돌진하는 사람들의 모습, 시장 속 상인들의 바쁜 움직임, 젊은 학생들의 열정까지.

한강 옆에 위치한 동작구는 야경 명소이기도 하다. 사육신 공원을 비롯한 용봉정 근린공원에서 바라본 한강의 야경은 매우 아름답다. 많은 수험생들이 이곳에 와서 소원을 빌고 때로는 실패를 위로하기도 하며 성공을 기뻐한다고 한다.

노량진 수산시장 거리

노량진은 '백로가 놀던 나루터'라는 어원상의 뜻을
가지고 있다. 또한 조선 시대 도성을 지키기 위해
이곳에 '노량진'이 설치되었다고 하여 마을 이름도
그리 불리게 되었다. 동작구의 중심지이기도 한 노량진은
한국 최초의 철도, 경인선의 시작이다.
교통의 중심지인 노량진은 강북과 강남, 영등포,
안양 등지를 잇는 곳으로 언제나 붐빈다.
우리는 보통 노량진을 떠올렸을 때 수산시장,
수험생이라는 단어를 떠올리게 된다.
노량진수산시장은 전국에서 모인 수산물들이 모여서
경매 방식으로 판매, 전국 각 시장으로 운송되는 대규모
도매시장이다. 이곳, 수산시장은 24시간 불이 켜져 있다.
부산과 인천에 있는 산지 시장들과 달리 전국 모든 해산물이
모인다는 점에서 차이가 있다 할 수 있다.
입시와 공무원 준비를 위한 학원촌이 형성됨에 따라
먹자골목 또한 자연스레 생겨났다. 길거리 주변에는
수험생들을 위한 싸고 저렴한 '컵밥' 골목이 있다.
전철역에서 조금만 걷다 보면 공부에 지친 심신을
달랠 수 있는 장소이자 역사적으로도 의미가 있는
'사육신공원'도 있다.

플리터 4기 양진호, 이병철, 황희덕

노량진
수산시장
사육신공원
노량진역
노량진
컵밥거리
고구려
고시식당
syrup table
GONG CHA
팔팔낙지
MISS420
이안
정동진

맛있는 수다를 나누고 싶을 땐 바로 여기
카페 이안

🏠 서울시 동작구 만양로 14가길 8
🕐 10:00~22:00(연중무휴)
📱 02-821-5241
🅿 주차 불가

🍴 베리베리 와플, 핸드메이드 쿠키, 아메리카노,
　메론빙수, 과일빙수
⭐ 아메리카노는 테이크아웃 시 1,000원 할인

#수제와플 #수제차 #과일빙수 #상큼 #아늑 #핸드메이드

수제가 만개한 카페 카페 이안의 입구는 각각의 테이블에 촛불이 켜져 있어 분위기가 정말 좋다. 아담한 카페의 전경이 눈에 들어오며 향긋한 커피향과 빵 냄새 혹은 쿠키향이 멀리서도 피어오른다. 안쪽에는 어둡지만 아늑한 공간이 있는데 느낌 있는 분위기를 좋아하는 사람들에게 안성맞춤이다.

이런 고급스러운 분위기와 함께 수제로 만든 차, 쿠키, 와플 등을 즐길 수 있다. 연인 혹은 친한 친구와 함께 일상의 스트레스를 날려 보는 건 어떨까? 과일을 한가득 올린 수제 와플과 상큼한 음료가 입에 들어가는 순간 이곳은 당신의 또 다른 인생 카페가 될 것이라고 감히 단언한다.

베트남의 향기
베트남 쌀국수 Miss420

🏠 서울시 동작구 노량진로16길 26
🕙 10:00~23:30(연중무휴)
📱 02-814-3838
🅿 주차 불가

🍴 베트남 소고기 쌀국수 3,900원,
　매운 소고기 쌀국수 3,900원,
　베트남 볶음면 3,900원
⭐ 현금 결제 시 500원 상당의 삶은 계란을 받을 수 있다.

#혼밥족들을위한쌀국수 #베트남의맛 #진한국물 #해장에도좋아요

베트남 현지인이 직접 조리하는 쌀국수 합리적이고 저렴한 가격의 베트남 쌀국수집 Miss 420은 베트남 현지인들이 직접 요리를 하는 곳이다. 때문에 현지와 비슷한 분위기와 맛을 자랑하고 있어 마치 베트남에 직접 가서 먹는 것 같은 착각마저 불러일으킨다. 저렴한 가격에 쌀국수를 즐길 수 있으며 혼자 가도 어색하지 않을 분위기이다.

가격이 저렴하다고 맛이나 질과 양이 떨어진다는 생각은 절대 NO! 깊이 있는 맛이 일품이며 노량진의 작은 포장마차에서 시작한 Miss420은 현재 10호점까지 늘어났다. 베트남 쌀국수 성공 신화 속에는 사장님과 요리사들의 열정과 맛의 노하우가 숨겨져 있다. 베트남 쌀국수와 볶음밥을 하나 시켜먹어 보면 무슨 말인지 알 수 있다. 합리적인 맛과 질, 가격을 보여주는 Miss420! 항상 배고픈 수험생과 청춘들은 이곳에 와서 주린 배를 채우면 안성맞춤이겠다.

팔딱팔딱 싱싱한 노량진 수산시장
노량진 수산물 도매시장

- 서울시 동작구 노들로 674
- 24시간
- 02-2254-8000
- 노량진 수산시장 주차장 이용

- 광어, 우럭, 숭어, 연어, 킹크랩 등 싱싱한 해산물
- 식당에 가서 상차림 비용을 지불하면 맛있는 수산물을 즐길 수 있다.
- www.susansijang.co.kr

#도심속바다 #무기력할땐이곳으로 #한상가득해산물 #새벽이번쩍도매시장

동작구 속 작은 바다 24시간, 항상 불이 꺼지지 않는 노량진 수산시장에서는 바다향이 느껴진다. 시장 초입부터 바닷가에 온 것 같은 느낌이다. 조명 아래 다양한 해산물들이 옹기종기 모여 있고 가게는 손님들을 맞이하고 있다. 노량진을 대표하는 수산시장에 가면 바삐 움직이는 상인들 속에서 넘치는 에너지를 얻어 갈 수 있다. 다양한 상호의 간판과 수산시장을 늘 밝게 비추는 조명, 정겹게 다닥다닥 붙어 있는 가게들과 수족관 안에 가득 차 있는 싱싱하고 다양한 수산물은 수산시장을 더욱더 활기차게 만든다. 합리적인 가격에 내가 고른 해산물을 맛볼 수 있는 서울 속의 작은 바다라 부를 수 있겠다. 가까운 식당으로 가면 기본 테이블 세팅, 매운탕 비용을 지불하고 신선한 회와 얼큰하고 진한 매운탕을 바로 즐길 수 있다.

낙지, 곱창, 새우가 모두 땡길 때
팔팔낙지

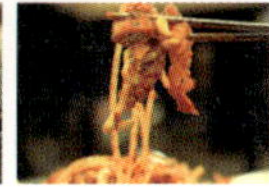

- 서울시 동작구 만양로 18길 11 1층
- 평일 11:00~23:00, 토 11:00~23:00(일요일 휴무)
- 02-812-8288 주차 불가
- 낙곱새 小(2인) 22,000원, 中(3인) 32,000원
  大(4인) 42,000원, 낙지덮밥 6,000원,
- 콩나물 사리 무한리필, 매운맛 선택 가능

#낙지맛집 #곱창 #노량진맛집 #삼대천왕맛집

낙지, 곱창, 새우의 뜨거운 만남! 오늘 하루도 수고한 나를 위해 스트레스를 한방에 풀어줄 매콤한 삼총사가 나타났다! 바야흐로 그 이름은 낙곱새! 낙지와 곱창, 새우를 매콤하게 볶은 화끈한 요리다. 이 운명적인 만남은 낙지볶음만으로는 부족했던 2%를 고소한 곱창과 탱글한 새우로 채우는 풍성함을 자랑한다. 오늘 저녁, 하루 동안 쌓였던 스트레스를 날려버릴 무언가가 필요하다면 매콤한 낙곱새를 추천한다. 〈백종원의 3대 천왕〉에도 소개된 맛집으로 낙지와 곱창과 새우를 새콤한 무쌈에 함께 싸먹게 별미다.

거리에서 즐기는 한 끼 식사
컵밥 거리

- 서울시 동작구 노량진로 174
- 컵밥, 스테이크, 타코야끼, 쌀국수, 우동
- 점포 옆에 잘 살펴보면 나무 밑 벤치가 있으니
  이곳에서 여유롭게 먹으면 된다

#김치삼겹컵밥 #노량진 #3000원대음식 #먹거리

길거리 음식 1번지 노량진 사람들의 애환이 담긴 35년 된 노량진 육교가 안전 및 환경상의 이유로 철거됨에 따라 컵밥 거리 또한 새로운 장소로 이전되며 재탄생했다. 우후죽순으로 늘어져 있던 기존 거리와 달리 깔끔한 박스형 가게로 탈바꿈해 훨씬 깔끔해진 시설을 자랑한다.
현재 컵밥 거리에는 약 30개의 점포가 있고 파는 메뉴 또한 가지각색이다. 스팸참치마요, 김치삼겹비엔나, 팬케이크 등 사람들의 미각을 자극하는 여러 메뉴가 있고 고시생들의 주머니 사정을 고려해 타 지역보다 저렴한 가격을 자랑한다. 단언컨대, 알뜰한 가격에 다양한 메뉴를 맛보고 싶다면 가성비 최고 '컵밥 거리'를 추천한다.

노량진에서 떠오르는 햇살
정동진

🏠 서울시 동작구 만양로 85
🕐 11:00~04:00
📱 02-815-2559
🅿 공영 주차장 1시간 무료

🍴 한방 삼계탕 12,000원,
뚝배기 불고기 8,000원
해물파전 11,000원
⭐ 가격대비 엄청 푸짐한 해물파전을 강추한다

#삼계탕 #막걸리 #안주집 #해물파전 #전통분위기 #정동진 #토속음식점 #노량진 #꿀막걸리

오늘은 파전에 막걸리 한잔 어때? 컵밥 거리와 먹자골목의 끝자락에, 동해에 있을 법한 '정동진'이라는 가게의 상호가 눈에 들어온다. 젊은 사장님이 운영하는 곳이라고는 믿기지 않을 정도로 커다란 규모를 자랑한다. 가게 내부는 전통적인 분위기가 물씬 풍겨 옛날 주막을 연상시키는데 식사류를 맛보는 것도 좋지만 친구들과 2차로 해물파전에 막걸릿잔을 기울이기에도 좋은 집이다. 카운터에는 연예인들의 사인이 전시되어 있을 정도로 유명한 맛집이다.

파전 외에도 뚝배기 불고기, 닭볶음탕 등도 인기가 좋다. 전통적인 먹거리를 찾는 외국인들에게도 인기가 좋고, 그중에서도 삼계탕이 가장 인기

있다. 복날이 되면 다들 서둘러야 할 것이다. 사람이 어찌나 많은지 줄을 서서 기다린다고 한다. 블로그 포스팅을 봐도 알 수 있듯이 복날이 아니어도 맛좋고 영양 만점인 삼계탕을 맛보기 위해 많은 사람들이 이곳을 찾는다. 일상의 음식에서 벗어나 전통적인 한국의 맛을 느끼고 싶은 사람들이여 정동진으로 오라!

노량진의 떠오르는 햇살
정동진

푸짐한 안주와 정감 있는 분위기로 유명한 노량진의 정동진. 젊은 사장님의 패기 넘치는 감각이 가득한 이곳은 시험의 무게를 술 한 잔에 담는 고시생들뿐만 아니라 삶의 고단함을 어깨에 진 모든 이들에게 위로가 되어주고 있다.

Q 어떻게 정동진을 시작하게 되셨나요?

원래 민속주점으로 장사를 시작했는데요, 가게가 어느 정도 안정이 된 후부터는 밥집으로도 운영을 해보려고 사업 아이템을 새로 만들어보기 시작했어요. 그러다 5년 정도 전부터 가게를 좀 더 확장해 본격적인 밥집으로 시작했죠.

Q 정동진은 동해에 있는 지역으로 알고 있는데 가게 이름으로 쓰신 특별한 이유가 있으신가요?

해가 정동진에서 뜨듯이, 우리 가게가 노량진에 뜨는 커다란 해가 되겠다는 의미로 이렇게 지어봤습니다.

Q 영업 철학이 있다면요?

손님들에게 때 묻지 않고 진솔한 음식을 만들어 제공하겠다는 것. 음식에 우리 가게의 모든 정성을 담아내겠다는 생각으로 매일을 열심히 일하고 있습니다.

Q 정동진의 대표 메뉴는 무엇인가요?

아무래도 삼계탕이 가장 대표적이라고 할 수 있겠네요. 저녁에는 술을 드시러 오시는 분들도 많아 안주로 감자전, 해물파전, 닭볶음탕 등이 잘 나가기도 해요.

Q 향후 목표는 무엇인가요?

아무래도 다른 가게들처럼 3호점, 4호점 이렇게 계속 지점을 확장하는 게 가장 큰 목표라고 할 수 있겠네요.

'우리 지금 만나, 여기서 만나'
중앙대거리

서울시 동작구 흑석 1동에 자리 잡고 있는 중앙대학교.
다른 서울의 주요 대학과 달리 중앙대는
이름이 붙은 지하철역이 존재하지 않는다.
그래서 흔히들 중앙대를 갈 때 '흑석역'을 경유하게 된다.
대부분의 사람들은 한강을 보려면
여의도로 가야 한다고 생각하지만 이곳에서도
한강을 감상할 수 있다. 역에서 10m 떨어진 곳에
'효사정공원'이 있다. 넓은 한강의 모습을
한눈에 담을 수 있다. 서울 우수 조망 명소로
선정됐을 만큼 좋은 경치를 자랑한다.
또한 어디나 그렇듯 대학교가 위치하면
그의 주변에는 상권이 형성된다.
중앙대학교병원에서 중앙대학교까지 이어지는
약 20m 길이의 도로가 중앙대생들이
주로 이용하는 먹자골목의 중심지이다.
다양한 프랜차이즈 업체들이 들어서 있고
분식집들도 여럿 보인다.
저녁이 되면 수업을 마치고 선후배, 동기들과
식사와 술 한잔하며 갖은 스트레스를 푸는 모습을 볼 수 있다.
플리터 4기 양진호, 이병철, 황희덕

효사정
흑석역
2
4
3
크리스피도넛
프랑세즈
치폴레옹
소상공인
재능기부
프로젝트
11 호 점
녹차먹은 토스트
스시후
블랙덕
중앙대학교

치킨계의 나폴레옹
치폴레옹(CHIPOLEON)

🏠 서울시 동작구 흑석로 101-7
🕐 11:00~02:00(점심 특선 11:00~16:00)
📱 02-3280-0078
🅿 주차 불가

🍴 팔방미닭(양념) 16,900원, 팔방미닭(치즈) 17,900원,
칠리 스테이크 5,500원
⭐ 점심 특선 시간에 방문하면 더 저렴하게 즐길 수 있으며
반 마리도 주문할 수 있다.

#가성비좋은치킨집 #치킨계의나폴레옹 #치킨만먹고도배가불러요 #라즈베리맥주추천

치맥 한잔하기 좋은 치킨집 치폴레옹은 언제나 중대생들로 북적거리는 곳으로 대학가의 강한 활기를 입구에서부터 느낄 수 있는 곳이다. 실제로 이 집을 찾아오는 고객의 90%가 중앙대 학생이라고 한다.

다른 집과 차별화된 치폴레옹만의 인기 비결에는 5가지가 있다. 첫째, 무조건 1인분에 300g 이상 제공해 배불리 먹을 수 있다. 둘째, 210℃의 초고온에서 순간적으로 구워낸 풍부하고 깊이 있는 육즙. 셋째, 가장 맛있는 닭고기를 사용해 육질과 식감이 남다르다는 것. 넷째는 특수한 비법을 사용, 24시간 저온 숙성시키며 마지막 다섯째는 독일산 Eloma, 불 철판과 특제 소스를 사용해 치폴레옹만의 특유한 맛을 낸다. 이 5가지의 노하우를 이용해 손님들에게 최고의 맛을 선사한다.

이국적 분위기의 한적한 시골 카페
프랑세즈(Francaise)

🏠 서울시 동작구 현충로 96
🕐 월~토 08:00~22:00(일요일 휴무)
📱 02-825-5265
🅿 주차 불가

🍴 치아바타 샌드위치 6,000원, 베이컨 치즈 4,300원,
크림치즈 빵빵 1,800원

#몸에좋은빵 #자연친화적발효종이용 #카페식빵집 #유기농밀가루이용

빵 한 조각과 커피 한 잔의 앙상블 흑석역 3번 출구 옆에 외국풍의 외관을 한 카페가 있다. 건물들 사이사이에 가려져 자칫하면 모르고 지나칠 수도 있는 이곳은 노란색으로 페인트칠 된 외관으로 사람들의 눈길을 끈다. 이곳은 카페식 빵집인 프랑세즈이다.

밖에서 볼 때는 사람이 별로 없어 보였는데 가게 안에서는 얼핏 보아도 꽤 많은 사람들이 빵을 기다리고 있었다. 중대생을 비롯해, 흑석동 주민들에게는 이미 꽤 유명한 카페라고 한다.

은은한 햇살이 비치는 가게 내부는 낭만적이고 일반 프렌차이즈 빵집과는 달리 여러 명의 제빵사와 프랑세즈만의 개성 있는 빵들이 고객을 맞

이하고 있다. 유기농 밀가루와, 우유 생크림만을 사용한다는 카탈로그는 더욱 신선한 빵을 기대하게 만든다. 평소 먹던 빵들과 다른 빵을 맛보고 싶은 사람이라면 모두 '프랑세즈'를 방문해보는 건 어떨까?

합리적인 가격의 흑석동 파스타 맛집
블랙덕

🏠 서울시 동작구 흑석로 89
🕐 월~금 11:00~21:00, 주말 11:30~21:00
　　브레이크 타임 15:00~16:30
📱 02-822-0996
🅿 주차 불가

🍽 빠네 9,900원, 누룽지파스타 9,500원,
　 샐러드파스타 9,500원, 불고기팬피자 9,900원

#담백한맛의파스타 #가성비좋은파스타맛집 #중앙대핫플레이스 #빠네추천

중앙대 검은 오리의 맛있는 반란 걸핏하면 입구가 좁아 못 보고 지나칠 뻔했다. 중앙대 파스타 맛집 블랙덕은 2층에 있어 눈에는 잘 띄진 않지만 학생들 사이에서는 이미 맛집으로 유명한 곳. 가격은 저렴한데 음식은 고급스러운 반전 매력의 이곳은 가게 안으로 들어가면 모던한 느낌의 인테리어가 먼저 손님들을 반겨준다.

좋은 재료를 사용하면서도 가성비를 위해 인건비를 최소화했다. 그래서 메뉴 주문과 개인 식기, 음료 리필 등은 모두 셀프로 해결해야 하지만 메뉴를 한입 맛보면 이 정도 수고야 아무것도 아니라는 생각이 든다. 빠네와 블루베리 피자, 목살플레이트, 치킨플레이트 등 많은 메뉴들이 고객들에게 사랑받고 있기에 딱히 대표 메뉴라고 몇 개만 정할 수 없을 정도로 반응이 뜨겁다. 여기에 크림 생맥주까지 같이 즐기면 금상첨화. 주머니는 가볍지만 연인과 맛 좋은 파스타를 즐기고 싶다면 중앙대의 블랙덕으로 발걸음을 향해 보는 건 어떨까?

녹차를 더해 몸까지 건강한 토스트
녹차먹은토스트

🏠 서울시 동작구 흑석로 97
📱 02-821-5524
🅿 근처 유료 공영 주차장 이용

🍴 햄치즈 2,200원, 햄치즈야채 2,800원,
   햄치즈야채베이컨 3,000원, 더블 불갈비 3,500원
@ 소스는 담백한 맛, 매콤달콤한 맛, 케첩 중에서
   고를 수 있다.

#녹차먹어건강한토스트 #배고픈중대생들의구세주 #중대맛집 #건강토스트

토스트에 건강을 더하다 중앙대로 올라가는 길에는 민트색 간판의 아담한 토스트 가게가 있다. 늦게 일어나 아침밥을 못 챙겨 먹거나, 수업 시간은 가까워지는데 슬슬 속이 출출해지는 이들을 구원해줄 가게다. 남녀노소 구별 없이 인기가 좋은 토스트에는 단백질, 식이섬유, 탄수화물 등 필수 영양소가 고루 갖춰져 있다. 이 집의 토스트야말로 진정한 외식업계의 발명품이 아닐까?

집에서 엄마가 만들어 주신 것 같은 따뜻한 맛을 자랑하는 곳. 하지만 녹차먹은토스트에는 그 이름처럼, 다른 토스트와는 다른 비밀 소스가 준비되어 있다. 대표 메뉴는 햄치즈, 햄치즈야채, 햄치즈야채베이컨, 더블 불갈비가 있다. 내가 더 넣고 싶은 토핑이 있다면 추가도 가능하다. 녹차먹은토스트는 토스트 소스에 녹차 가루가 들어가 좀 더 담백하고 건강하다. 소스는 누구나 좋아할 수 있게 새콤달콤하면서도 담백해 느끼함 없이 맛있게 즐길 수 있다. 친절하신 사장님이 만들어 주시는 건강한 토스트가 먹고 싶다면 지금 당장 녹차먹은토스트로 가자!

청춘의 시간이 흐르는 대학가
관악구

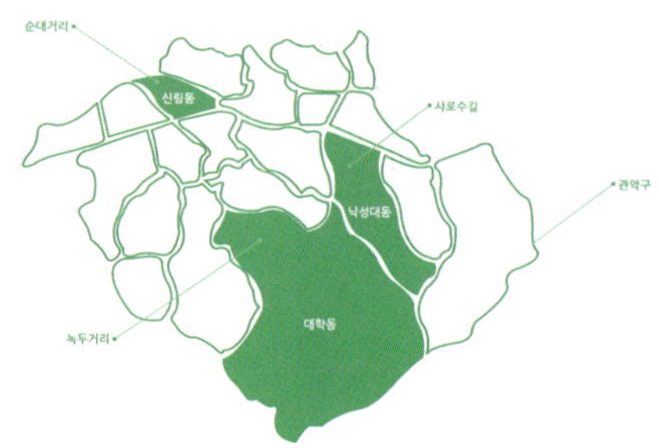

검붉은 바위로 이루어진 관악산. 산봉우리가 갓을 씌워 놓은 모습처럼 보여서 한자로 갓의 '관'과 산의 '악'을 써서 '관악'이라고 불렀다. 풍부한 산림과 경치가 가득한 서울 둘레길 5코스인 관악산을 따라올라 내려다본 관악구는 산속의 도심이었다. 관악구는 1973년, 영등포구에서 분리되면서 새롭게 신설된 행정 구역이고 중심에는 서울대학교가 자리 잡고 있다. 1975년 서울대가 지금의 관악구로 이전함에 따라 자연스레 대학가 주변으로 여러 상권이 형성되기 시작했다.

1980년대 고시촌이라 불리던 관악구의 대학동은 말 그대로 고시생들의 집합소였다. 하지만 2008년 로스쿨 제도가 생기면서 고시 인구는 대부분 빠져나갔으나 거리는 문화골목, 먹자골목으로 새롭게 재탄생하며 대학생을 비롯한 청춘들의 눈길을 끄는 다양한 맛집이 대거 들어섰다. 서울시 관악구, 대학교가 들어서고 40년 이상의 시간이 지났지만 지금까지도 청춘들의 시간은 여전히 흐르고 있다.

황해도 빈대떡
황해도 빈대떡
872-8587
한양왕족발
녹두빈대떡 모듬전 콩비지
887-5306
한양
족발
만화
사진
사진
유일건강
동쑤꾸미
순대국
6,000
원조
민속순대탕
웰빙마사지
웰빙마사
Sool ZIP
Sool ZIP
성춘감자
24시
구이가

샤로수길

서울시 관악구 관악로 14길을 찾아가면
이국적으로 보이는 '샤로수길'이 나타난다.
샤로수길은 서울대 학생들이
서울대 정문의 '샤'처럼 보이는 조형물과
가로수길을 합쳐 만든 이름이라고 한다.
샤로수길은 본래 세탁소, 목욕탕, 재래시장 등 옛
모습을 담은 거리였지만 2010년부터
일본 가정식 전문점, 수제 햄버거집, 와인집,
수제맥주집 등 다양하고 이국적인 맛집들이
가득한 골목으로 다시 태어났다.
학생들과 직장인들이 주 고객층이다 보니
오후 5~6시에 오픈하여 밤늦게까지
영업을 하는 가게들이 많아 늦은 밤에도
마음 편하게 이야기하며 즐길 수 있는
장점을 갖고 있다.
플리터 4기 양진호, 이병철, 황희덕

고백길
솜白길
관악중
서울대입구역
2번출구
릴루
키요이
엔젤리너스
커피
올리브영
프랑스홍합집
더멜팅팟
syrup table
순보보
낙성대공원

프랑스에서 유학온 홍합
프랑스홍합집

🏠 서울시 관악구 관악로 14길 22

🕐 월~목 17:00~01:00, 금 17:00~02:00,
　　주말 16:00~02:00(첫째 주 월요일 휴무)

📱 02-882-1705

🅿 주차 불가

🍴 홍합 오리지널(2인) 14,900원,
　　지중해식 오징어 튀김 12,500원

✪ 홍합요리를 먹은 후 파스타와 해물을 추가하면
　　배를 더 든든히 채울 수 있다.

#맥주와함께즐기는홍합의맛 #이것이바로프랑스의맛 #따뜻한하루의마무리

아늑하고 분위기 있는 저녁 식사 이곳의 세련된 초록빛 간판은 이국적인 느낌을 물씬 풍기고 내부는 아담하면서도 따뜻한 느낌으로 가득하다. 프랑스식 맥주와 와인, 칵테일도 판매하고 있기에 메인 메뉴와 함께 가볍게 한잔하는 것도 좋다. 추운 겨울날, 따뜻하고 아늑한 분위기 속에서 사랑하는 사람과 함께 즐기는 홍합요리와 맥주 한잔은 모든 추위를 녹여버릴 듯이 따뜻하고 포근하다.

프랑스홍합집에서는 홍합요리뿐 아니라 지중해식 오징어 튀김과 리옹식 샐러드, 크로크무슈 등 다른 요리들도 판매하고 있다. 홍합요리의 양이 조금 부족하다 싶으면 남은 홍합 소스에 파스타를 추가하여 먹는 것을 추천한다. 홍합요리는 홍합살이 통통하게 올라 있어 식감이 쫄깃하고 양파 때문인지 달콤한 맛과 함께 바다의 향이 어우러진다. 요리를 시켰을 때 나오는 바게트에 홍합과 소스를 올려 같이 먹는 것 또한 좋다.

입에서 녹아드는 미국의 맛
더멜팅팟(The Melting Pot)

- 서울시 관악구 관악로 14가길 2
- 11:30~23:00(월요일 휴무)
- 02-887-1083
- 주차 불가

- 클래식 치즈버거 10,000원, 쿠반 포크 샌드위치 9,000원, 머시룸 멜팅팟 7,000원, 인디카IPA 9,000원
- 출입구가 여닫이문이 아닌 미닫이문이므로 조심하시길

#아메리칸스타일 #분위기좋은펍 #수제햄버거 #샤로수길속의미국

젊고 밝은 분위기의 미국식 펍 더멜팅팟은 샤로수길에 위치한 수제버거 전문집이다. 노란 필기체로 쓰인 감각적인 분위기의 간판 아래로 들어가면 펍치고는 밝은 분위기의 인테리어가 한눈에 들어온다, 여기저기 꾸며진 장식들은 가게에서 파는 음식 재료인 소스통이거나 미국 맥주 브랜드의 보스터 등으로 한층 더 이국적인 분위기를 만들고 있다. 연인과 함께 이곳에서 미국식 홉으로 만든 에일 맥주와 수제버거를 즐겨보는 건 어떨까?

이곳의 메뉴 중에는 가게 이름을 따서 만든 음식도 있다. 멜팅팟 머시룸에 찍어 먹는 샌드위치와 수제 햄버거의 맛은 마치 가게 이름처럼 맛에 취해 온몸이 흘러내리는 듯한 느낌을 받게 한다. 또한 이곳에서는 시원하고 과일향이 물씬 나는 에일 맥주를 생맥주로 즐길 수 있다. 맥주와 햄버거를 함께 즐긴다면 미국의 향을 느껴볼 수 있을 것이다. 미국의 펍을 간접적으로라도 체험해보고 싶은 분들에게 특히 추천한다.

빵굽는 파스타 전문점
릴루

🏠 서울시 관악구 관악로14길 65
🕐 11:30~22:00(일요일 휴무)
📱 02-882-1035
🅿 주차 불가

🍴 매콤한 닭가슴살 크림스파게티 8,800원,
빠네 카르보나라 스파게티 11,000원,
매콤 베이컨 크림리소토 8,800원,
돈가스 로제소스 8,500원
⭐ 저렴한 가격에 메인 메뉴뿐만 아니라 아침에 직접 구운
빵까지 애피타이저로 즐길 수 있다.

#샤로수길파스타맛집 #이태리장인의손길 #직접구운쫄깃한빵 #데이트장소

샤로수길 속 이탈리아 파스타 소스의 진한 맛 릴루는 샤로수길 초입에서 좀 더 들어간 재래시장 안에 위치한 작은 이탈리아 음식점이다. 보통 샤로수길 안에 있는 이국적인 음식점들은 저녁이 다 돼서야 여는데 이곳은 점심부터 문을 연다. 귀여운 인형과 다양한 프라모델로 꾸민 가게 인테리어는 남녀 가릴 것 없이 호감을 이끌어내는 요소이다.

음식을 주문하게 되면 릴루에서 매일 아침 직접 만들었다는 신선한 빵을 맛볼 수 있다. 이 빵을 파스타 소스에 찍어 먹으면 그 맛은 두 배가 된다. 이 집의 메뉴 중 '매콤한 닭가슴살 크림스파게티'는 사장님의 전매특허다. 다양한 주방에서 일한 경험과 본인의 노하우를 접목시켜 만들었다는 국내 유일 메뉴로, 이름은 같아도 다른 가게의 크림스파게티와는 차원이 달랐다. 보였을 때 예쁜 음식보다 직접 먹어야 맛있는 음식을 만들자는 사장님의 요리 철학이 이 한 그릇에 모두 담겨 있다. 보통의 크림 스파게티는 느끼한 맛 때문에 몇몇 이들이 선호하지 않는데 이곳의 크림 스파게티의 경우에는 느끼함을 느끼기 전에 고소하면서도 담백한 맛을 먼저 맛볼 수 있어 색다른 매력을 지니고 있다고 할 수 있다.

마음이 따뜻해지는 일본 가정식
키요이

🏠 서울시 관악구 관악로 14길 65
🕐 화~토 18:00~03:00, 일 17:00~02:00(월요일 휴무)
📱 070-8867-5700
🅿 주차 불가

🍴 스키야키 16,000원, 라후테 12,000원,
오늘의 정식 10,000원
⭐ 먹고 싶은 요리에 밥을 추가하면 정식처럼,
반찬과 국이 나온다.

#심야식당 #일본가정식 #일본감성이한가득

따뜻함을 담아주는 심야식당 키요이는 일본음식과 술을 새벽까지 판매하는 작은 심야식당이다. 각기 다른 조명이 밝히고 있는 식당 내부는 예스러운 분위기의 일본영화 포스터와 광고지로 꾸며져 있어 마치 실제 일본식당에 온 것 같은 느낌이 드는 곳이다.

키요이에서는 일본식 가정식을 판매하고 있다. 손이 오래가는 요리이지만 그만큼 맛에 정성이 담겨 있다. 특별한 날 먹는 일본식 불고기인 '스키야키'와 오키나와식 동파육인 '라후테'는 꾸준히 사랑받고 있는 인기 메뉴. 매주 바뀌는 오늘의 정식은 20인분 한정으로 매주 달라지는 메뉴에 호기심까지 더하게 만든다.

기분도 꿀꿀한데, 순대에 소주 한 잔?
신림동 순대거리

신림동 순대거리는 고시생, 서울대학교 학생,
직장인들까지 많은 사람들이 찾는 곳이다.
1977년을 전후로 신림동 시장 안에 순대볶음집이
하나둘 생겨나며 이 거리가 만들어졌다.
시간이 지나 시장을 허물고 그 자리에 상가를 건설해
1992년 장사를 하던 사람들이 이곳에 입주하게 되고
순대거리는 제2의 시대를 맞이하게 된 것이다.
기존에는 순대집이 두 집밖에 없었으나
1985년을 전후로 가게가 스무 개까지 늘어나면서
신림동 순대거리가 되었다.
초기 순대거리의 주메뉴는 백순대였다.
백순대는 양념 없이 간단한 야채와 순대만을 넣고
하얗게 볶은 음식이다. 우리가 흔히 알고 있는
양념이 된 순대볶음이 등장한 것은 1980년대부터였다.
현재 순대거리에서는 이 두 가지 음식을 메인으로
푸짐한 양과 가격에 판매하고 있다.
인심 또한 어느 곳보다 후하다.
콜라, 사이다 등의 음료를 서비스로 주는 것은 물론,
식혜를 서비스로 주는 곳까지 있다.

플리터 4기 양진호, 이병철, 황희덕

신림역
3번출구
2번출구
순대타운
syrup table
마티스
syrup table
우탁규동
syrup table
도림천
신원시장
pod mall
포도몰
엔제리너스 커피
(포도몰 9층)
OK
더콜로니
syrup table

커피를 이야기하는 집
마티스커피

🏠 서울시 관악구 신림로59길 15-6 2층
🕐 12:00~01:00
📱 02-884-6321
🅿 주차 불가

🍴 Americano & Variation Coffee 6,000~6,500원(리필 무료),
Hand Drip Coffee 5,000~7,500 (리필 무료),
기타 다양한 음료 및 카페 메뉴, 사이드 메뉴 준비

✪ 자리마다 칸막이가 있으며 1인당 한 잔씩 주문을 해야
한다. 주문 후 90분 이내라면 리필이 가능하니 참고하자.

#마티스커피 #심병준 #커피아카데미 #아메리카노 #파르페

사장님이 직접 원두를 로스팅하는 카페 마티스
커피는 입구 앞에 있는 간판이 특히 눈에 띄는 곳
이다. '심병준의 커피 아카데미, 마티스 커피'. 사
장님의 이름을 앞에 내걸 만큼 커피에 일가견이
있나 하는 생각을 하며 카페에 들어서면 빈티지
한 인테리어와 독립적인 공간을 유지하고자 설
치해놓은 칸막이가 독특한 분위기를 자아낸다.
입구 간판에 적힌 '커피 아카데미'라는 말처럼
'마티스커피'는 단순한 카페를 넘어서 '취미반,
바리스타 교육, 원데이 커피교실' 등 각종 커피
관련 강의 또한 운영하고 있는 곳이다. 사장님 또
한 커피에 대한 전문가로, 카페 내부에는 여러 상
장과 잡지사와의 인터뷰 내용으로 가득 채워져
있다.

친구와 앉아 주문을 하고 기다리면 사장님이 직
접 원두를 로스팅하는 모습을 볼 수 있다. 여기에
더하여 도심 속에서 커다란 오두막집 분위기를
만끽하며 들이켜는 커피는 먹는 재미뿐만 아니
라 보는 재미도 더해준다. 이 뿐만 아니라 치즈,
티라미수, 카망베르, 초콜릿 무스와 같은 조각 케
이크가 모두 1,000원이라는 합리적인 가격에
제공되며 커피는 주문 후 90분 내에 리필이 가
능하다.

커피를 이야기하는 집
마티스커피

마티스커피는 신림동 순대거리를 검색했을 때 블로그에 가장 많이 올라온 카페였다. 그리고 보통의 카페와는 다르게 커피를 리필해준다는 점이 신선했고 무엇보다도 카페 내 오두막집 콘셉트의 인테리어가 정말 마음에 들었던 곳이었다.

Q 창업 배경을 알고 싶습니다.

사실 신림역 번화가 같은 경우에는 유흥 시설이 많고 먹자골목이 고루 형성되어 있어 골목과 골목 사이, 2층이라는 위치는 여러모로 불리한 위치였습니다. 하지만 그런 위치 조건에도 오직 커피만을 우선시하며 손님들에게 편안한 쉼터이자 이야기가 있는 장소가 될 수 있는 카페를 만들어보고 싶었습니다.

그래서 프라이빗하게 설계된 공간으로 카페를 디자인해 다른 프랜차이즈들과는 다른 콘셉트를 만들어봤습니다.

Q 가게를 운영하면서 꼭 지키는 본인만의 철학이 있으신가요?

마티스커피의 영업 철학은 한마디로 '커피와 함께 하는 즐거운 이야기(소통)'입니다. 카페의 이익 창출을 위해 맛있고 다양한 커피와 음료를 제공하는 것뿐만 아니라 이곳을 찾아주시는 모든 분들의 이야기가 커피의 향기처럼 카페에 녹아 새로운 카페의 문화를 창조해 나가는 것. 이것이 바로 마티스커피의 운영 철학입니다.

Q 대표 메뉴는 무엇인가요?

직접 로스팅한 스페셜티 싱글오리진 핸드드립 메뉴와 달콤한 산미와 향을 지닌 에스프레소 메뉴가 마티스 커피를 대표하는 메뉴라고 할 수 있겠네요.

Q 향후 목표가 있으시다면요?

한 가지 목표를 가지고 있어요. 그건 영업 철학과도 상통되는 것이기도 합니다. 바로 '커피를 이야기한다.'라는 것인데요, 이것을 브랜드화해 진정성 있는 커피를 대중들이 생활 속에서 자연스럽게 접하도록 연결하는 네트워크를 만들고 싶습니다.

Q 다른 카페와 차별화된 우리 가게만의 장점은?

자신만의 공간을 가진 것 같은 카페의 인테리어가 많은 분들에게 특별함으로 다가가고 있습니다. 또한 좌석 풀 서비스 제공과 더불어 맛있는 커피가 아쉬우실 때 다시 찾으시도록 커피 리필을 무료로 제공하고 있습니다.

시장 속 먹거리를 찾아서 떠나는 여행
신원시장

🏠 서울시 관악구 남부순환로 1578
🕐 09:00~22:00(둘째 주 화요일 휴무)
📱 02-854-5453
🅿 주차 불가

🍴 분식, 통닭, 과일, 야채 등
⭐ 무료 배송 서비스를 제공하고 있으니 참고하자.

#아직여기있어요 #정이란게말이죠 #무료배송까지 #먹거리도한가득

다양한 주전부리와 먹거리가 있는 곳 맛있는 탕수육과 신선한 과일, 구수한 참기름과 식욕을 자극하는 분식, 이 모든 것을 만날 수 있는 곳이 바로 신원시장이다. 통닭은 물론 전통 과자, 족발 등 맛있는 음식이 진열되어 있다. 지금은 많은 곳에서 보기 힘든 기름집도 있고 아이들이 좋아하는 분식도 있다. 이 시장은 도림천 주변에서 노점을 하던 상인들을 중심으로 발전하기 시작해 오늘날 121개 점포에 이르는 전통시장으로 크게 발전한 곳이다. 주택가 사이에 있고 인근에 신림역과 도림천이 있어 하루 유동인구가 평균 1만 명에 달하는 대형 상권이다. 대형마트처럼 편안하고 안락한 시설에서 상품을 구입할 수 있도록 아케이드를 설치하여 비가와도 우산 없이 편리하게 시장을 이용할 수 있게 했으며, 무료배송 서비스와 공동 쿠폰 발행, 공영주차장 운영 등 서비스 개선을 위한 다양한 방법을 도입하고 있다. 횟집을 비롯한 분식집, 과일집, 떡집 등 여러 가지의 음식과 찬거리를 구할 수 있으며 저렴한 가격에 맛 좋고 질 좋은 물건을 구매할 수도 있다.

양념장에 찍어 먹는 백순대가 먹고 싶을 땐
호남집 영미네

🏠 서울시 관악구 신림로59길 14 원빌딩
🕐 09:00~02:00
📱 02-874-4414
🅿 주차 불가

🍴 순대곱창 6,000원, 백순대 6,000원
⭐ 식사 후 쿠폰을 주시는데 6번 가면 1인분이 공짜!

#신림동순대타운 #신림역 #소주 #곱창볶음 #백순대

신림동 하면 떠오르는 신림의 명물 신림역 3번 출구로 나와 그대로 100m 직진 후 우회전하여 60m 정도 들어가면 우측에 신림동 순대타운이 있다. 2개의 순대타운 중 원조 순대거리에 입장한다. 엘리베이터를 타고 3층에 내리는 순간! 내 눈 앞엔 수많은 순대가게들이 보이기 시작한다. '우리 집으로 와'하는 사장님들을 제치고 들어간 곳, 호남집 영미네. 원조민속순대타운 3층에 있다. 모든 순대 메뉴에 기본적으로 곱창이 포함되어 있고 각 재료의 양은 고객들의 요구사항에 맞춰 제공해준다는 사장님의 말씀에 곱창을 좋아하는 나는 '곱창 많이 주세요~'라고 기분 좋게 외칠 수 있었다. 건강 걱정은 No!! 쌀과 고춧가루 모두 국내산을 사용하고 있으니 안심하고 먹을 수가 있다. 이 집의 대표 메뉴는 단연 백순대와 볶음순대! 백순대를 영미네만의 특유의 양념장에 기름에 볶은 순대를 톡 찍어 깻잎에 싸먹으면 나도 모르게 입가에 미소가 지어진다. 가족, 친구와 함께 순대타운에 와서 사장님의 풍부한 인심과 서비스가 함께하는 순대를 즐겨보는 건 어떨까?

일본의 돈부리를 신림에서 즐겨보자
우탁규동

🏠 서울시 관악구 신림로59길 15-6 1층
🕐 11:00~21:30(월요일 휴무)
📱 010-9885-0056
🅿 주차 불가

🍴 부타동 5,500원, 규동 5,500원, 파 규동 6,000원,
소불고기 덮밥 6,000원,
⭐ 계란은 설익은 계란이니 날계란을 원한다면
미리 말해야 한다.

#진정한규동의맛 #일본식소고기덮밥 #일본여행대신미식여행 #반숙은진리입니다

일본식 소고기덮밥을 맛보고 싶다면 자그마한 내부에 혼자 와서 먹기에도 부담스럽지 않게 바 형식으로 테이블이 세팅되어 있다. 지루하지 않게 벽에 걸려 있는 텔레비전과 가게에 붙어 있는 재미있는 문구에서 사장님의 센스가 묻어 난다. 입구에 있는 식권 발급기로 내가 먹고 싶은 메뉴를 고르면 사장님께서 직접 조리해주신다. 규동은 일본에서 라멘만큼 사랑받는 일본식 소고기 덮밥이다. 든든하고 간단하게 먹기에는 규동 만한 메뉴가 없다. 사장님이 정성껏 만든, 일본의 맛을 그대로 살린 규동은 한입 먹어본 순간 '이게 진정한 규동이구나'라는 생각이 저절로 든다. 소복하게 쌓인 고기와 거기에 화룡점정으로 계란을 하나 올려주면 완성! 젓가락이 닿는 순간 톡 터져 흐르는 노른자와 하나가 된 규동은 정말 아름다운 모습이다. 다른 메뉴인 부타동은 달콤하면서 짭짤한 소스가 들어가 누구나 좋아할 수밖에 없는 맛을 낸다. 현지의 맛을 잘 살린 우탁규동에서 든든한 규동 한 그릇 어떨까?

분위기 있는 타코와 칵테일
더콜로니

🏠 서울시 관악구 신림로 309
🕐 18:00~05:00
📱 02-885-6911
🅿 주차 불가

🍴 타코(2pcs) 7,000원, 퀘사디아 11,000원,
　브리또 보울 13,000원
⭐ 생일이라면 파티룸을 적극 활용해보자.

#칵테일와멕시칸푸드 #느낌있게즐기는멕시칸 #훈남바텐더 #여심저격

칵테일과 퀘사디아, 타코의 환상적인 조화 은은한 등불 아래에서 즐기는 맛좋은 메뉴는 연인들의 사랑을 더욱 뜨겁게 불타오르게 한다. 전반적으로 모던하고 은은한 분위기는 여심저격. 이곳은 사랑하는 사람에게 사랑을 고백하기 좋은 장소 중 하나다. 파티룸도 있기 때문에 친구들과의 연말 파티를 계획하고 있는 사람들에게도 좋은 선택이 될 것이다.

케사디야, 타코, 부리토 등 여러 멕시칸 음식이 준비되어 있고 칵테일, 보드카, 맥주 등의 여러 가지 주류도 함께 즐길 수 있다. 멋진 바텐더가 병을 자유자재로 돌리며 직접 만들어 주는 칵테일은 외형도 맛도 일품이다. 아늑하고 멋진 분위기와 잘생긴 바텐더가 만들어주는 칵테일을 즐기고 싶은 여성분들에게 특히 추천하는 곳이다.

녹두거리

녹두거리는 1980년대 전과 동동주로
주머니가 가벼운 학생들의 배를 채워주던
녹두집이란 가게 이름에서 유래했다.
서울 관악구 신림9동. 서울대 옆에 위치해있다고 해서
이 근처를 '대학동'으로 부르지만 '고시촌'거리로
사람들에게 유명한 곳이다. 고시촌에 위치한 만큼
이를 중심으로 음식점, 술집들이 모이기 시작했다.
주로 이용하는 사람들도 당연 고시생들이었다.
시간의 흐름에 따라 다양한 먹거리와
저렴한 가격으로 인해 서울대생들도 자주 찾게
되어 크게 번영하였다. 하지만 2008년의 로스쿨 제도와
2017년 사법시험 폐지로 대부분의 고시생이 고시촌을 떠났다.
그로 인해 대부분의 인구가 '샤로수길'을 비롯한
서울대입구역 쪽으로 옮겨 나가게 됐다.
그럼에도 불구하고 저렴한 가격과 넉넉한 인심이
주머니가 가벼운 학생들의 마음을 끌고 있기에
여전히 많은 사람들이 찾고 있다.
학생들이 주 고객층임에 따라 특색있는 메뉴의
카페들과 식당들로 가득하다.

플리터 4기 양진호, 이병철, 황희덕

BUS STOP
고시촌 입구
syrup table
피쉬&그릴
피쉬앤그릴
syrup table
황해도 빈대떡
syrup table
syrup table
syrup table
모노스시
바바플
Gachi
남쏘집
덕봉식당
syrup table

녹두거리 속 70년대 분위기 한식식당
덕봉식당

🏠 서울시 관악구 호암로 24길 24
🕐 10:00~20:00
🅿 주차 불가

🍴 순두부찌개 5,500원, 김치찌개 5,500원,
된장찌개 5,500원
⭐ 김치찌개+순두부or된장찌개+제육볶음 소(小)를
세트로 시키면 2,000원을 절약할 수 있다.

#저렴하게해결하는한끼 #복고매력만끽 #감칠맛의지존 #대만족맛집

옛날 분위기가 물씬, 복고 매력 만끽 70~80년대의 분위기를 풍기는 옛날 바로 그 한식집, 덕봉식당. 가게 이름 또한 옛날 분위기를 물씬 풍기는 덕봉식당은 호기심을 자극한다. 옛 시절을 떠올리게 하는 건물의 외관, 이 집은 무엇을 팔까 하며 외관을 둘러보는데 순두부찌개, 김치찌개, 된장찌개, 제육볶음이 보인다. 한국 사람이라면 거의 모두가 좋아할 한식당이다. 이 집의 대표 메뉴는 역시 찌개와 제육볶음. 육수에 차돌박이를 넣어 끓이는 찌개와 숯불에 구운 것처럼 깊은 향이 나는 제육볶음은 단맛에 감칠맛까지 더해져 남녀노소 구미를 당기기 충분하다. 한식에는 역시 밥! 밥 위에 고기를 하나 얹고 입에 들어가면 게

임 끝. 덕봉식당에는 기본적으로 3가지 반찬이 나오는데 김치, 콩나물 무침, 그리고 밥도둑 오징어 젓갈이다. 더 달라 할 것도 없이 테이블마다 무한리필할 수 있도록 비치되어 있으니 눈치 볼 필요도 없다. 이 집의 찌개 가격이 6,000원도 안 된다는 것은 주목할 만한 팁! 옛날 그때 그 시절이 그리운 사람들이여 모두 덕봉식당으로 오라!

비오는 날에는 녹두전과 막걸리
황해도빈대떡

🏠 서울시 관악구 신림로 11길 20
🕐 13:00~03:00
📱 02-872-8587
🅿 주차 불가

🍴 황해도 빈대떡 8,000원 고기 빈대떡 9,000원
　해물빈대떡 10,000원
⭐ 여러 가지의 전을 먹어보고 싶다면 모둠전 추천!

#지글지글빈대떡 #비오는날엔막걸리 #비가오면자리가없어요 #황해도에서온녹두전

비가 내리는 날에는 단연 녹두전 지글지글 고소한 녹두전과 함께 업무와 학업으로 지친 일상도 함께 날려보자. 빗소리를 들으며 친구와 함께 나누는 막걸리 한 잔은 모든 피로를 얼려버릴 듯이 시원하다. 황해도 빈대떡집은 항상 지글지글 녹두전 굽는 소리가 끊이지 않는 곳이다. 또한 이곳은 수많은 고시생과 관악산 등산객들의 추억이 깃들어 있는 장소이기도 하다.

그리 넓지 않은 아담한 공간은 전 부치는 소리와 녹두전의 고소한 냄새로 항상 가득 차 있다. 겨울에는 굴전도 먹을 수 있다고 한다. 굴의 품질이 좋지 않으면 다른 메뉴를 추천해주시는 아주머니의 장인 정신은 한 번 더 구수한 맛과 함께 진

한 감동으로 남겨질 것이다. 대표 메뉴는 가게의 이름과 같은 황해도 빈대떡이다. 하지만 고기를 좋아한다면 고기가 들어간 고기 빈대떡을 추천하며 여러 종류의 전을 맛보고 싶다면 황해도 빈대떡이 포함되어 있는 모둠전을 추천한다.

스트레스 받는 날 피로를 날려줄 소맥 한 잔
남자가 쏘세지 굽는 집(남쏘집)

🏠 서울시 관악구 대학길 31
🕐 12:00~02:00
📱 02-882-9934

🅿 주차 불가
🍴 남쏘세지 2,500원 남쏘핫도그 3,000원
⭐ 소시지는 테이크아웃도 가능하다.

#소시지파워 #소시지에김이묻었어요 #잘생김 #아기자기한소맥집

소시지와 맥주의 만남은 우연이 아니야 덥고도 더운 열대야로 괴로운 여름날 밤, 더위와 함께 피로를 날려줄 맥주와 소시지로 무더위를 씻어내자. 굵직하고 부드러운 소시지와 함께하는 시원한 맥주 한 잔은 어떠한 무더위도 날려 보내 버릴 듯이 시원하다. 가게 앞에서는 주인과 알바생이 뜨거운 불에 소시지를 열심히 굽고 있다. 그 향이 지나가는 사람의 뒷덜미를 잡는다. 테이크아웃뿐만 아니라 홀에서 직접 맥주와 시식이 가능한 곳. 남쏘집의 내부로 들어가면 푸르른 조명 아래 아담한 공간이 펼쳐져 있다. 벽면에는 아기자기한 감성이 피어오르는 피규어들이 줄줄이 진열되어 있고 고소한 향이 피어오르는 감자튀김이

먹음직스럽게 제공된다. 따뜻하고 짭조름한 소시지와 함께하는 시원한 맥주 한잔은 스트레스로 지친 일상마저 단번에 날려버린다. 다가오는 여름, 더 이상 치맥이 아닌 소시지에 맥주, 소맥은 어떠한가! 남자들이 직접 철판에 소시지를 구워주는 남쏘집의 매력에 빠져보자.

달콤한 케이크가 맛있는 베이커리 카페
카페 가치(Gachi)

🏠 서울시 관악구 호암로24길 65
🕐 4~12월 09:00~23:30, 1~3월 07:00~23:30
📱 02-872-5688
🅿 주차 불가
🍴 아메리카노 2,500원, 카페라테 3,200원,
　　스콘류 2,300원, 케이크류 4,500원

#오가닉카페 #수제케이크 #신선하고건강한

녹두거리에서 케이크가 제일 맛있는 곳 보라색 간판이 한눈에 들어오는 이곳은 내부도 감성적인 인테리어로 꾸며져 있다. 디저트 냉장고에는 매장에서 만든 케이크와 마카롱이 시각을 자극한다. 또한 유기농 재료를 사용해 만든 건강한 디저트가 가득한데 원두도 직접 선택할 수 있고 가격까지 착하다. Gachi카페의 유명한 당근케이크는 적당한 단맛과 시나몬향이 일품이며 보기만 해도 흐뭇해지는 예쁜 케이크는 부드러운 식감과 개성을 잘 살렸다. 오늘 유독 힘든 하루였다면 이곳에서 달콤한 휴식을 취해보는 건 어떨까?

로봇연기 장수원이 감탄한 녹두거리 와플집!
바바플(BaBaffle)

🏠 서울시 관악구 호암로 24길 55
🕐 오전~24:00　📱 070-8631-0430　🅿 주차 불가
🍴 바닐라 생크림 와플 1,000원, 요거트 와플 1,500원,
　　우유 생크림 와플 1,200원, 우유 생크림 아몬드 와플 1,500원
⭐ 생크림 와플과 아이스크림 와플을 둘 다 먹는다면
　　가급적 생크림 와플을 먼저 먹는 것을 추천한다.

#수제와플전문점 #생크림이한가득 #다양한토핑

달달한 게 당기는 날엔 비교적 인적이 드문 곳에 위치한 곳임에도 불구하고 수제와플 전문점인 바바플에는 언제나 많은 사람들이 줄을 서서 기다리고 있다. 2015년 한 맛집 프로그램에서 가수 장수원이 방문하고 난 뒤 입소문을 타고 오는 사람들이 많아졌다. 메뉴판에 적힌 수많은 종류의 와플 중에서 고민에 고민을 거듭하다 이 집만의 특별 메뉴인 아이스크림 와플을 택한다. 얼마 후 제조되어 나온 와플, 비주얼이 정말 일품인데 맛 또한 환상적이다. 다들 줄을 서서 사먹는 이유가 있다.

너와 내가 그리는 거리
광진구

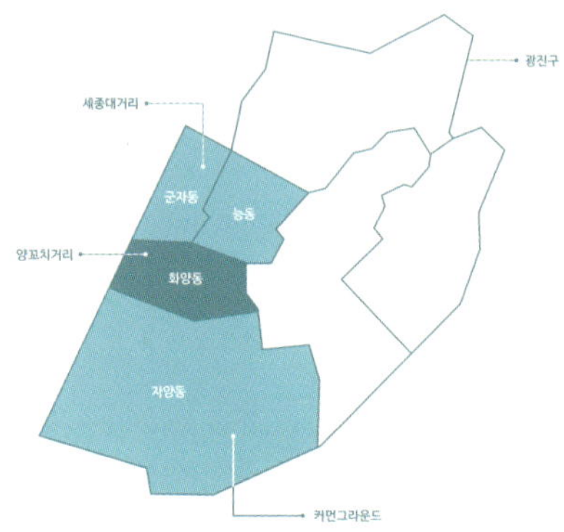

이따금 산 정상에 올라 주위의 경치를 둘러볼 때면, 경이로운 전경에 넋이 나가곤 한다. 늘 한결같이 우뚝 솟아있는 산과, 그 주위를 고고하게 흐르는 강이 주는 푸른 기운은 지쳐있는 심신에 다시 설 수 있게 하는 힘을 줄 뿐만 아니라 얼어붙은 감성을 녹여낸다. 이런 곳에서 사랑에 빠지지 않는 건 말도 안 되는 일. 가장 순수한 형태의 예술로서의 자연 안에서 모든 이해관계는 무력화되고, 젊은이들은 사랑을 한다. 온달과 평강의 아름다운 이야기도 이곳에서 시작됐다. 바로 광진에서다.

광진구는 '일상 속의 예술'을 가장 잘 실현시킬 수 있는 공간이다. 사람과 사람 사이를 연결시켜주는 광장의 역할을 하는 장소가 곳곳에 있어, 함께 호흡하며 경험을 나눈다. 예로부터 예술가들에게 사랑받은 지역답게 현재는 재능 있는 신진 디자이너들이 모여들어 아름다움을 전파하고 있기도 하다.

흔히 예술은 재능 있는 이들에게만 허용되는 영역이라고 하지만, 예술 자체에 정답이 없는데 아름다움에 대한 가치를 그 누가 매길 수 있을까. 나와 당신이 함께하며 나누는 사랑 자체가 예술이고, 나의 내면의 소리를 듣고 그것을 표현하는 것 또한 예술이다. 모든 것을 자유롭게 그려나갈 수 있는 거리, 여기는 광진구이다.

건대 양꼬치거리

청명한 파란색의 커먼그라운드에서
조금만 안으로 들어가면,
완전히 반대되는 색감의 길이 펼쳐진다.
이곳은 붉은 간판이 600m 가량
줄을 서 있는 양꼬치거리.
중국 동포들이 모여 있는 작은 차이나타운이다.
늘 그렇듯이 치킨과 맥주는 환상의 조합이지만,
때론 양꼬치와 칭따오 맥주를 먹어보는 건 어떨까.
전혀 다른 듯 다르지 않은 이 거리와 어울리게
'젊음'이라는 공통분모로 묶인
이웃 나라의 새로운 인연을 만나게 될지도 모른다.
플리터 4기 공정현, 권시아, 김나영

건대 입구역
6
로데오 거리
커먼 그라운드
매운 향솥
공영 주차장
애화반점
wallet
wallet
왕푸징 중국식품
샤츠 인 젤
마라탕야보앙
양꼬치엔 칭따오~
명봉반점

작은 냄비 속에 중국을 담다
매운향솥

🏠 서울시 광진구 동일로18길 65

🕐 11:30~23:30

📱 02-6461-0016

🅿 AJ 파크 건대 로열점 이용(30분에 2000원, 추가 15분당 1000원), 자양 4동 공영 주차장 이용(5분에 150원으로 매우 저렴함)

🍴 마라샹궈(기본 10,000원부터 시작, 중량별 가격), 마라탕 6,000원, 양꼬치 12,000원/1인분

⭐ 1층에는 마라샹궈, 2층에는 양꼬치! 1층보다는 2층이 홀이 넓어 단체 손님의 경우에는, 2층에서 먹는 것이 더 적합하다.

#마라샹궈맛집 #중량별가격 #내맘대로골라담기 #위층에선양꼬치

코끝을 자극하는 매운맛 중국전통요리를 처음 경험하는 입문자라면 어디로 가는 것이 좋을까? 무턱대고 아무 음식이나 도전했다가는 지레 질려버릴지도 모른다. 매운향솥은 이러한 이들을 위한 최적의 장소다.

매운향솥의 대표 메뉴인 마라샹궈는 30여 가지 종류의 다양한 재료를 취향대로 고를 수 있다. 흔히 생각하는 것처럼 재료별로 가격이 다르지 않고 중량별로 가격을 매긴다. 사장님께서 한국어를 매우 유창하게 구사하시기 때문에, 조합에 관하여 추천을 받기도 쉽다.

매운 향으로 먼저 후각을 사로잡은 마라샹궈는, 색다른 맛임에는 분명하나 거부감이 느껴지지는 않았다. 오히려 몇 숟가락 뜨고 나니 절로 밥 생각이 간절해져 나도 모르는 사이 공깃밥을 주문하는, 그야말로 중국식 '밥도둑'이었다. 언제나 배고픈 학생들을 위해 사람 수대로 주문하면, 무한대로 밥을 제공해준다고 하니 갈 때는 꼭 고무줄 바지를 입고 가길 바란다.

작은 냄비 속에 중국을 담다
매운향솥

마라샹궈는 우리나라의 곱창볶음과 크게 다르지 않아서 부담없이 도전해 볼 수 있는 음식이고, 사장님에게서는 백반집 이모님과 같은 정을 느낄 수 있었다. 가게를 선정하는 데 그 따스한 정이 큰 역할을 했다.

Q 매운향솥을 열게 된 배경은 무엇인가요?

남편이 한국 유학생으로 있던 시절, 입맛에 맞는 음식이 없어 많이 힘들어했어요. 한국에는 중국인 유학생들이 많은데, 비슷한 고충을 겪고 있다는 것을 알게 되면서 이들을 위한 소울푸드로, 정통 중국 요리를 판매하는 음식점을 차리면 좋겠다는 생각이 들어 가게를 시작했죠.

Q 사장님의 영업 철학은 무엇인가요?

처음에는 건대 양꼬치 골목의 가장 뒤쪽에서 운영을 하다가 가게가 점차 발전하면서 현재 위치에 자리하게 되었어요. 여기에는 이 가게를 찾아준 학생들의 공이 제일 크다고 생각합니다. 그래서 학생들이 가게를 방문하면 뭐라도 하나 더 챙겨주려고 해요. 밥 같은 경우에도 인당 하나씩 시켰을 경우에는 배부를 때까지 무한으로 리필해 줍니다.

Q 매운향솥의 대표 메뉴는 무엇인가요?

단연 마라샹궈지요. 저희 가게에서는 마라샹궈의 재료로 쓰는 야채와 고기의 종류가 약 30가지가 됩니다. 야채와 고기의 금액 차이는 없고, 전부 중량으로 책정해요. 산초의 향이 낯설 수도 있지만 한국인들도 매운맛을 즐겨 먹기 때문인지 마라샹궈를 먹기 위해 찾아오는 마니아층이 꽤 됩니다.

Q 향후 목표가 있으신가요?

뭐 딱히 거창한 목표는 없어요. 다만, 앞으로 영업을 지속하면서 기본을 잊지 않고, 이곳을 방문해주는 손님들에게 항상 친절하자는 다짐을 매일 새기고 있습니다.

마음과 배가 부른 소리 '봉~'
명봉 샤브샤브 양꼬치

양꼬치 거리에서 만난,
우리와 다르지 않은 이웃
샤츠인젤

- 서울시 광진구 뚝섬로 31길 59
- 12:00~02:00 📱 02-498-8808
- 가게 앞 2대 가능. 인근에 유료 주차장 있음
- 양꼬치 10,000원, 크림 중새우 12,000원,
  양갈비 22,000원
- 수동인 만큼 타지 않게 주의하자!
  시럽월렛에서 쿠폰받자!

#가성비짱 #나처럼통통 #가만두지않겠어 #타니까

- 서울시 광진구 동일로18길 100
- 10:30~23:00(일요일 휴무) 📱 02-498-0005
- 정면에 자양4동 공영 주차장 이용
- 아메리카노 2,800원, 직접 담근 모과차 4,000원
- 런치(12:00~14:00)에는 아메리카노와
  카페라테를 500원씩 더 싸게 먹을 수 있다.

#필터는따뜻함 #런치는기회

그때 그 시절, 그대로 남아 있는 명봉 샤브샤브 양꼬치는 8년째 건대 양꼬치 거리를 지키고 있는 곳이다. 그동안 자동으로 양꼬치를 구울 수 있는 기계도 갖추는 등 다양한 변화가 있었지만 양꼬치의 맛만큼은 그대로다. 한국의 맛에 맞춰 좀 더 많은 사람들이 즐겼으면 하는 사장님의 마음도 함께 담겨 있는 곳. 사장님께서는 양꼬치와 양갈비의 뒤를 잇는 메뉴로 크림새우와 깐쇼새우도 추천하신다. 여자들은 크림새우를, 남자들은 깐쇼새우를 더 찾는다고 하니 취향 따라 맛보는 것도 좋겠다.

어느새 쿠폰을 모으고 있을 곳 '보물섬'이라는 뜻을 가진 샤츠인젤은 그 이름에 걸맞게 양꼬치 거리의 시작이자 끝에서 우리를 기다리고 있다. 얼핏 보면 이질적이지만 지금껏 느껴 온 소박한, 또 친근한 느낌은 이곳에서도 계속된다.
작지만 편안한 느낌을 주는 곳으로 사장님, 가게, 가격에서 나오는 소박함과 따뜻함은 우리가 사는 그 어떤 동네보다 넘친다. 그 덕분에 단골손님이 생기고, 가득 찬 쿠폰이 모이는 것이 가능해진다. 처음엔 입가심을 위해, 두 번째는 착한 가격에, 세 번째는 정과 맛에 오게 될 카페이다.

특별함에 특별함을 더하다
매화반점

🏠 서울특별시 광진구 동일로18길 96
🕐 12:00~01:00(연중무휴)
📱 02-462-1939
🅿 자양4동 공영 주차장 이용

🍴 양꼬치 12,000원, 꿔바로우 10,000원, 훠궈 30,000원
⭐ 널찍해서 단체 예약에도 좋다.
　단, 예약은 5시에 마감되니 주의하자.
　시럽월렛에서 쿠폰을 미리 받아갈 것!

#70가지메뉴클래스 #취향에맞게골라육수 #레드카펫과양꼬치 #아주특별하다해

특별한 날, 특별한 사람과 함께한다면 양꼬치 거리에 빼곡히 줄 세워진 식당들 중 어디를 선택해야 할지 모르겠다면 주목하라. 매화반점은 무려 70여 가지의 다양한 메뉴를 선보이고 있는데, 다양한 가짓수에 당황할 손님들을 위해 추천 메뉴를 따로 소개하고 있다. 중국 전통 음식점에 처음 가본 손님들은 이러한 작은 배려 덕에 생소한 중국음식을 더욱 쉽게 접할 수 있다.

훠궈는 양꼬치 샤브샤브로 매운 육수와 그렇지 않은 육수 두 가지가 같이 나와 기호에 따라 먹기에 좋다. 먼저 나온 육수를 불에 올리고 끓기를 기다리고 있으면 다양한 야채들과 소스, 양고기가 마치 코스요리처럼 차례차례 나온다. 잘 차려진 한 상을 맛있게 즐기고 식당에 들어올 때와 같이 레드카펫을 밟으며 식당을 나서니 오늘 하루가 유난히 특별하다는 생각과 함께 알 수 없는 쾌감이 온몸을 감싼다.

발걸음이 리듬이 되는 곳

발걸음이 리듬이 되는 곳
세종대 거리

모든 대학가가 저마다의
청춘 에너지를 발산하며 아름다움을 뽐내지만,
그중에서도 '세종대 거리'가 특별한 이유가 있다.
특정 연령이 그 거리의 이미지를 형성하는 것이 아닌,
전 연령이 '행복'이라는 공통된 감정을 바탕으로
저마다의 경험이 모자이크처럼 모여
하나의 그림을 그려낸 곳이 바로 세종대거리이기 때문.
대학교 건물에는 학생들의 웃음소리가,
바로 맞은편 어린이대공원에는 어린 아이들과
부모들의 웃음소리가 끊이질 않는다.
높은 '솔' 음정의 웃음소리를 배경음악으로 삼아 걷는
세종대 거리는 걸음걸음이 하나의 박자가 된다.

플리터 4기 공정현, 권시아, 김나영

VIPS
하루노히
BANANA TALK
학생회관 안에 있어요!
소심한 사장님 떡볶이
SEJONGUNIV
세종대학교
어린이대공원
행복한 그릇
7호선 어린이대공원역
파리바게뜨
DOSMAS
올리브영
BEER
옆
딸바의 유혹
소상공인
재능기부
프로젝트

지친 당신에게 주는 한 그릇의 위로
행복한 그릇

🏠 서울시 광진구 광나루로 17길 24-8

🕐 월~토 11: 30~20:30(브레이크 타임 14:30~17:00)
　(일요일·공휴일 휴무)

📱 02-468-7880, 010-9987-7880

🅿 가게 옆 작은 주차장(한 대 정도 가능) 이용

🍴 사케동 8,000원, 김치 가츠동 7.000원,
　타코야키 3,000원

⭐ 덮밥은 비벼먹지 말고, 밥 위에 얹은 요리와 번갈아 먹자.
　사케동은 밥을 적당량 떠서 간장을 살짝 묻힌 연어와
　생와사비, 무순을 얹어 먹으면 맛있다.

#행복한그릇 #세종대쪽문맛집 #엄마가보고싶다 #밥한숟갈연어한점 #제한시간20분

가장 일상적인 곳에서 행복을 찾다 세종대 집현관 쪽문을 나서면 보이는 작은 골목길에 '행복한 그릇'이 보인다. 오픈한 지 1년도 채 되지 않았음에도 불구하고 세종대학교 학생들이 추천하는 식당 중 하나로 꼽힐 만큼 사랑받는 곳이다.

이곳은 복잡하지 않은 골목과 어울리는 조그만 가게지만, 협소하게 느껴지지는 않는다. 오히려 하늘색과 노란색 페인트로 칠해져 있는 가게는 청량한 느낌이고 테라스도 열려 있어 쾌적하다. 행복한 그릇의 대표 메뉴인 사케동. 따뜻한 밥과 차가운 연어의 조합이 잘 어울릴까 생각했는데 입에 넣는 순간 부드럽게 넘어간다. 연어 특유의 잔향이 입 안에 오래도록 남아 있어 식사를 마칠 때까지도 '먹는 행복'을 충분히 즐길 수 있었다.

너무나 일상적이어서 특별함을 생각하기 어려웠던 공간과 음식에서 충만한 행복감을 느낄 수 있다는 것이 매력인 곳. 이제는 다소 아득해져 버린 학창 시절이 떠오른다면 오버스럽게 들릴까.

**지친 당신에게 주는 한 그릇의 위로
행복한 그릇**

행복한 그릇은 역사가 오래 되지는 않지만, 학생들이 입을 모아 추천하는 맛집이다. 지리멸렬한 일상에서 사람들은 특별함을 꿈꾸곤 하지만, 힘을 얻는 것은 역설적이게도 가장 일상적인 것이라는 메시지가 재밌었다.

Q 행복한 그릇을 열게 된 계기가 있나요?

이전에는 다른 일을 했었다가 결혼을 하면서 새로운 일을 시도해보려고 했습니다. 작년 10월, 행복한 그릇의 문을 열었고 기대에 넘치게 많은 학생들이 사랑해주고 있으니 너무 기쁘고 감사하네요.

Q 가게를 운영하면서 가지고 있는 특별한 철학이 있나요?

행복한 그릇이라는 가게 이름에 걸맞게 단순한 한 끼로서의 식사가 아니라, 밥이 주는 모든 즐거움을 느낄 수 있도록 하자고 요리를 할 때마다 다짐하고 있습니다. 가게에 들어올 때와, 밥을 다 먹고 나갈 때, 손님들의 표정을 유심히 봐요. 얼굴에 화색이 도는 것을 볼 때 반갑고 고마운 마음뿐이죠.

Q 사장님께서 추천하시는 행복한 그릇의 대표 메뉴가 있다면 어떤 것이 있나요?

신선한 연어가 올라가 있는 사케동과 아삭한 김치, 바삭바삭한 돈가스를 즐길 수 있는 김치 가츠동을 추천합니다.

Q 행복한 그릇의 향후 목표가 있나요?

가게를 시작한 지 얼마 안 됐음에도 불구하고 많은 학생들의 사랑을 받고 있습니다. 더욱 노력해서 입지를 탄탄히 한 뒤에는 다른 지역에도 체인점을 내는 게 지금의 목표입니다.

엄마가 주고 싶은 음료
딸바의 유혹

🏠 서울시 광진구 광나루로 24길 29
🕐 07:00 ~ 21:00(명절 휴무)
📱 010-2399-8037

🍴 딸바(딸기바나나) 1,800원, 키바(키위바나나) 1,800원,
토바(토마토바나나) 2,000원
⭐ 16년 전통이 담긴 생과일주스점이자
SK플래닛 소상공인 프로젝트 7호점이다.

#생과일주스 #엄마의마음 #16년전통 #혜자로운재료 #건강음료

달콤한 맛의 유혹에 빠져봐 건국대학교 후문 골목 벽면 한쪽에 앙증맞게 그려진 딸기가 보인다. 변화무상한 대학가에서 벌써 16년째 자리를 지키고 있는 이곳은 생과일주스 전문점 딸바의 유혹. 오래된 가게지만 재작년에 SK플래닛이 진행하는 소상공인 프로젝트로 인연을 맺어 청춘들과 어울리는 모습으로 재탄생했다.

'딸바의 유혹'의 대표 메뉴는 단연 '딸기바나나주스', 그리고 '초코바나나우유'이다. 그동안 카페에서 파는 다른 생과일주스의 단맛에 길들여져 있었다면, 다소 심심하게 느껴질 수는 있겠으나 딱 과일의 참된 향과 맛만으로 이루어져 있기 때문에 그 뒤가 매우 개운하다.

신선한 과일로 만들어진 주스의 비타민은 물론이고, '공부 많이 힘들지? 이거 한 잔 쭉 마시고 오늘도 힘내!' 하며 정답게 건네는 사장님의 말 한마디가 최고의 비타민이 되니 '딸바의 유혹'과 함께하는 오늘은 최고로 활력이 넘치는 날이다.

'딸바의 유혹'은 SK플래닛 플리터의 소상공인 프로젝트로 인연을 맺은 가게이다. 군것질 거리에 예민한 엄마들이 자녀들에게 믿고 건네는 음료수라는 점이 가장 매력적인 곳, 그곳의 주인장을 만났다.

Q '딸바의 유혹'을 시작하게 된 계기가 있나요?

처음에는 노후 대책을 위해 시작한 것이었습니다. 창업 아이템을 고민하다가 우리 아이들에게 만들어줬던 생과일주스를 떠올렸고 자극적인 음식이 많은 대학가에 좋은 먹거리를 제공하자는 마음으로 만들었습니다.

Q 가게를 운영하실 때 가지고 계신 철학이 있나요?

항상 마음속에 새기는 것은 딱하나 입니다. '정직하자'. 내 자식 같은 아이들이 먹는 거니까 신선하고 좋은 재료로 맛있게, 그리고 주머니 사정 다 아니까 싸게 만듭니다. 학생뿐만 아니라 주말마다 어린이대공원으로 나들이 오는 가족들도 꼭 우리 가게를 찾아와 음료를 사 갑니다. 엄마의 마음으로 팔자 다짐했는데, 엄마들이 알아주니 그저 고마울 뿐이죠.

Q 사장님께서 추천하시는 베스트 음료가 있다면요?

딸기바나나주스, 초코바나나우유, 사과복숭아주스를 추천합니다. 사실 우리 가게의 원래 상호가 '딸바의 유혹'이 아니었는데, 워낙 딸기바나나가 인기가 많아서 바꿨어요. 달콤하면서도 목넘김이 부드러워서 다들 좋아하시는 것 같아요.

Q 향후 목표가 있으시다면요?

요즘 창업하는 젊은이들과 같이 기발한 아이템을 내놓지 못하는 것이 아쉽지만, 우리 가게의 본래 아이템에 충실하면서 새로운 메뉴를 개발해내려 노력하고 있습니다. 가게가 오래된 만큼 가장 경계해야 할 것이 그 자리에 가만히 안주해있는 것이라고 생각해요.

그리고 최근에는 해외에서도 블로거분들이 찾아와주시는데, 우리 가게가 세계에서도 인정받았으면 하는 마음도 있어요. 물론 가장 바라는 것은 지금 있는 이곳에서 '건대 지킴이'로서 건대라 하면 항상 생각나는 랜드마크로 자리하는 것이지만 말이에요.

능동의 스포트라이트를 찾아서
하루노히

🏠 서울시 광진구 능동로 266 광정빌딩
🕐 12:00~23:00(명절 휴무)
📱 02-453-0508
🅿 주차 불가

🍴 올데이 브런치(음료 포함) 9,500원,
추억의 도시락 7,000원, 딸기빙수 컵 4,500원/8,000원
⭐ 이 책을 지참 후 찾아가면 500원의 추가 할인을
받을 수 있다!

#분위기는서비스 #일석삼조 #분위기좋은카페 #단골예약

사계절 언제든 봄날 일본어로 '봄날'을 뜻하는 하루노히. 그 이름만큼이나 가게도 따뜻함을 품고 있다. 군자역과 어린이대공원역 중간에 위치해 북적거림보다는 한적한 분위기로 가득한 곳이다. 사장님 한 분이 운영하시는 작은 가게이지만 식사부터 디저트까지 빠질 게 없다. 카페에서 하는 음식이라고 가벼울 것이라는 걱정은 하지말자. 그 어느 곳보다 맛있고 가격도 착해 그 매력에 빠질 수밖에 없다. 대표 메뉴인 올데이 브런치에는 소시지, 베이컨, 해시포테이토, 토스트, 샐러드, 그리고 음료가 포함되어 있다. 음료 가격을 생각하면 5,000~6,000원대에 한 끼 식사를 해결할 수 있는 셈이다. 제공되는 커피라고 질이 떨어진다는 생각은 오산이다. 탱탱한 면이 일품인 카레우동과 야금야금 먹고 싶은 추억의 도시락도 대표메뉴다. 여름에는 딸기빙수와 팥빙수도 인기가 많다. 분위기에 더 반하고, 정에 또 반하니 하루노히는 이 동네만 오면 제일 먼저 가고 싶어지는 핫 스폿이다.

같은 장소, 같은 사람. 다른 시간, 다른 느낌
옆

- 서울시 광진구 능동로 19길 7-6
- 화~목 16:00~00:15, 금 16:00~01:00
  토 12:00~01:00, 일 12:00~00:15
- 070-4123-1125
- 주차 불가
- 클라우드 420ml 3,500원, 아메리카노 4,000원

#너는내옆에 #분위기있는카페 #낮에는카페밤에는펍

시간의 흐름과 발맞춰 함께 조용히 변하는 곳, 아무리 예쁘게 꾸며놓은 곳이라 할지라도 매번 똑같은 모습은 보는 이로 하여금 진부함을 느끼게 하기마련. 매일 낮과 밤, 반전의 매력을 뽐내는 곳이 있으니 바로 카페 겸 펍인 옆이다.

옆은 낮에는 카페로, 밤에는 펍으로 운영 중이다. 그 덕에 커피와 잘 어울리는 디저트 종류뿐 아니라 다양한 안주류도 선보이고 있다. 술은 맥주에서 와인, 칵테일, 계절별 메뉴까지 다양하고, 230ml와 460ml 사이즈별로 판매하고 있다 또한 술의 이름 옆에 도수를 친절히 표기해두고, 무알콜 모히토도 판매하는 등 자신의 주량에 맞출 수 있도록 하는 배려가 돋보인다.

파리의 노천카페를 능동로에서 만나다
바나나 토크(BANANA TALK)

- 서울시 광진구 능동로 237
- 11:00~23:00
- 02-467-3370
- 건물 뒤편에 주차
- 스노우 크림치즈 파스타 18,000원, 김치라이스 8,000원
- 주문, 물, 집기류는 셀프다.

#남다른김치볶음밥 #방송출연 #테라스에선나도유럽

미(美, 味)적 감성을 모두 충족한 곳 한 방송에 모델 출신 사장님이 운영하는 식당으로 소개된 적이 있는 바나나토크는 그의 취향이 한껏 반영되어 가게 내부도, 음식도 모두 깔끔하고 정갈하다. 대표 메뉴 중 스노우 크림치즈 파스타는 늘어나는 치즈와 파스타에 짧은 감탄사가 자동으로 튀어나오는 메뉴다. 느끼할 수 있으나 이럴 때를 위한 또 다른 대표 메뉴가 있으니 그건 바로 김치라이스! 가격은 모범적이지만 그 맛은 다른 김치볶음밥과 달리 톡톡 튄다. 계속 손이 가게 하는 중독성 있는 맛. 먹어본 사람만 알 수 있는 맛이다.

무엇이든 가능한 청춘들의 놀이터
커먼그라운드

상상을 현실로 만드는 공간 청춘이 가장 아름다운 이유, 그것은 어떠한 것에도 쉽게 한계를 정하지 않으며 잠재력을 실현시키기 위해 늘 도전하는 열정 때문일 것이다. 이런 청춘과 가장 닮은 곳인 커먼그라운드는 버려진 차고지를 재활용하여 만들어진 국내 최초, 세계 최대의 컨테이너 몰이다. 이곳이 매력적인 까닭은 단순한 상업시설을 넘어 소비자들에게 경험을 선사하고, 문화공간으로서도 자리하는 일명 플랫폼 역할을 수행하기 때문이다. 젊음에서 뿜어져 나오는 생기가 청명한 푸른빛의 건물에 투영되고, 대형 프랜차이즈보다는 각자의 개성을 추구하는 니즈에 맞춰 신진 디자이너들의 숍이 입점했다. 매 시기마다 전시, 마켓, 패션위크 등 다양한 이벤트가 열리는 이곳은 고여 있지 않고 언제나 흐르는 느낌이다.

플리터 4기 김다은, 김동언, 이동현

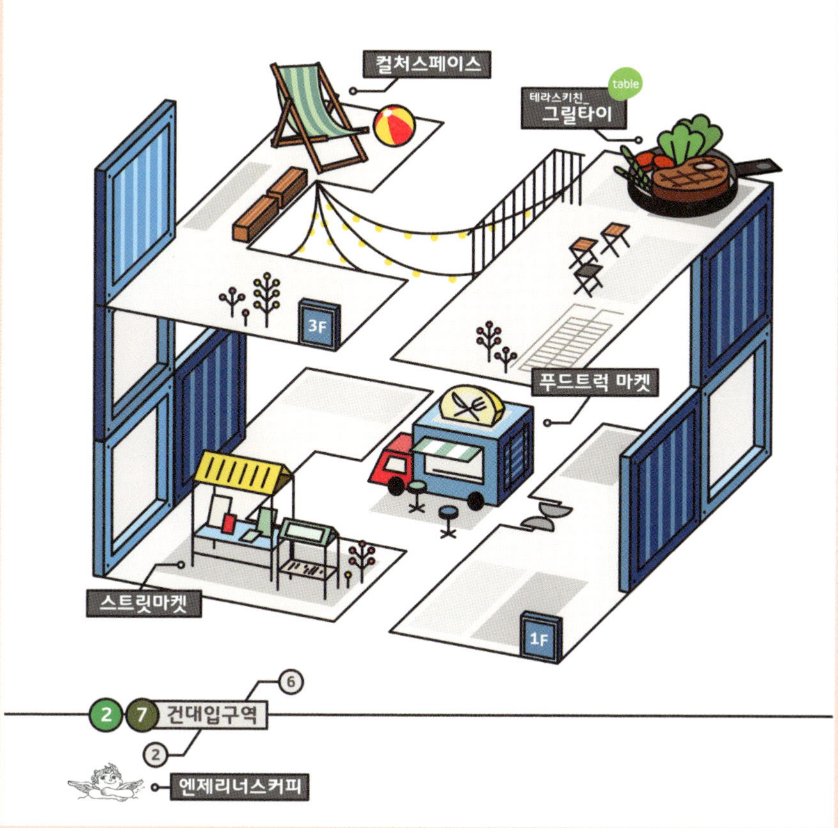

🏠 서울시 광진구 아차산로 200

🕐 11:00~22:00(일부 F&B 02:00까지)

📱 02-467-2747

🅿 매장 내 존재하나 크지 않은 관계로 대중교통 이용 추천
(주차요금 30분 2000원, 추가 10분당 1000원 : 평일 최대 요금 30,000원)

⭐ 커먼그라운드에서 프로필 사진 한 장 건져오지 못하면 그대는 바보, 푸른 건물 벽면에서 꼭 사진을 찍자.
실속, 맞춤형 경험을 원한다면 홈페이지에 게재되어 있는 상세 행사일정을 꼭 확인하자.

@ www.common-ground.co.kr

강 위의 푸른 곳, 강북구
강북구

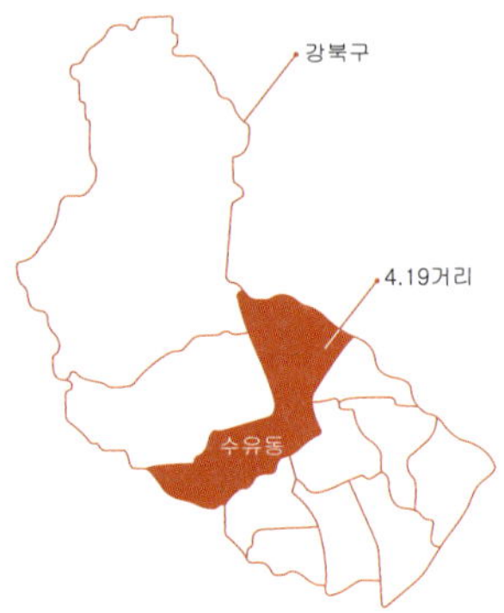

자연과 맞닿아 있다고 해도 과언이 아닌 천혜의 자연환경과 풍부한 역사 문화유산을 자랑하는 강북구. 전체 면적의 약 60%가 공원 녹지로 서울 자치구 중 관련 면적이 가장 넓고 열대야가 가장 적다. 랜드마크인 북서울 꿈의 숲은 서울에서 4번째로 큰 공원으로, 강북 지역에 최초로 조성된 대형 녹지 공원이다. 기존에 노후된 시설물을 모두 비우고, 전통건축물들을 원형으로 복원하며 주변에는 푸른 호수와 함께 정자와 폭포 등이 조성돼 새로운 경관을 연출했다.

그동안 관리가 제대로 되지 않아 잡초가 무성했던 국립 4.19 민주묘지도 둘레길이 조성되면서 사람들의 발길이 끊이지 않고 있다. 북한산의 수려한 경관과 4.19 기념탑, 광장 등이 자연스럽게 어울리는 경관을 볼 수 있다. 또한 국립 4.19 민주묘지를 중심으로 4.19 카페거리가 조성되면서 그 주변 상권도 덩달아 발달하고 있다.

Dare I say DECAF?
IT'S SUCH A PERFECT
DAY
I'M GLAD
I SPENT IT
WITH YOU
THE 8 LOW
BRUNCH CAFE & CRAFT BEER

그때 그 열정과 지금 이 여유
4.19 거리

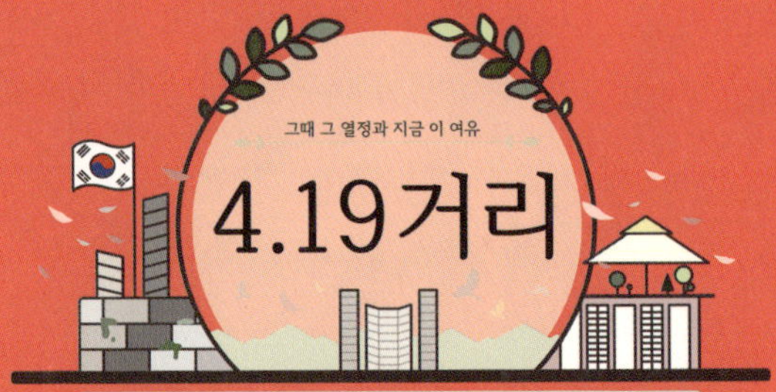

보기만 해도 마음에 따뜻함이 퍼지는
북한산 입구로 가는 골목길.
오랜 역사를 지닌
4.19 탑 앞의 오밀조밀 아담한 거리에는
'4.19 거리' 라는 간판을 단 가게들이
사이좋게 서 있다. 포근한 햇빛을 받으며
삼삼한 골목을 구경하노라면 괜스레
기분이 좋아 마음 한구석이 간질거리고 들뜬다.
플리터 4기 강지현, 김다은, 김동언, 김정연, 이동현, 홍에스더

보광사
4.19기념탑공원
바람이부네
세컨밀
키에리
더팔로우
미즐카페엠
엔젤리너스
table
수유역
5 6
4 3
7 8
2 1

봄바람이 살랑살랑
바람이 부네

🏠 서울시 강북구 4.19로 40-3
🕐 11:00~21:30(수요일 휴무)
📱 02-993-5161
🅿 주차 불가

🍴 김치찌개 7,000원, 된장찌개 7,000원, 부추전 8,000원
⭐ 100% 유기농 재료로 음식을 만든다.

#집밥 #유기농 #저렴하게한끼 #속편한밥 #엄마보고싶을때

수유의 또 다른 나의 집 어딜 가도 충족되지 않는 집밥을 향한 그리움. 비슷한 맛, 자극적인 음식들에 질렸다면 어떻게 해야 할까. 당장 집에 달려가 엄마 품에 안기고 싶을 때, 작은 위로가 되어주는 곳이 있다. 수유에 있는 '바람이 부네'다.

바람이 부네는 4·19 거리 골목 안쪽에 있는 작은 식당이다. 입구가 골목 안쪽에 있어 자칫하면 놓칠 수도 있지만 바깥과는 분리된 듯 여유롭고 한적한 분위기는 이곳만의 장점이다. 여기저기 심겨 있는 식물은 여름날의 '바람이 부네'를 더욱 아늑하게 만든다.

이곳의 음식은 마치 엄마가 해주는 듯한 느낌으로 마음의 안정감을 준다. 모두 유기농 재료를 사용한 찌개와 부침개는 허기진 배뿐 아니라 마음의 공복까지 채워준다. 주인 내외분의 자부심으로 똘똘 뭉친 음식이어서 그런지 믿음이 가고 맛 또한 그것을 그대로 증명한다. 언제 먹어도 질리지 않는 김치찌개인데도 새삼 감동으로 다가오는 김치찌개와 밀가루보다 부추와 해산물이 더 많은 부침개. 모든 곳에서 집의 따뜻함을 느낄 수 있다.

봄바람이 살랑살랑
바람이 부네

정원에 예쁘게 꾸며진 식물들, 높지 않은 나무 마루 아래에 신발을 벗고 들어가면 벌써 맛있는 냄새가 풍겨온다.
마치 할머니 댁에 온 것 같은 착각이 들 정도. 상냥하게 맞아주시는 아주머니는 마음을 더욱 편안하게 만들어준다.

Q 가게를 시작하게 된 계기는 무엇인가요?

우리나라에서 난 재료와 조리법만을 이용해 사람들에게 집밥을 먹이자는 생각에 이곳을 개업했습니다. 가게 이름의 뜻은, 우리 인생은 바람이 부는 것처럼 뜻하지 않게 흘러간다는 것을 의미하죠. 또 한편으로는 그런 변화에 순응하고 그 안에서 행복하게 살아간다는, 의미도 있어요. 이 동네의 자연경관도 거기에 한몫 거들었죠.

Q 바람이 부네의 영업 철학은 무엇인가요?

우리나라에서 난 우리 재료로 사람들에게 편안한 식사를 제공하는 것이 저의 영업 철학입니다. 서울 내에 있지만 잠시 할머니 댁에 와서 밥을 먹고 가는 기분이 들게 해주고 싶습니다. 그래서 항상 유기농 재료를 가지고 요리를 해요. 닭고기와 돼지고기도 질이 좋은 것들만 가져다 사용합니다.

Q 이곳의 대표 메뉴는 무엇인가요?

원래는 돼지불고기와 소불고기의 인기가 좋았는데 인공 재료를 사용하지 않고 손으로만 불맛을 내려니 손목이 움직일 수 없을 정도로 건강이 악화되었어요. 그래서 그 두 메뉴는 더 이상 하지 못하게 되었고, 최근에는 닭고기를 사용한 메뉴가 인기 있어 닭을 주력으로 하려고 생각 중입니다.

Q 향후 목표는 무엇인가요?

연령층에 관계 없이 와서 먹었을 때 속이 편안한, 맛있는 식당이 되고 싶습니다. 할머니 집에 와서 밥 먹고 뛰어놀다 갈 수 있는, 그런 느낌의 가게를 만들려고요. 또 돈보다는 두 부부가 일하면서 행복하게 사는 것이 목표입니다.

힘들 땐 쉬어가도 괜찮아
키에리

- 서울시 강북구 4.19로 60
- 매일 12:00~22:00
  화 12:00~20:00(매월 마지막 주 수요일 휴무)
- 02-6408-3441
- 주차 가능

- 유기농 더치커피 6,000원,
  당근·바나나케이크 6,000원
- 공간이 넓지 않기 때문에 여럿이 가면 따로 앉게
  될 수도 있다. 저녁 시간에는 사람이 붐빈다.
  직접 갈 수 없다면 배송도 가능하다.

#카페키에리 #디저트 #후식 #4·19카페거리 #홈메이드케이크

홈메이드 디저트의 유혹 '최애', '인생카페'라는 수식어가 달릴 정도로 홈메이드 디저트계에서 많은 팬덤을 자랑하는 키에리. 집에서 엄마가 뭔가를 빠트리고 만들어 준 것 같은, 그리 달지 않은 맛이 심심하게 느껴지기도 하지만 전국에 두 곳밖에 없고 자꾸만 사진을 찍게 하고, 계속 손이 가게 하고, 생각나게 하고, 내 건강까지 챙겨주는, 달콤한 밀당의 고수다.

홈메이드 디저트 전문 키에리는 많은 양의 버터와 설탕을 사용하는 기존 레시피의 틀을 벗어나 달지 않지만 맛있는 디저트를 만든다. 처음에는 다소 심심한 맛에 놀랄 수 있지만, 재료 본연의 맛이 느껴지는 깊이감이 남다른 맛이다. 한 번 맛 보면 멈출 수 없을 정도로 중독성이 대단하다. 또, 국내 제철 재료뿐 아니라 국외에서도 사용하는 이색적인 재료들로 트렌디한 레시피를 개발하고 있어 비주얼이 참신하고 매력적이다. 인스타그램의 인기 스타라 불릴 만한 비주얼이다. 작은 케이크 한 조각에도 진심이 가득한 키에리의 디저트를 먹고 있으면 나를 위한 선물을 하는 듯한 느낌까지 든다.

당신의 두 번째 식사
세컨밀(2nd meal)

- 🏠 서울시 강북구 4.19로 40-3
- 🕐 13:00~ 21:00(매주 월요일 휴무(공휴일 제외))
- 📱 070-4115-3987
- Ⓟ 유료 주차

- 🍽 버섯 플레인 소스 햄버거 스테이크 12,000원
  날치알 새우 크림스파게티 12,000원
  소고기 토마토소스 오므라이스 12,000원
- ⭐ 빵은 거의 모든 메뉴에 함께 제공된다. 밥, 빵 리필 가능.

#4·19카페거리 #요리카페 #함박스테이크 #수제빵 #하루의두번째식사

세컨밀만의 철학 왜 퍼스트(First)가 아닌 '세컨드(Second)'일까? 아이러니하게도 양식 레스토랑인 세컨밀에서는 퍼스트밀은 '한식'이어야 한다고 말한다. 하루 식사 중 한 끼는 따뜻한 집밥을 먹고, 다른 한 끼는 분위기 있는 레스토랑에서 즐겨보자는 말이다. 왠지 하루의 두 번째 식사만큼은 제대로 책임져줄 것만 같은 믿음직스럽고 그들만의 철학 충만한 이름이 더욱 호기심을 자극한다.

봄을 부를 듯한 개나리색 목재 간판부터 아기자기한 인테리어 소품들까지 애정 어린 손길이 닿지 않은 곳이 없다. 그리 넓진 않지만 재미있게 구성된 공간이 음식을 기다리는 시간마저 즐겁게 한다. 인테리어만큼이나 요리의 비주얼도 어느 곳과는 다르게 재미있다. 요리와 함께 제공되는 손바닥만한 수제 빵이 먹기도 전에 기분 좋은 포만감을 불러온다. 쫄깃하고 폭신한 빵은 그 위에 파스타를 올려 먹어도 좋고, 파스타를 다 먹은 뒤에 따로 소스만 찍어 먹어도 좋다. 특히 부드러운 크림소스와 어우러지면 입술을 촉촉이 적시고 입 안을 가득 채우는 충만감을 선사한다. 가게 이름에서부터 요리까지 애정과 철학이 가득 느껴지는 곳. 오늘의 두 번째 식사는 세컨밀에 맡겨보는 건 어떨까.

당신의 두 번째 식사
세컨밀

파스타를 파는 사장님은 그래도 우리의 한식이 먼저라고 이야기한다. 따뜻한 집밥을 먹고 남은 나머지 식사를 이곳, 세컨밀에 와서 즐기라는 뜻. 그 믿음직스러운 철학 덕분에 모든 메뉴가 더욱 돋보이는 곳이다.

Q 세컨밀을 시작하게 된 계기가 있나요?

이 가게는 4.19 거리가 만들어지기 전부터 운영했던 가게였습니다. 원래 제과제빵을 공부했었는데 스파게티, 햄버거 스테이크 가게를 새롭게 하면서 사람들에게 맛있는 음식을 제공하고 요리에 대해 더 많이 배우고 싶었습니다.

Q 세컨밀만의 영업 철학이 있다면요?

세컨밀이라는 가게 이름의 뜻은 가장 좋은 식사는 자신의 집에서, 그리고 두 번째로 좋은 식사는 가게 뜻 그대로인 '세컨밀'에서 즐길 수 있다는 뜻으로 그만큼 손님들에게 정성을 담은 음식을 제공할 것이라는 일종의 신념입니다. 또한 최고의 재료로 사람들을 행복하게 해준다는 마음으로 가게를 운영하고 있죠.

Q 세컨밀의 대표 메뉴를 뽑아주세요.

햄버거 스테이크와 크림소스 스파게티를 가장 많이 좋아하시고 또 저희의 대표 메뉴라고도 할 수 있겠습니다.

Q 향후 목표가 있으신가요?

가게가 아무래도 위치상 등산을 즐기는 어른들이 많이 지나는 거리에 있기 때문에 손님들의 나이대가 조금 있는 편입니다. 가끔 그 손님들이 자녀나 부모님을 모시고 오시는 등 온 가족이 함께 식사를 즐기러 오는 경우가 있는데 그런 경우 깊은 뿌듯함과 행복함을 느낍니다. 그렇게 남녀노소를 불문하고 많은 사람들로부터 사랑받는 가게가 되는 것이 목표입니다.

산바람 불어오는 펍
더 팔로우(THE 8LOW)

🏠 서울시 강북구 4·19로13길 3 준곡빌딩
🕐 12:00~02:00
📱 02-991-8887
🅿 주차 가능

🍴 샘플러 15,000원, 북한산 페일에일 7,000원,
고르곤졸라 피자 14,000원
⭐ 밤에 가면 분위기가 더 좋다.
처음 방문한다면 샘플러를 추천한다.

#소개팅성공률100% #분위기깡패펍 #불금엔피맥 #산바람부는펍 #크래프트비어

산 아래서 즐기는 피맥은 처음이지? 시끌벅적한 분위기의 술집도 좋지만, 때로는 조용한 분위기에서 도란도란 담소를 나누며 시간을 보내고 싶어지기도 한다. 그럴 땐 4.19 거리의 여유를 품은 더 팔로우로 가보자. 낮에는 포근한 카페로, 밤에는 분위기 있는 펍으로 탈바꿈하며 4.19 거리의 낮과 밤을 책임진다. 탁 트인 야외 테라스에 앉아 시원한 맥주 한 모금을 들이켜면 한 여름 밤의 꿈처럼, 남아 있는 열기마저 기분 좋게 느껴지는 행복을 느낄 수 있다.

맥주와 찰떡궁합인 피자가 단연 인기메뉴로, 풍부한 치즈와 오리지널리티를 자랑한다. 특히 이곳의 고르곤졸라피자는 이탈리아 본토의 맛을 그대로 살린 듯 블루치즈의 톡 쏘는 맛이 일품이다. 피자, 파스타 외에도 감자튀김, 치즈스틱 등 여러 안줏거리도 갖추고 있어 가벼운 술자리로도 딱이다. 이곳에 앉아 있으면 누군가와 함께 있는 그 순간만으로도 충분한 안주거리가 되기도 한다.

맥주는 달콤한 과일향의 밀 맥주부터 감귤의 향과 홉이 풍부한 페일 에일, 강한 호프의 향과 몰트가 조화를 이룬 IPA까지 다양하게 취급한다. 한라산, 백두산, 북한산 등 산 아래 있는 펍이라 그런지 맥주 이름도 그에 어울린다. 크래프트 비어가 아직 생소하다면, 각기 다른 무게감과 향을 느껴볼 수 있는 샘플러를 추천한다.

평화로움, 자연의 고즈넉함과 문화의 다정함으로부터
도봉구

옹기종기 모여 있는 주택들, 고즈넉하고 조용한 골목, 소박하게 살아가는 사람들. 도봉구민들은 평화롭다. 왁자지껄한 서울 중심지에 비해 차분해 보이는 이 도시는 진정한 행복을 아는 것처럼 보인다. 적당한 편리함과 적당한 안정감이 공존한다.

도봉구는 1973년 7월 1일 성북구에서 분리 신설되며 당시 서울의 대표 명산이기도 했던 도봉산의 이름을 따 도봉구라고 지었다. 도봉구는 뛰어난 생태 환경과 함께 역사와 문화를 그대로 보존하고 있는 문화 도시이다. 대표적으로 도봉서원, 연산군묘 등이 있고 둘리의 탄생지인 도봉구에는 둘리 뮤지엄이 있다. 특히 도봉구에는 매해 방학천에서 등불 축제가 열린다. 방학천을 예쁘게 수놓는 등불은 낭만의 도시로 우리를 이끈다. 이렇듯 도봉구는 자연환경을 배경으로 전 세대를 아우르는 역사와 문화를 지니고 있다. 이를 배경으로 복지와 교육, 지속 가능한 도시로 점차 발전하고 있다.

영호문구
리듬악기 소고 실로폰 왕지우개
화토코
소고 리듬악기
따뜻한 커피 유자 핫초코
ICE CREAM
ICED AMERICANO
한의원
홍한의원
어린분축복교회
화장품

향수가 울려퍼지는 골목
쌍문동 응팔골목

쌍문역 3번 출구에서 시작되는 응팔골목.
정겨운 쌍문시장과 함께 시작하는
쌍문동 응팔골목에는 눈부신 화려한
복합몰의 향연보다는 소박하고 작은 것에도
까르르 웃던 시절이 있다.
〈응답하라 1988(이하 응팔)〉의 향취를
느껴보고 싶다면 응팔골목으로 오라.
〈응답하라 1988〉이 열풍이던 지난 날,
'덕선'의 남편 찾기만큼 사람들이
흥미를 잡아 끈 것은 '드라마 속 장소들이
쌍문동에 정말 있을까?'라는 물음이었다.
골목 골목 사이를 지나 다정한 가게들을,
정겨운 색을 지닌 대문을 만나보라.
여고생들의 수다소리가 울려퍼지는
쌍문동 응팔골목, 우리는 모두 그때
그 찬란한 시절을 지나왔다.
지금 함께, 응팔 속 모티브가 된 장소를
찾아가보자, 응답하라 2016 쌍문동!
플리터 4기 김태경, 이하영, 이현무

OK CASHBAG
빌라드발자크
산책하며
인생샷 남기기!
근린공원
함석헌기념관
정의여고
table
호호분식
둘리뮤지엄
둘리와 함께
동심속으로!
골목을 걸으며
추억속으로
table
감포면옥
4
4호선 쌍문역
3
금보당
쌍문약국
쌍문동커피집
'응팔'의 모티브가 된
장소 찾아보기

우리는 모두 덕선이였다
정의여고 골목

🏠 서울시 도봉구 노해로49길 69
🕐 24시간
📱 02-992-5104
🅿 주차 가능

#응답하라1988 #응답하라90년대 #학창시절 #정의여고 #추억여행

쌍문동에서 만나는 빛나는 학창시절의 기억 우리는 모두 여고생이었다. 여자는 여고생이던 시절을 떠올리고 남자는 여고생들을 담 너머 구경하던 순수했던 그 시절을 환상한다. 〈응답하라 1988〉 스폿이 있는 쌍문역을 시작으로 학생들의 하교 시간이 훌쩍 지난 정의여고 골목을 찾았다. 구불구불한 골목길 속에는 우리가 지나온 시절이 모두 들어 있었다. 우리는 모두 '덕선이'였다. 응팔골목에서는 우리가 평소에 잊고 지내왔던 우리의 학창시절이 있다. 〈응답하라 1988〉이 한창 열풍이던 지난 시간, 드라마 속 장소들을 방문해보자. 쌍문역 3번 출구의 '쌍문약국'은 바둑 천재 최택이 다니던 약국, 그리고 그 옆의 '금보당'은

'봉황당'의 모티브가 된 장소라고.

구불구불한 골목을 걸어보라. 학생들의 티 없이 맑은 웃음소리와 함께 당신의 어린 시절이 떠오를지도 모른다. 중간고사를 마치고 친구들과 분식점에서 간식거리를 사 들고 걷던 골목길, 첫사랑과 함께 수줍게 손을 잡고 걷던 골목길, 햇살 좋은 날, 가족들과 함께 걷던 기분 좋고 한적한 골목길. 당신에게 골목은 어떤 공간인가? 정의여고를 끼고 도는 한적한 골목을 걸어보라. 학창시절의 소중한 추억이 하나둘 떠오를 것이다.

하교길, 함께했던 당신과
호호분식

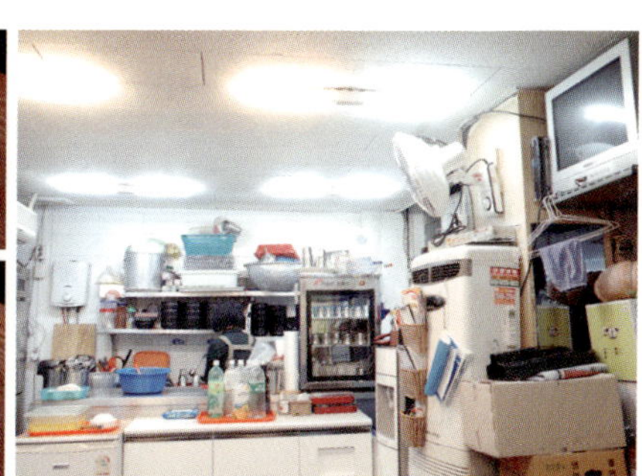

🏠 서울시 도봉구 도봉로121길 32
🕐 12:00~22:00
📱 02-900-1377
🅿 1대 가능

🍴 모듬강정(오징어튀김+고구마튀김+탕수육) 1,500원,
떡볶이, 치즈떡볶이, 카레떡볶이, 짜장떡볶이 2,000원,
쫄면 2,500원, 라면 3,000원, 치즈밥 大 4,000원,
小 3,000원
⭐ 카드 결제는 불가능하다.

#맛있는분식집 #브라질떡볶이 #치즈밥 #추억의맛집

그 시절이 그리운 하루 학교 끝나고 친구들과 함께 분식집에서 하하호호 떠들며 떡볶이를 먹던 날을 기억한다면 이곳에서 그때의 분위기를 느껴보는 것은 어떨까? 호호분식은 그 시절 그때의 맛, 가격을 그대로 간직한 채 학교 앞에서 당신을 기다리고 있다. 해가 질 무렵 함께했던 친구들과 가로등 불빛이 켜지기 시작할 때 그 자리로 돌아가 향수를 느끼며 그 시절의 '나'를 찾아보자. 해가 뉘엿뉘엿 질 무렵 우리는 곧장 집으로 가기보단 아침에 받았던 천 원짜리 한두 장을 들고 친구들과 함께 분식집으로 향했다. 그 시절을 그대로 담아낸 호호분식은 마치 과거로 돌아간 듯이 변함없이 그 자리를 지키고 있다.

정의여고로 가는 골목길을 오르다 보면 뭉클한 감정의 끝을 잡고 있는 분식점들이 즐비한 곳에 도달하게 될 것이다. 그중 단연 눈에 띄는 노란색 간판을 찾아 들어가면 그곳이 바로 호호분식이다. 대표 메뉴는 치즈밥과 떡볶이, 강정. 세 개의 메뉴를 배터지게 먹어도 5,000원 남짓한 가격으로 학생들이 주로 찾는 이 분식점은 부담 없이 기분 좋은 가격대를 유지하고 있다. 지글지글 끓는 치즈밥 한 숟가락에 매콤달콤한 떡볶이 한 점이면 당신은 가파른 오르막길을 올랐다는 것조차 잊은 채 행복감에 젖을 수 있을 것이다.

아련해지는 옛 추억
둘리뮤지엄

🏠 서울시 도봉구 시루봉로 1길 6
🕐 10:00~18:00(월요일·명절 당일 휴무)
📱 02-990-2200
🅿 지하 주차장 이용

🍴 성인 5,000원, 만 13세 미만 7,000원
⭐ 도봉구민이라면 1,000원 할인 받을 수 있다.

#그때그시절의나를찾아서 #동심의세계로 #빙하타고떠나자 #추억여행

쌍문동에서 즐기는 천진난만 사진 스폿 전 세대를 한마음으로 단결시켜주는 것 중 캐릭터만큼 강렬한 것이 있을까. 2030세대는 알 것이다. 뽀통령만큼 강력했던 둘리를! 고길동 아저씨와 치고받다가도 마이콜과 함께 춤추는 둘리와 친구들을 보며 웃기도 하고 엄마와 만나는 둘리를 보며 눈시울을 붉히기도 했다. 그때 그 시절, 순수했던 우리를 추억해보는 건 어떨까.

사람들 대부분은 국민 캐릭터인 둘리를 기억하지만 둘리의 시초가 쌍문동이라는 것을 아는 사람은 많지 않을 것이다. 둘리는 김수정 작가가 쌍문동에 살던 신인시절 근근이 그리던 만화 속에서 탄생했다. 둘리의 집이기도 한 고길동의 집 역시 그가 세 살던 집을 시각화한 것이다. '빙하 타고'가 사실 쌍문동의 '우이천 타고'라는 건 웃지 못 할 사실이다.

둘리뮤지엄을 어린이만 가는 장소로 생각하면 오산이다. 전시관부터 애니메이션 원리 체험, 기획 전시관까지 다양한 체험과 사진 스폿이 존재한다. 화려한 조명부터 미로 공간까지, 다양한 기념 촬영은 덤이다. 직접 캐릭터를 그리고 움직이는 그림을 체험해보고 둘리의 배경도 알 수 있다. 3층은 어린이를 위한 놀이시설과 화창한 야외 미로 정원, 휴식을 취할 수 있는 카페 등이 있다.

숲 속의 커피 별장
빌라 드 발자크(Villa de Balzac)

🏠 서울시 도봉구 해등로 241-55 쌍문동 근린생활시설
🕐 11:00~23:00
📱 010-3515-0608
🅿 가능(최대 20대 정도)

🍴 아메리카노 3,000원, 더치커피 4,500원,
　스노우볼 라테 5,000원,
　수제 레몬차(자몽/모과) 5,000원

#별장속나만의아지트 #스노우볼라테 #수제과일청 #커피와공연

쉬어 가는 커피 별장 힘든 하루를 보낸 당신을 위해 준비된 카페이다. 숲속의 별장을 꿈꾸는 것처럼 따뜻한 벽난로 옆에서 직접 로스팅한 커피를 맛보며 수제 와플을 맛본다면 하루의 피로는 싹 날려버릴 수 있을듯하다. 하나부터 열까지 직접 꾸민 인테리어는 커피 별장의 따뜻한 감성을 더 진하게 느낄 수 있다.

고민 끝에 고른 스노우 볼 라테와 와플은 이 가게의 분위기와 하나하나 내 손으로 만들어 보겠다는 점장님의 정성을 보여주는 데 부족함이 없었다. 직접 공수해 온 아이스크림은 다른 카페와는 다르게 좀 더 쫀득쫀득해서 젤라토 같았고 수제 와플과 수제 생크림은 수제라는 이름이 부끄럽지 않게 고급스러운 달콤한 맛이 났다. 하루의 일정을 마무리하는 데 더없이 좋은 메뉴가 아닐 수가 없었다.

빌라 드 발자크에서는 특히 한 달에 한 번 공연이 열리고 커피를 마시면서 이를 관람할 수 있다. 동화 속의 주인공처럼 별장 안에서 즐기는 공연, 그리고 함께하는 커피. 쉼 없이 달려온 당신에게 가장 어울릴 곳이 아닐까 싶다.

숲 속의 커피 별장
빌라 드 발자크

응팔 골목을 산책한 뒤엔 조용하고 고요한 분위기의 빌라 드 발자크로 향해 보자. 숲 속의 별장을 테마로 한 만큼 아기자기한 분위기와 할 수 있는 한 모든 것을 수제로 만드는 점장님의 정성이 매력적인 곳이다.

Q 빌라 드 발자크의 의미는 무엇인가요?

큰 의미보다는 단순히 커피를 만든 사람이에요. 그 사람의 이름을 따서 만들었죠. 저희 가게의 두 번째 이름은 커피 별장이에요. 그래서 인테리어를 별장처럼 꾸미고 싶었고 빈티지적인 느낌을 많이 주고 싶었어요.

Q 창업 배경은 무엇인가요?

저는 원래 미용실에서도 일하고 카페도 운영하는 사람이었어요. 주 분야는 미용이었지만 오랜 기간을 하다 보니 슬럼프도 온 것 같았고 이제는 한 분야에 집중하고 싶었죠.

Q 가게를 운영하면서 중요하게 생각하는 요소들이 있으신가요?

저는 언제나 음식을 만들 때 제가 먹는다는 생각으로 만들어요. 그래서 항상 고객님들께 깨끗하고 맛있는 음식을 많이 드리고 싶은 마음이에요. 와플부터 커피도 로스팅한 걸 바로 가져오고요. 레몬청이나 모과청 같은 것도 직접 만들고 있어요. 손님들이 이런 정성들을 알아주시는지 아직까지는 맛없다, 나쁘다는 소리를 들어본 적이 없는 것 같아요.

Q 대표 메뉴나 빌라드 발자크만의 특별한 게 있다면?

아무래도 수제 와플이겠죠. 기존 와플과는 다르게 더 쫄깃해서 맛이 있거든요. 레몬청으로 만든 레몬네이드나 레몬차도 꼭 드셔보셨으면 좋겠어요. 빌라 드 발자크만의 특별함이 있다면 한 달에 한 번 저희 가게에서 공연을 하거든요. 그때 많은 분들이 오셔서 커피를 마시면서 관람을 하시죠.

Q 향후 목표는?

지금보다 조금 더 열심히 하고 싶어요. 예를 들면 블로그나 페이스북도 운영해보고 싶어서 이번에 배우게 됐는데 아직까지는 많이 어렵더라고요. 또 목표라기보단 바람이 있다면 많은 분들이 이런 저의 진심을 알아줬으면 좋겠어요. 대충 만들어 이윤을 남기겠다는 목적으로 하는 게 아니라는 이런 진심을 알아주신다면 정말 행복할 것 같아요.

향수와 추억을 담은 나만의 아지트
쌍문동 커피

- 서울시 도봉구 도봉로 116길 5
- 월~금 11:00~23:00, 주말 10:30~23:00
- 주차 가능(1~2대)

- 아메리카노 2,900원, 비엔나 커피 3,900원, 블루몬스터 3,900원, 당근 케이크 4,900원
- 단체석이 마련되어 있고 포장도 가능하다.

#빈티지카페 #비엔나커피 #추억소환 #고요함 #다락방

쌍문동은 언제나 우리 곁에 있다 쌍문동 커피집은 깔끔한 클래식인 비엔나 커피부터 이색적인 블루몬스터까지 다양한 커피와 디저트를 즐길 수 있는 카페이다. 번화한 쌍문역을 뚜벅뚜벅 지나면 한적한 주택가 골목에 있는 쌍문동 커피집이 보인다. 주택과 주택 사이에 가정집처럼 있어 하마터면 지나칠 뻔했지만 첫 입장부터 심상치 않은 새로움이 감돈다.

"응답하라 1988!"을 외치며 TV 앞에 앉아 지친 심신을 달랬던 우리는 어느새 일상으로 돌아왔다. 하지만 그 온기는 여전하다. '응팔 열풍'으로 인해 어느새 과거를 뜻하는 하나의 상징물이 된 '쌍문동'. 우리는 쌍문동을 떠올리며 우리의 옛정, 가족의 단란함, 따스함을 생각한다. 여기, 그 따스함을 가득 담은 카페가 있다. 소박하되 깔끔한 인테리어는 심신 안정에도 좋다.

인테리어뿐만 아니라 그 맛도 탁월하다. 클래식한 비엔나 커피는 향기롭다. 커피 위에 감도는 프림과 함께 비엔나 커피는 책과 어울리는 맛. 또 하나의 추천 메뉴는 블루몬스터이다. 커피와 함께 토네이도를 일으키는 하늘색은 몽글몽글한 시원함을 준다. 맛은 카페라테와 비슷하지만 첫맛이 특유의 블루를 돋운다. 섬세한 파운드 당근 케이크와 바삭하면서도 달콤한 와플은 쌍문동 커피에서 꼭 챙겨야 하는 디저트다.

자연과 함께 걷는 거리

노원구

서울의 최동북단에 위치한 노원구는 자연 친화적인 곳이다. 수락산과 불암산과 함께 중랑천이 흐르고 있어 북적거리는 서울 중심지에 비해 조용하고 공기가 맑다. 그래서일까? 노원구에는 육군사관학교와 태릉선수촌이 있고, 이곳에 위치한 대학교들 역시 자연 친화적인 모습을 하고 있다.

과거에는 농업 지역이 상당한 비중을 차지하고 있었지만, 현재에는 천혜의 자연환경과 풍부한 녹지공간으로 둘러싸인 대단위 아파트 주거 지역이 되어 인구 역시 크게 증가하였다. 그런데 노원구는 여전히 자연과 조화를 이루며 공존하고 있다.

노원구에는 여러 대학교가 있어 늘 학생들로 붐빈다. 하지만 시끄럽고 복잡한 대학가의 느낌이 아니라 이곳의 분위기는 언제나 차분하고 고요하다. 공기 좋은 곳에서 학생들이 차분하게 공부하기에 적합하다고 할 수 있다. 또한 공기가 좋고 자연 친화적이니 공부에 지친 대학생들이 산책하기에도 적합한 곳이다.

공릉동 경춘선 숲길

한적한 공릉 철길을 따라 산책을 하다 보면
온전히 나만의 시간을 가질 수 있다.
시끄럽고 빠르게 움직이는 세상 속에서,
공릉동 경춘선 숲길은 여유를 되찾아 주는
힐링의 공간이다.
밤낮 할 것 없이 주민들은 이곳을 자주 찾는다.
벤치에 앉아 주변을 살펴보면 할머니, 할아버지들이
이곳에 나와 오순도순 이야기꽃을 피우고 계시고,
엄마는 아이를 데리고 나와 마음껏 뛰어논다.
과제에 치인 대학생들은 친구들과 이곳에 앉아
맥주를 마시기도 하고, 강아지 주인은 강아지와 함께
뛰며 운동을 한다. 정말 낭만적이지 않을 수가 없다!
경춘선 숲길을 걷다 보면 어느새 사색에 잠기곤 한다.
자연과 함께하는 삶이란 이런 것일까?
복잡하지 않은 이런 곳에서 바쁜 하루 일과를
정리한다면 반복되는 일상 속에서
소소한 행복을 느낄 수 있을 것이다.
어지럽지 않고 천천히 여유와 낭만을 즐길 수 있는 곳,
이곳이 바로 공릉동 경춘선 숲길이다.

플리터 4기 강하렴, 곽민지, 김나운, 김민서, 김지현, 정준혜

토끼의앞치마
도토리&다람쥐
With me wallet
히게즈라
프라이팬고기
도깨비 시장
공릉철길
OK CASHBAG
짚신매운갈비찜
일상다반
CU wallet
리틀파스타
1 공릉역 2

아기자기, 동화 속 유럽풍 카페
토끼의 앞치마

🏠 서울시 노원구 공릉로32길 5
🕐 10:00~22:00
📱 02-6097-9365
🅿 주차 불가

₩ 아메리카노 3,000원, 카페라테 3,500원
더치커피 4,500원, 치아바타 2,500원
포카치아 5,800원, 앙버터 4,000원
@ www.instagram.com/rabbits_apron

#브런치카페 #엔틱 #토끼의앞치마 #이곳이프랑스인가 #일상속행복

쫄깃쫄깃한 식감의 빵과 진정한 커피의 맛 '토끼의 앞치마'는 많은 여성분들이 사랑하는 브런치 음식점이자 예쁜 카페이다. 프랑스에서 금방 만들어 온 듯한 크루아상과 오디식빵은 씹으면 씹을수록 쫄깃하고 부드러운 우유향이 입 안 가득 퍼진다. 여기에 더치커피를 한 모금 더하면 황홀함을 감출 수 없게 된다. 다른 카페의 커피가 '그냥 커피'라면 토끼의 앞치마 커피는 'TOP'이다! 토끼의 앞치마는 '맛있다'에서 끝나지 않는다. '어떤 모양으로, 어느 그릇에 담느냐에 따라 음식 자체가 달라 보인다.'라는 말이 있듯, 이곳의 그릇 역시 제 몫을 다하고 있다. 이렇게 맛있는 음식을 평범한 그릇에 담았다면 평범한 가게가 되었을지도 모르겠다. 하지만 고급스럽고 분위기 있는 그릇에 음식이 놓이고, 향긋한 더치커피가 와인 잔과 같은 글라스에 예쁘게 장식되어 나온다면 말이 달라진다.

가게 분위기와 그릇, 음식의 맛 등 모든 것들이 조화를 이루어 비로소 '토끼의 앞치마'가 탄생한 것이다. 사랑하는 사람과 손잡고 나와 이곳에서 오순도순 이야기꽃을 피우며 브런치를 즐겨보는 건 어떨까? 바쁜 일상 속에서 여유를 찾을 수 있을 뿐만 아니라 더불어 '행복'도 함께 찾아올 것이다.

은은한 조명, 코를 자극하는 퓨전음식
리틀파스타

🏠 서울시 노원구 동일로 192길 62
🕐 11:00~22:00
📱 02-974-0201
🅿 건너편 매봉순대국 주변 공터에 주차 가능

🏧 꽃등심스테이크, 목살스테이크(2인분) 19,900원,
　 파스타, 샐러드 7,900원, 화덕피자 12,900원,
　 볶음밥 6,900원
@ www.littlepasta.co.kr

#퓨전음식 #서울과기대 #썸타는연인들에게 #화덕피자

썸을 타려면 이 정도는 돼야 분위기도 좋은 데다 맛도 좋고 가격까지 착하니 대학생들이 '리틀파스타'를 찬양할 수밖에 없다. 이곳은 조선호텔 출신 주방장님이 직접 운영하시는 곳으로, 맛은 이미 보장된 셈. 3층에서는 직접 요리학원을 운영하고 계시며 대학가 근처에 위치해서인지 늘 착한 가격을 유지하고 있다. 덕분에 이곳을 찾는 학생들의 발길이 끊이지 않는다.

식으면 맛이 없어지는 파스타이기에 뚝배기에 파스타를 넣었다. '뚝배기 파스타'는 먹는 동안 내내 식지 않아 뜨겁게 처음 그 맛을 유지하며 즐길 수 있다. 은은한 불빛과 함께 맛있는 음식까지, 이곳이야말로 천국임이 분명하다. 게다가 저렴한 가격까지! 그야말로 금상첨화였다. 썸을 타고 있는 중인가? 분위기 있으면서도 맛있고 저렴한 곳을 찾고 있는가? 첫 만남에 식사를 어디에서 해야 할지 고민이라면 아무 생각하지 말고 '리틀파스타'에 오길 적극 추천한다.

풍경을 바라보며 기울이는 술잔
히게즈라

🏠 서울시 노원구 공릉로37길 23
🕐 18:00~03:00
📱 02-919-2580
🅿 주차 불가

💰 나가사끼 짬뽕, 돼지고기 숙주볶음 16,000원,
치킨가라아게 15,000원, 메로구이 18,000원,
매운해물짬뽕 17,000원
⭐ 매운해물짬뽕은 일반적으로 생각하는 것보다
양이 더 많고 면 사리를 추가할 수 있다.
@ blog.naver.com/wansay

#철길옆 #이자카야 #히게즈라 #안주의신세계 #반함

공릉 도깨비시장의 끝 철길 공원 건너편에 위치한 '히게즈라'는 조용히 이야기하며 분위기 있게 술을 즐길 수 있는 곳이다. 보통 술집에선 시끄러운 음악 소리에 이야기 몇 마디 나누면 목소리가 쉬곤 하는데 이곳에서만큼은 목소리가 쉴 걱정을 하지 않아도 된다. 야외 테이블 역시 외국 바에 와 있는 것 같은 느낌이 든다.

히게즈라에서 가장 사랑받고 있는 메뉴는 바로 '소고기 타다끼'이다. 부드러운 고기 위에 소스가 묻은 양파와 야채, 마지막으로 와사비까지 살짝 얹어 입에 쏙 넣으면 그 맛은 뭐라고 형용할 수가 없을 정도이다. 또 다른 대표 메뉴인 '연어사시미' 역시 통통한 연어가 입에서 사르르 녹았다.

마무리는 역시 매콤한 탕. 매운해물짬뽕을 시키자 어마어마한 양에 놀랐고 시원한 국물 맛에 다시 한번 놀랐다. 이렇게 맛있는 안주 덕분에 술이 더 달콤하게 느껴지는 것 같다.

조용한 분위기, 사랑하는 사람, 술, 그리고 맛있는 안주까지, 이것이야말로 진정한 행복이 아니겠는가. 요즘과 같은 날씨에 밤마실을 나가, 야외 테이블에 앉아 소중한 사람과 시원한 맥주를 마셔볼 것을 강력히 추천한다. 일상적이지만 분명 소소한 행복을 찾을 수 있을 것이다.

프라이팬 위 다양한 요리!
프라이팬고기

🏠 서울시 노원구 공릉동27길 48
🕐 11:00~22:00(연휴·일요일 휴무)
📱 010-5837-8888
🅿 주차 불가

🍴 매운 갈비찜(1인/2인) 8,500원/15,000원,
　 달파구이 정식 8,500원, 와삼구이 정식 8,500원
⭐ 매운 갈비찜은 주문 시 매운 정도를 선택할 수 있다!
　 매운 음식을 잘 못 먹는 사람은 중간 매운맛을 먹어도
　 괜찮을 듯하다.

#공릉철길옆 #프라이팬고기 #매갈찜 #달파구이 #손맛

수업 끝나고 배꼽시계가 울려댈 때 친구들과 함께 모여 고기를 먹고 싶지만 고기 냄새가 옷에 배는 것은 용서할 수가 없다. 그렇다고 감히 고기님을 포기할 수도 없고. 이런 상황에 가장 적합한 곳이 바로 이곳 프라이팬고기집이다. 옷에 냄새도 배지 않고 맛있는 고기도 먹을 수 있으며, 가격 역시도 착한 아주 합리적인 곳이다.

직접 개발한 참신한 메뉴와 소스로 많은 사랑을 받고 있는 이곳은 젊은 대학생들에게 뿐만 아니라 어른들 사이에서도 인기 만점이다. 이 가게의 인기 메뉴인 '매운 갈비찜'은 '세젤맛'이었다. 명절 때마다 할머니께서 만들어주신 갈비찜이 생각나는 건 왜일까. 보글보글 끓인 매운 갈비찜 국물에 하얀 쌀밥을 퐁당 넣어 먹으면 부드러운 갈비의 육즙에 나도 모르게 감탄사가 나온다.

매운 음식을 잘 먹지 못하는 꼬마들에게는 '달파구이정식'이 제격이다. 철판 위에 올려진 달달한 고기에 큼지막한 파인애플까지 아이들이 반할만하다. 소스 역시 달콤해서 매운 갈비찜과 함께 먹는다면 달콤하고 매운맛의 완벽한 맛의 조화를 느낄 수 있을 것이다.

안 가본 사람은 있어도 한 번만 가본 사람은 없다!
일상다반

🏠 서울시 노원구 동일로186길 77-17
🕐 11:30~22:00
  브레이크 타임 15:00~17:00
  (매월 첫째, 셋째 일요일 휴무)
📱 02-971-0666
🅿 주차 불가

🍴 사케동(생연어등살), 가츠동 10,000원,
  사케도로동(생연어뱃살), 부타가쿠니 정식 12,000원,
  나가사키라면 9,000원
✪ 일상다반에서는 사케동을 먹는 특별한 방법이 있으니 꼭 따라 먹어볼 것!

#공릉맛집 #일본가정식 #일상다반 #연어 #연어사랑

이곳에는 특별한 무언가가 있다 일본 가정식 일상다반은 다른 일식집과는 다르게 특별한 무언가가 있다. 과연 이곳의 비밀은 무엇일까? 그 비밀은 사케동을 먹는 순간 알 수 있었다. 이곳만의 '특별한 소스'와 '먹는 방법'이 바로 비밀의 열쇠였다. 사장님께서 직접 개발하셨다는 이곳만의 특별한 소스는 달콤하면서도 시큼한, 향이 아주 좋은 맛이었다. 소스가 밥에 스며들어 고소한 맛까지 느낄 수 있었다. 그 외에도 신선한 재료만을 고집하는 젊은 사장님 덕분에 밥 위에는 신선하고 도톰한 연어가 듬뿍 담겨 있었다.

친절한 종업원이 알려준 '사케동 먹는 방법'은 연어와 밥을 비벼 먹거나, 간장소스에 연어를 찍어 먹는 일반적인 방법이 아닌 무순을 특제 간장소스에 담가두는 것이었다. 숟가락에 밥과 연어를 얹은 뒤 간장 소스에 담겨 있던 무순과 생와사비를 그 위에 얹어 먹으면 입 안 가득 무순의 상큼한 맛과 향이 퍼짐과 동시에 연어가 사르르 녹아 사라져 버린다.

'안 가본 사람은 있어도 한 번 가본 사람은 없다!'는 말이 괜히 나온 게 아니다. 연어를 사랑하는 사람이라면 반드시 이곳을 들러볼 것을 강력히 추천한다.

도톰한 연어의 유혹
일상다반

공릉동 철길 옆을 지나다 보면 아기자기하고 깔끔한 가게가 시선을 사로잡는다. 가게 문을 열고 들어서자 유쾌한 사장님이 반겨주셨다. 북적거리는 곳보다 조금은 한적한 이곳에 일식집을 차린 것이 궁금해졌다.

Q 일상다반을 시작하게 된 계기는 무엇인가요?

어렸을 적부터 지금까지 쭉, 이곳 공릉동에서 자랐어요. 그래서 저는 이곳에서 주민들을 위한 맛있는 밥집을 차리고 싶다는 꿈을 키워오게 되었죠. 사실 공릉동이 대학가임에도 불구하고 생각보다 음식점이나 술집이 많이 없어요. 덕분에 과감히 도전할 수 있었죠.

Q 특별한 영업 철학이 있으시다면요?

무엇보다 신선한 재료를 사용하고 정성을 다해 손님들을 대하는 것이겠죠. 멀리 가지 않고 집 주변에서 편안히 먹을 수 있도록 편안한 분위기를 조성하려고 노력하고 있어요. 또한 직접 개발한 소스로 신선하고도 개성 있는 음식을 손님들께 제공하여, 계속 오고 싶게 만드는 것이 저의 영업 철학이에요.

Q 일상다반의 대표 메뉴는 무엇인가요?

사케동(생연어등살)과 사케도로동(생연어뱃살)이 대표 메뉴이자 가장 사랑받고 있는 메뉴에요. 인기 비결은 무순을 특제 간장소스에 담가두고, 숟가락에 밥과 연어를 얹은 뒤 무순과 생와사비를 그 위에 얹어 먹는 법인데요, 이렇게 먹게 되면 연어의 진정한 맛을 느낄 수 있어요.

Q 일상다반의 향후 목표는 무엇인가요?

앞으로도 공릉동에서 밥집을 계속하고 싶고, 더 나아가 카페와 술집까지 창업하는 것이 꿈이에요. 현재 진행 중이고요. 지금 구상하기로는 일상다반에서 밥을 먹고 카페 갔다가 술집으로 마무리할 수 있도록 할 계획인데, 이렇게 세 코스를 이용할 시에는 가격 할인이나 혜택을 팍팍 드릴 예정이에요.

반전의 매력, 양천구
양천구

전체 면적 중 주거 지역이 70%를 차지하고 있는 양천구는 예부터 풍부한 자원으로 중요한 삶의 터전이 되어온 만큼, 오늘날도 여전히 살기 좋은 곳으로 꼽히는 곳이다. 주거 단지를 중심으로 공원, 전통시장, 백화점 등 편의시설이 빠짐없이 갖춰져 있을뿐만 아니라 주민들의 생활 체육 공간인 종합운동장까지 있어 더할 나위 없다. 또 목동은 방송회관, SBS, CBS 등 방송 및 언론 산업 업체의 요충지이기도 하다.

사실 언뜻 보면 크게 들어서 있는 아파트 단지나 방송국, 백화점 같은 건물들이 딱딱하고 삭막해 보일지도 모르지만, 또 그 사이사이에 감춰진 매력을 찾아보는 재미가 있는 곳이다. 빼곡히 들어선 아파트 사이에 동화에 나올법한 앙증맞은 카페가 있고, 세련된 빌딩 사이에는 옛날 생각이 나게 하는 친근한 술집이 있다.

또 '밝은 태양과 냇물이 흐르는 아름다운 고장'이라는 말처럼 자연의 생기가 느껴지는 곳이기도 하다. 드넓은 침수 지대로 초원을 이뤘던 옛 모습을 그대로 담고 있는 듯 길에는 푸른 나무와 꽃이 가득하다. 파리공원을 비롯하여 열다섯 개의 근린공원이 주거지 곳곳에 분포되어 있으니 그야말로 '자연의 도시'다. 푸른 나무들 사이로 뛰어노는 아이들을 보고 있으면 사람 사는 정이 절로 느껴진다.

MOK DONG ICE RINK KOREA WINTER SPORTS CENTER

목동 예체능 거리

운동에 있어 둘째가라면 서러운
목동 종합운동장을 중심으로 펼쳐지는
목동 예체능 거리. 바쁜 일상 속 잠자코 있는
내 에너지가 너무 아깝다면,
오늘은 땀 한번 쭉 빼고 Refresh!
운동이 끝난 뒤 조금만 걸어가면
허기를 채울 수 있는 맛집까지 줄지어 있으니
그야말로 최적의 코스다.
시원하게 땀을 뺀 뒤 먹는 음식은 꿀맛 그 자체!
사랑하는 연인, 친구, 가족과 함께 서로
다정하게 몸을 부딪치다 보면 없던 정도 생기고,
있던 정도 배가 되는 마법을 경험할 수 있다.
플리터 4기 강지현, 김정연, 홍에스더

아이스링크
사격장
클래시빈
미스쭈
CGV 목동점
일미락
비스트로
파니엔테
비쓰리펍
2
1
8
오목교역
3
4
7
6
5

동심의 판
목동 아이스링크

🏠 서울시 양천구 안양천로 939
🕐 월~금 14:00~18:00
   토·일·공휴일 12:00~18:00(명절 당일 휴무)
   방학 기간 10:00~18:00
📱 02-2643-3057~9
🅿 목동 종합운동장 내 10분당 200원

🆆 입장권(평일/토·공휴일) 유아 3,000원/3,900원,
   중·고교생 3,500원/4,500원, 일반 4,000원/5,200원
   스케이트 대여 4,000원 (기본 2시간/초과 시 시간당 1,000원)
✪ 지하 링크장의 경우 평균 기온이 2~3도로 유지되므로
   한여름에도 긴팔 옷을 꼭 준비하고 장갑을 끼지 않으면
   입장이 불가하니 꼭 미리 준비하자.

#연인끼리가족끼리 #최고의여름피서지 #스트레스타파 #여름에스케이트 #동심으로

누구나 천진난만한 아이로 변하게 하는 힘 이젠 시시하고 재미없을 것 같아도 겨울이면 꼭 한번 찾아가게 되는 추억의 아이스링크. 목동종합운동장 내 위치한 목동아이스링크는 1989년 12월 1일 문을 연 서울에서 가장 큰 실내 스케이트장이다. 선수훈련, 경기, 공연, 행사 외에 일반인도 정해진 시간에 일일 입장해 이용할 수 있어 많은 이들의 발걸음이 끊이질 않고 있다. 건물은 2층으로 되어 있어 1층 주 링크가 경기나 공연 등으로 사용될 때도 지하에 위치한 링크를 이용할 수 있다.

답답한 일상에 지치거나 더위에 지칠 때면, 일단 한번 가보자. 사계절 내내 구정과 추석 당일만 제외하고 항상 열려 있는 곳이니 언제 갈지 걱정할 필요도 없다. 아빠 손을 붙잡고 처음 스케이트를 탔던 때로 돌아간 듯 천진난만한 아이로 변하는 자신을 보게 될 것이다. 그렇게 한 바퀴, 두 바퀴 달리다 보면 복잡했던 머릿속이 새하얀 빙판처럼 정리된다. 특히 무더운 여름날 이만한 피서지가 또 어디 있을까 싶다. 시원한 빙판 위를 내달리다 보면 더위가 한방에 싹 사라질 것이다.

멈출 수 없는 장전
목동사격장

🏠 서울특별시 양천구 안양천로 939
🕐 09:30~20 :00
📱 02-2646-9993
🅿 목동종합운동장 내 10분당 200원

🍴 공기소총, 권총 10발 5,000원
　　실탄권총 1라운드 15,000~ 40,000원
⭐ 안전에 꼭 유의할 것! 사격은 만14세 이상부터 가능하다.

#스트레스타파 #나도태양의후예 #이색데이트 #안전유의 #목동사격장

내가 태양의 후예 '탕–' 소리와 함께 엄청난 반동과 화약 냄새에 놀라는 것도 잠시, 머릿속에 가득 차 있던 잡념과 스트레스는 탄환에 부서진 표적처럼 금세 사라진다. '아, 이 맛에 총 쏘는구나'라는 생각이 절로 든다. 한 발, 두 발 과녁을 맞히다가 어쩌다 10점에 가까워지면, 그 쾌감에 빠져들 수밖에 없다.

목동사격장은 4년 전 국내에서 처음 선보인 실내 사격장으로, 유일하게 실탄 사격 및 공기총 사격시설이 모두 갖추어진 시설이다. 공기총 사격 시에는 사격이 처음이라면 권총보단 소총으로 시작하는 것이 좋다. 권총은 소총보다 조준하는 게 어렵기 때문에 자칫하면 흥미가 떨어질 수 있다. 공기소총과 공기권총은 똑같이 10발에 단돈 5,000원이다.

공기총 사격으로 가볍게 몸을 풀었다면 실탄 사격에도 도전해보자. 실제 드라마에 나오는 총을 직접 쏠 수 있는 절호의 기회다. 한 라운드에 15,000원에서 40,000원 정도로 공기총보다는 가격대가 더 높지만 그 쾌감은 천지 차이일 것이다. 하지만 쾌감만큼이나 위험도가 높으니, 안전에도 각별히 신경써야 한다는 것을 잊지 말 것!

주꾸미의 신화
미쓰쭈

🏠 서울시 양천구 목동서로 155 목동파라곤
🕐 10:00~22:00
📱 02-2061-7423
🅿 목동 파라곤 주차장 이용(24시간, 10분당 500원)

🍴 미쓰쭈 정식 8,000원, 미쓰쭈 철판 12,000원,
　 2인set 28,000원
✪ 주문은 인원수대로 진행하고 무한 공기밥은 1인 1식
　 주문 시 제공하며 두 명이서 간다면 2인 세트를 강력
　 추천한다. 볶음밥을 위해서 소스는 조금 남겨두는
　 것이 좋다.

#열받을땐_미쓰쭈 #이열치열 #갓주꾸미 #쭈삼철판 #주꾸미의신화

주꾸미, 제대로 즐기자 넘쳐나는 과제와 시험, 취업 준비로 열 받았다면?! 열은 열로 다스리자. 머리와 혀를 울리는 매콤한 '주꾸미 볶음' 하나면 쌓였던 스트레스가 싹 날아간다. 목동파라곤 지하 1층으로 내려가면 주꾸미의 신화, 미쓰쭈를 만날 수 있다. 테이블 7개 내외의 아담한 공간에 손님이 가득하다. 주꾸미 볶음은 식사는 물론 술안주로도 제격이라 저녁 시간이 되면 인산인해를 이룬다. 주꾸미는 기분 좋게 매운 '기본 매운맛', '싸다구를 맞는 듯한 매운맛', 'ㅇㄹㅅㅂㅈㄴ 매운맛' 3단계로 매운 정도를 조절할 수 있으니 입맛에 따라 선택하면 된다.

특히 이곳의 강력 추천 메뉴인 '2인 세트'는 둘이 먹기 딱 좋은 알찬 구성을 자랑한다. 철판 2인분, 계란찜, 볶음밥, 주류 또는 음료로 구성되어 있으며, 기본 반찬으로 깻잎쌈, 무쌈, 김, 파전, 누룽지가 나와 더욱 맛있게 즐길 수 있다. 따끈한 누룽지는 얼얼한 입 안을 입가심하기에 딱이다.

주꾸미만 먹기 아쉽다면 돼지고기가 들어간 '육', '해'의 조화가 환상인 '쭈삼철판'을 시켜보자. 고기의 부담감을 주꾸미가 확 잡아준다. 또, 주꾸미 볶음에서 빠질 수 없는 볶음밥도 별미로 통하니 꼭 먹어볼 것.

재즈가 흐르는 고깃집
일미락

🏠 서울시 양천구 목동동로 226-16
🕐 월~토 12:00-24:00, 일 12:00~22:00
   (첫째 주 월요일, 명절 전날과 당일 휴무)
📱 02-2642-9292

🅿 주차 불가
🍴 통삼겹살 15,000원, 통생갈비 15,000원,
   된장술밥 5,000원
⭐ 반찬이 전반적으로 짜니 조금씩 먹고,
   볶음밥을 위해서 소스는 조금 남겨두자.

#식스센스이후의대반전 #재즈들으며낮술 #고기굽는날 #목동맛집 #숙성삼겹살

반전에 반전을 더하다 마당이 있고, 재즈가 흐르는 고깃집이 상상이 되는가? 일미락은 기존 삼겹살이 갖고 있던 서민적인 이미지를 깬, 천편일률적인 고깃집들 가운데 당당히 독립을 선언한 곳이다. '맥주 파는 고깃집'의 시초로 프리미엄 맥주 판매에 전문 바텐더까지 고용하는 등 확실히 차별화된 콘셉트로 '프리미엄' 이미지를 굳혀 가고 있다. '프리미엄'이라 해서 가격이 터무니없이 비쌀 거라 생각하면 큰 오산이다. 생삼겹 1인분에 14,000원으로, 기본 반찬들과 고기의 질을 보면 절로 납득이 가는 가격이다.

이곳 인기의 일등공신은 단연 숙성 삼겹살과 전라도식 파김치다. 기본 반찬으로 제공되는 파김치나 제철 장아찌는 주인장이 전라도 해남 산지를 직접 찾아다니며 구한 재료로 담은 것으로 그 노고가 고스란히 묻어난다. 노릇노릇 구워진 고기는 겨자를 살짝 올려 묵은지에 싸먹어도 좋고, 고추를 잘게 썰어 넣은 소스나 젓갈에 찍어 먹어도 맛깔스럽다. 된장밥도 꼭 먹어야 하는 별미다. 둘러보면 '낮술 대환영'이라는 글씨가 여럿 눈에 띈다. 재즈를 들으며 고기에 낮술을 즐기는 풍경이 조금은 낯설지만 금세 그 매력에 빠지게 될 것이다. 식스센스 뺨치는 고깃집의 대반전을 느껴보고 싶다면 지금 바로 일미락으로!

전 세계 맥주의 집합소
비쓰리펍

🏠 서울시 양천구 오목로 337-10 소망빌딩 304호
🕐 17:00~04:00
📱 02-2061-7774
🅿 주차 불가

🍴 수제맥주 5,500~7,000원, 샘플러 5종 16,000원, 비쓰리 클래식 버거 11,900원
⭐ 수제맥주가 처음이라면 먼저 샘플러로 시작하자.

#수제맥주 #다트내기한판 #맥주천국 #맥주셀프바 #수제버거

맥주의 모든 것 비쓰리펍은 전 세계 맥주가 다 구비되어 있는 셀프바인 동시에 수제맥주와 수제버거 전문 펍이다. 입구에 맥주의 숙성 기간, 라인 클리닝, 신선도를 적어놓은 것이 여느 펍과는 다른 '전문' 펍의 위엄이 느껴진다. 전체적인 분위기는 미국의 빈티지 바 같은 이국적인 느낌이다. 가게 중앙에는 다트 게임기가 구비되어 있어 게임을 즐길 수도 있다.

기본으로 무한리필이 가능한 프레첼 과자가 제공되는데, 2차, 3차로 간다면 이것만으로도 충분한 안줏거리가 되겠지만 수제버거 하나쯤은 꼭 시켜서 먹어보자. 일반 패스트푸드 햄버거와는 차원이 다른 육즙이 흐르는 두툼한 패티와 씹는 맛이 살아 있는 재료들이 수제버거의 클래스를 보여준다. 같이 나오는 감자튀김도 일품이다. 또, 수제맥주에 처음 도전하는 사람이라면 단품으로 시키기 전에 '샘플러 5종'을 주문해보자. 샘플로 나온 다양한 맥주를 먹어보고 두 번째 잔은 그중 제일 마음에 드는 걸로 주문하면 된다. '골드에일-허그미-페일에일-비하이-모카스타우트' 순으로 나오는데 뒤로 갈수록 맛이 진하다. 한 모금씩 음미하며 자신의 맥주 취향이 어떤지 알아보는 재미가 있을 것이다.

달콤한 게으름
비스트로 파니엔테

🏠 서울시 양천구 오목로 329-6
🕛 12:00~02:00
📱 02-848-1717
🅿 주차 불가

🍴 스테이크 샐러드 19,000원, 까수엘라 17,000원
⭐ 오목교역 1번 출구에서 5분 거리.
북적거리는 펍 느낌이 좋다면 8시 피크타임에 가보자.
낮보다 저녁에 더 분위기 있다.

#달콤한게으름 #훈남셰프 #낮술한잔 #아지트예감 #스테이크샐러드

낮술의 즐거움, 달콤한 낮술이 허락되는 한없이 게을러질 수 있는 곳, 비스트로 파니엔테. 맛있는 음식에 기분 좋게 술을 한 모금 마시면 한없이 게을러지고 싶어지는 '달콤한 여유'가 느껴진다. 노출 콘크리트와 오픈형 주방으로 이뤄진 매장은 전체적으로 블랙과 화이트 컬러로 심플한 느낌이 나는 동시에 원목 가구들이 외국 가정집 같은 안락한 분위기를 낸다. 조명을 최소화해서 저녁에는 어두운 바 느낌이 연출되는 게 매력이다. 메뉴는 최대한 간소화하여 음식의 맛과 질을 높이는 데 신경을 썼다. 강력 추천 메뉴인 '스테이그 샐러드'를 하나 시키면 그것만으로도 양이 꽤 되기 때문에 파스타나 와인 안주 하나 정도만 더 시키면 3인 기준으로 배불리 먹을 수 있다. 맛이 자극적이지 않아 재료 본연의 맛을 느낄 수 있고, 와인이나 맥주에 곁들여 먹기에도 부담이 없다. 만약 와인의 종류를 잘 모른다면 사장님에게 꼭 추천받자. 찢어진 청바지에 풀어헤친 흰 셔츠가 딱 상상 속 자유로운 영혼의 '바' 주인 느낌인 사장님이 친절히 설명해줄 것이다. 여느 비스트로와 다르게 한국인의 '소울 드링크'인 소주도 구비되어 있다. 만약 부모님과 함께 간다면, 와인보다 소주가 더 친근할지 모르는 아버지께 한 병 시켜 드리는 센스를 발휘해보는 건 어떨까.

이곳 사장님은 찢어진 청바지에 풀어헤친 흰 셔츠, 부스스한 머리가 딱 상상 속 자유로운 영혼의 '펍' 주인 느낌이었다. '파니엔테', 즉 '달콤한 게으름'이라는 이름부터 여느 비스트로와는 다르게 소주가 놓여있는 모습까지 인터뷰를 하고 싶게 만드는 부분이 한둘이 아니었다. 여러 궁금증을 잠시 뒤로한 채 음식을 먹어봤을 때, 재료나 맛에서 사장님의 철학이 강하게 느껴졌고, 바로 인터뷰를 하기로 했다.

Q 가게를 시작하게 된 계기가 있으신가요?

단순히 제가 하고 싶어서 하게 됐습니다. 파니엔테의 뜻이 '달콤한 게으름'인데 제가 추구하는 가치관이에요. '비스트로'라는 개념이 한국 사람들에게 아직은 생소하지만 식사하면서 가볍게 술을 먹을 수 있는 그런 레스토랑을 차리고 싶었어요. 그래서 요리도 배웠습니다. 이 전에는 연남동에서 했었는데 집이랑 가까운 목동으로 옮기게 되었습니다. 일하는 곳은 무조건 집이랑 가까워야 하는 것 같아요.

Q 사장님만의 영업 철학이 있으시다면요?

맛있는 음식을 손님에게 대접하는 것입니다. 무조건 맛있어야 한다고 생각해요. 그리고 그다음으로 생각할 게 분위기죠. 맛에 분위기까지 잡으려고 노력하고 있어요. 항상 고객 입장에서 생각하려고 하고 음식은 단골손님들에게 주기적으로 피드백을 받아요. "오늘은 조금 짰다."라든지 그런 작은

평가들도 놓치지 않으려고 합니다.

Q 비스트로 파니엔테의 대표 메뉴는 무엇인가요?

스테이크 샐러드와 까수엘라를 추천해드리고 싶습니다. 대표 메뉴를 정하는 기준은 제가 자신이 있고, 사람들이 실제로 많이 찾는 거예요.

Q 향후 목표는 무엇인가요?

모든 가게 사장들의 목표겠지만, 가게가 번창하는 겁니다. 나중에는 정말 좋은 재료만 엄선해서 사용하는 한식 주점을 내보고 싶기도 해요.

Q 가게 비하인드 스토리나 단골손님과의 에피소드 같은 게 있으시다면요?

단골손님들과 있었던 에피소드는 그분들의 사생활이기 때문에 말해드릴 수는 없고요(웃음). 얼마 전에 주방장이 그만두고 나서 한 일주일을 제가 요리부터 서빙까지 다 한 적이 있어요. 그때 정말 힘들었는데, 지금은 새로운 주방장이 와서 안정을 찾는 중입니다. 그리고 주방장이 바뀌고 나서 메뉴를 전체적으로 변경하게 됐어요. 단골손님들이 기존 메뉴가 없어진 것에 대해 조금은 실망하기도 했지만 주방장이 이탈리아에서 요리를 배우다 오신 분이라서 앞으로 더 좋은 음식으로 찾아뵐 수 있을 것 같아요.

Q 가게 인테리어는 직접 구상하신 건가요?

제가 좀 올드한 편이라서 친한 친구들의 도움을 좀 받았어요. 요즘 유행하는 노출 콘크리트라든지 세련된 조명, 가구 같은 부분요. 지금은 낮이라서 환하지만, 밤이 되면 조명이 얼마 없어서 많이 어두워져요. 술 먹기에 좋은 분위기를 연출하려고 일부러 그렇게 했어요. 7시에서 9시가 피크타임인데, 밤이 되면 혼자 오셔서 저희랑 이야기하면서 술을 마시는 분들도 꽤 있어요.

Q 주로 찾아오는 손님들의 성별이나 연령대가 어떻게 되시나요?

성별이나 연령대는 다양한 것 같아요. 베드타운이라서 가족들도 많이 와요. 아버지들은 오셔서 소주도 드시고 그러죠. 제가 소주를 좋아해서 소주도 가져다 놓거든요. 여성분들은 오셔서 샹그릴라 같은 와인 칵테일을 주로 드세요.

자연은 중랑구를 사랑합니다.

중랑구

서울 도심을 둘러보면 자연경관을 찾기 힘들다. 자연적 요소를 찾기 힘들다. 하지만 중랑구는 다르다. 서울에서 가장 녹지가 많은 지역구이며 직접 가면 이를 몸소 체험할 수 있다.

중랑구의 역사는 오래되지 않았다. 1988년 1월 1일 동대문구로부터 분리되면서 탄생했기 때문이다. 동쪽과 북쪽으로는 용마산, 망우산, 봉화산이 병풍처럼 둘러싸고 있으며, 서쪽으로는 중랑천이 흐르는 천혜의 자연환경을 갖추고 있다. 같은 서울이지만 서울의 도심에서 벗어나 중랑구에 온다면 좋은 공기와 자연과 하나 된 서울을 느낄 수 있다.

교통의 경우 서울 지역구 중에 외곽에 있지만 뛰어나다. 지하철 6호선과 7호선, 경춘선 및 중앙선 철도, 동부간선도로, 북부간선도로, 망우로, 사가정길, 봉우재길 등이 중랑구를 관통하고 있다.

한편 중랑구는 20대 대학생들에게 빼놓을 수 없는 곳이기도 하다. 바로 경춘선을 바탕으로 대성리, 강촌과 같은 엠티촌과 연결되어 있기 때문이다. 모두 삼삼오오 모여 먹을 것이 담겨 있는 상자를 들고 경춘선에 탑승하여 자연경관을 보며 중랑구의 자연의 멋을 한껏 느낄 수 있다. 서울의 도심에서 크게 벗어나지 않고 내 몸이 편안함을 느끼며 계속 머무르고 싶은 곳. 바로 여기 중랑구이다.

도심 속 자연을 느끼다
이리와 용마로

중랑구에 오면 꼭 가봐야 할 명소가 있다.
바로 용마랜드이다. 예전에 이곳은
놀이 공원이었다고 한다. 오늘날 운행은 하지 않지만,
사진에 관심이 많다면 꼭 가봐야 할 명소 중 하나이다.
자연경관과 어우러진 알록달록한 놀이기구들은
어린 시절을 떠오르게 한다.
패션모델을 비롯한 다양한 사람들이
사진을 목적으로 오기에
이를 구경하는 것도 큰 재미이다.
이곳에 오면 좋은 카메라가 아닌 스마트폰으로
찍을지라도 당신은 입가에 흐뭇한 미소가
떠오를 것이다. 용마랜드를 다 둘러보고
잠시 이곳을 벗어나 '이리와 용마로'에서
배를 채워보는 것은 어떨까? 다른 볼거리도 많기에
식사 후 주위 풍경도 한번 알아보자.

플리터 4기 김태경, 이종의, 이하영

경의
중앙 양원역
2
파크더블유
중랑캠핑숲
경의
중앙 망우역
1
세븐일레븐
국민은행
망우사거리
박아저씨
과자점
카페트램
쌈마루
소르르카페
인생포차
우림시장
우림시장
오거리
세븐일레븐
용마랜드
면북초등학교

소르르, 모든 것이 잘 풀리는 소리를 들어요.
소르르카페

🏠 서울시 중랑구 망우로 414 2층
🕙 10:00~24:00
📱 02-493-1999
🅿 자체 시설 완비

🍴 수제딸기청에이드 4,500원, 복숭아 아이스티 3,500원,
소르르 토스트 4,000원, 마마소르르 샌드위치 4,500원
⭐ 아메리카노 및 카페라테는 무료로 샷 추가 서비스를
제공한다.

#망우동카페 #이색카페 #커피가맛있는집 #커피맛집

미술책에 나온 카페가 이곳이 맞나요? 미술책에 나온 카페라니, 당신은 이 공간의 정체가 궁금해질지도 모른다. 소르르카페는 가구를 만드는 장인의 가족이 운영하고 있는 카페이다. 공방이자 아틀리에 카페인 이곳은 중랑구의 대표적인 복합문화공간으로 통한다.

나무의 색감과 질감을 그대로 살린 가구와 각종 소품은 실내공간의 멋을 살려줌과 동시에 커피의 맛 또한 배가시킨다. 공방 내에 있는 소품은 실제로 미술책에 실릴 만큼 유명하니 이것만으로도 소르르카페에 방문할 이유는 충분할 것이다. 카페를 운영하는 따님은 특별한 프로젝트를 구상 중이다. 카페를 복합문화공간으로 만들고자 하는 이 프로젝트는 이곳이 중랑구의 대표적인 문화 장소로 발돋움할 수 있도록 할 것이다. 신진작가들의 작품을 소개하는 전시 공간, 북 콘서트나 플리마켓 등 다양한 이벤트들을 개최하고 싶다는 열정 아래 조만간 소르르카페는 점점 더 멋진 공간으로 거듭날 것이다. 이곳의 시그니처 메뉴는 부드러운 더치커피와 직접 만들어 판매하는 각종 과일청이다. 저렴한 가격에 맛좋은 브라우니도 만나볼 수 있다니, 이보다 완벽할 수는 없다. 일상에 지쳐있는 당신, 조금 특별한 전환이 필요하다면 이곳을 방문해보시길 바란다. 모든 근심 걱정이 소르르 풀리는 마법을 경험하게 될 것이니.

소르르, 모든 것이 잘 풀리는 소리를 들어요.
소르르카페

모든 것이 잘 되어간다는 뜻을 담은 '소르르'. 따뜻한 원목 가구들이 공간에 머무는 사람들의 마음까지 녹이는 듯하다. 통통 튀는 디자인의 가구와 깔끔한 더치커피의 조화가 근사한 곳, 소르르 카페의 주인장을 소개한다.

Q 망우동에 매장을 오픈한 이유가 있나요?

이 공간은 사실 가구카페라고 생각하시면 맞을 것 같아요. 하지만 꼭 가구나 소품을 구매해야 한다는 것이 아니라 그 문턱을 조금 낮춰 커피와 함께 이를 즐길 수 있는 공간을 만들고 싶었어요. 아버지께서 가구를 만드시는 사람이고 태초에는 공방이었던 공간이었는데 카페로 변신했다고 할 수 있죠. 이곳은 원래 가정집이었어요. 지나가다 우연히 발견했던 곳인데 아무것도 없는 곰팡이 핀 건물이었죠. 그야말로 빈 깡통이요. 거의 3개월간, 시공부터 인테리어까지 저희 손이 안 닿은 곳이 없어요. 그래서 더욱 애정이 가고 멋진 공간으로 운영하고 싶은 마음이 큽니다.

Q 매장을 운영하면서 본인만의 철학을 가지고 계신가요?

여러 가지 프로젝트가 가능한 복합문화공간으로 만들고 싶어요. 그림이나 책 등 다양한 문화콘텐츠를 나눌 수 있는 공간으로 말이죠. 누구나 올 수 있는 공간으로 만드는 것이 중요한 포인트 같아요. 머무르고 싶은 공간으로 만들고자 하는 게 영업 철학이라고 할 수 있겠죠.

Q 이곳의 대표 메뉴와 향후 목표는 무엇인가요?

저희 카페의 기본은 커피에요. 커피가 맛있는 집이죠. 시그니처 메뉴는 더치커피와 브라우니예요. 브라우니는 직접 만들고 있어요. 식감도 맛도 정말 좋아요. 스무디 종류나 과일주스도 맛있답니다.

그리고 이 공간이 더욱 알려지는 것이 목표라면 목표예요. 아직도 이 카페의 존재를 모르시는 분이 많아요. 공간 자체도, 커피도 많이 알리고 싶고요. 더불어 말씀드리자면 문화교육 이라든지 독서 토론회나 예술 콘텐츠에 관련한 정기적인 모임이 가능한 공간을 만들고 싶어요.

Q 카페 이름이 특이한데 에피소드가 있나요?

소르르는 모든 것이 소르르 하고 풀린다는 뜻이에요. 저희 카페의 모토이기도 하죠. 얽히고 설킨 실타래 같은 것들이 소르르 풀린다는 순 우리말이죠. 저희는 테이크아웃 컵에 'ALL IS WELL'이라는 문구도 적어서 드리고 있답니다.

누구에게나 취미는 필요하다
카페트램

🏠 서울시 중랑구 망우로 426 예원교회
🕐 09:00~21:00(연중무휴)
📱 02-432-8355
🅿 자체 시설 완비

🍴 커피류 3,500~5,000원, 차 4,000~5,000원,
와플 5,800~9,800원
✪ 미팅룸은 미리 예약해야 하고 커피 아카데미를 통해
커피를 배울 수 있다.

#바리스타 #커피아카데미 #취미활동 #미팅룸

이래 뵈도 나, 바리스타예요 이 카페의 특색은 이름에서부터 알 수 있다. 트램이란 도로 위를 달리는 전차를 뜻하는데 골목 구석구석을 다니면서 많은 사람과 접한다. 카페트램은 이런 트램의 뜻을 잘 반영한 곳이다. 트램의 취지에 맞게 고객들과의 소통을 열심히 하고 커피에 취미가 있는 사람들에게 바리스타 교실을 운영하며 커피에 대한 지식을 제공한다. 카페라테를 시키면 제공하는 라테아트를 내가 직접 할 수 있다. 직접 주인장이 라테아트를 비롯한 커피에 관한 지식을 제공해주어 누구나 다 바리스타가 될 수 있다.

한편 이곳만의 특별한 서비스가 있는데 바로 배달서비스이다. 사무실에서 근무할 때 배달 서비스를 이용하여 커피 한 잔의 여유를 즐길 수 있다. 또한, 미팅룸도 갖추고 있어 일반 커피전문점과는 차별성을 갖추었다.

이 밖에도 다양한 잡지들도 갖추고 있어 잠깐 들렀어도 많은 시간을 보낼 수 있다. 그만큼 카페트램은 트램의 취지에 맞게 고객과의 소통을 잘 갖추었으며 한번 빠져들면 일반 커피전문점에 발을 들이기 어려워지는 곳이다.

우아한(OOH-AHH) 사모님의 하루
파크더블유

🏠 서울시 중랑구 양원역로16길 103-111
🕐 11:00 ~ 23:00(연중무휴)
　　브레이크 타임 15:30~17:00
📱 02-432-5659
🅿 자체 시설 완비

🍴 커피류 4,000~7,500원,
　　파스타·피자류 12,000~18,000원
⭐ 양원역에서 조금 걸어야 하고
　　브레이크 타임이 있으니 주의하자.

#사모님의하루 #입안에서녹는스테이크 #프랑스에와있어요 #이탈리안레스토랑

김기사~ 운전해~ 어서~ 처음 이곳에 발을 들이게 되면 여기가 서울인 것을 자꾸만 잊어버리게 된다. 주위를 둘러보면 자연과 함께 잘 어우러져 있으며 마치 외국의 비버리 힐스에 와 있는 것 같은 느낌이 든다.

건물 안으로 들어가면 이국적인 모습을 볼 수 있다. 포도주들이 진열이 되어 있으며 바리스타들은 커피를 제조한다. 포도주에 흥미가 있다면 진열된 포도주를 보는 재미가 있을 것이다. 이뿐만 아니라 큰 테디베어나 여러 소품을 이용한 다양한 실내장식도 준비되어 있어 보는 눈이 즐겁다.

2층에 올라가면 앉아서 쉴 수 있는 공간이 준비되어 있다. 밖의 경치를 보면서 커피 한 잔의 여유를 즐길 수도 있다. 실내장식을 보면 마치 프랑스의 한 궁전에 온 듯한 느낌이 든다. 다양한 예술작품들이 조화를 이룬다. 햇살이 잘 비치는 아침에 온다면 브런치를, 친구들과 점심에 온다면 간단한 커피 한 잔을, 저녁에 온다면 맛있는 이탈리아 요리를 맛볼 수 있다. 저녁 식사의 경우 맛이 일품이다. 스테이크의 경우 입 안에서 녹는 경험을 느낄 수 있다.

멈춰버린 놀이공원
용마랜드

🏠 서울시 중랑구 망우로70길 118
🕐 09:00~20:00
📱 010-9671-6104
🅿 자체 시설 완비

🍴 입장료 5,000원
🌂 대관하는 날도 있으니 미리 전화해보고 가는 것이 좋다. 오픈 시간 외에도 예약은 가능하다.

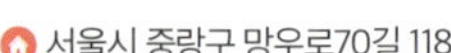

#사진스팟 #사진찍기좋은곳 #사진명소 #용마랜드

또 다른 90년대의 추억을 담는 곳 당신의 90년대는 어떻게 기억되고 있습니까? 많은 사람의 사랑을 받았던 '응답하라' 시리즈는 공감을 불러 일으키며 소중한 추억들을 생각나게 해주었다. 이런 기억을 또다시 살려줄 장소가 있다. 바로 중랑구에 조용한 용마공원에 자리 잡은 '용마랜드'다. 용마랜드의 놀이기구는 모두 멈춰 있지만, 그와 동시에 90년대의 세월마저 그곳에 멈춰져 있어 사진 찍기 좋은 명소로 널리 알려졌다. 많은 놀이기구가 있진 않지만, 소박하고 조용한 느낌을 원하는 사람에게 사랑받고 있는 장소라 생각한다. 용마랜드에는 가장 유명한 회전목마나 열차와 같이 사진 찍기 좋은 장소도 있지만 작지만 소소한 곳에 사진에 담기 좋은 지점들이 숨겨져 있다. 옥상의 계단으로 올라가 하늘을 배경으로 찍는 곳이나 돌계단에 앉아서 찍는 곳 등 구석구석 용마랜드의 매력을 담은 스튜디오가 숨겨져 있다. 햇볕이 내리쬐는 날에 느껴지는 풍부한 자연광과 물감으로 칠한 것처럼 파란 하늘의 배경, 그리고 90년대의 향기를 사진 속에 담고 싶다면 용마랜드로 떠나 당신의 인생샷을 마음껏 담아보기를 바란다.

고소한 우리 동네 빵집
박아저씨 과자점

- 서울시 중랑구 망우로72길 3
- 06:30~01:00(연중무휴)　02-438-2238
- 주차 불가
- 소보루·팥빵 800원, 너트타르트 800원,
  호두파이 5,000원, 초코브라우니 2,800원
- 2층에도 공간이 마련되어 있다.

#베이커리 #망우동빵집 #소개팅성공확률100%

사랑 받는 베이커리 박아저씨 과자점은 한결같은 푸짐한 양과 신선한 재료, 그리고 저렴한 가격으로 언제나 동네 사람들의 사랑을 듬뿍 받고 있는 곳이다. 다양한 시식 테스트로 항상 메뉴 개발에 힘쓰는 것은 물론이거니와 다른 가게들과는 다르게 박아저씨 과자점은 맛있는 빵과 함께 카페도 운영하며 2층에는 식사를 할 수 있는 돈부리 가게도 함께 운영하고 있다. 식사를 하고 싶을 때는 2층에서 맛있는 돈부리를 먹고 후식으로는 내가 원하는 빵을 골라 간단한 커피를 함께 마시면 되는 곳이다.

가로등 아래 포장마차
인생포차

- 서울시 중랑구 망우로 372-1
- 매일 17:00~02:00　02-491-0207
- 주차 불가
- 닭똥집소금구이 7,000원, 타코야키 5,000원,
  생맥주 2,500원
- 국물류 주문 시 면을 1,000원에 추가할 수 있다

#감성술집 #이색감성술집 #중랑구술집 #인생포차

지친 퇴근길을 위로하는 술 한 잔 인생포차의 내부 인테리어는 다양한 벽화의 그림들로 가득 차 있고 간단한 메뉴와 부담스럽지 않은 가격은 간단하게 한잔할 수 있는 포장마차를 연상케 한다. 다양한 사람들이 오가는 포장마차처럼 친구들과 소소하게 이야기하며 하루를 정리할 수 있는 곳이기도 하고 누군가에게는 위로의 공간이기도 한 곳이 바로 이곳이다. 만약 쓰디 쓴 술이 생각나는 하루라면 혼자라도 좋으니 가로등 아래에서 깊은 생각에 잠겨보는 것은 어떨까.

문화와 예술이 있는 곳, 은평구

은평구

선선한 바람, 지저귀는 새들, 옹기종기 모여 앉아 흙장난을 하는 아이들, 그 옆에서 장기를 두는 어르신들. 그곳은 진한 사람 냄새가 나는 곳이다. 은평구는 획일화된 도시 미학이 아닌 사람 사는 정이 느껴지는 아름다움이 있다. 실제로 은평구 일대는 예로부터 농경 생활에 적합한 자연환경과 서울 외곽의 요충지로서 고대로부터 중요시 여겨진 생활터전이었다. 현재는 유동 인구가 4만 명에 이르는 접근성이 좋은 교통의 요지이다. 예나 지금이나 '사람이 살기 좋은 곳'이다. 또, 북한산을 끼고 있는 지형적 특징과 낮은 물가 덕분에 많은 문인과 언론인이 생활의 터를 잡아왔다. 6·25전쟁 후 문인과 언론인들이 정착하기 시작해 1980년대 문학계를 주도한 문인들이 특히 은평구에 많이 거주했다. 그 영향 때문인지, 은평구의 랜드마크인 '은평문화예술회관'을 비롯하여, 문화와 예술을 접할 수 있는 공간을 쉽게 찾아볼 수 있다. 이제 문화예술은 은평구 주민들과 떼려야 뗄 수 없는 매우 밀접한 관계가 되었다. 은평구는 흔히 서울의 변두리로 알려져 있긴 하지만, 그 변두리라는 삶의 정서가 점차 하나의 특색 있는 지역 감성으로 대변되고 있다.

역촌 아지트골목

누구나 한 번쯤은
자신만의 아지트를 갖는 것을 꿈꾼다.
일상이 지겨울 때, 혼자 시간을 보내고 싶을 때,
내 마음대로 갈 수 있는 공간은 누구나 필요하다.
그리고 그 아지트라는 건 꼭
거창한 공간이 아니어도 좋다.
여유를 가질 수 있는 곳, 사랑하는 사람이 있는 곳,
좋아하는 음식이 있는 곳, 좋아하는 음악을
들을 수 있는 곳이면 된다.
역촌역에서 조금만 걸어가면, 바로 그런
'나만 알고 싶어지는' 특별한 느낌을 품은
공간들이 펼쳐지는 '역촌 아지트 골목'이 있다.

플리터 4기 강지현, 김정연, 홍에스더

6호선 역촌역
3
녹번공원
은평문화예술회관
텐비스트로
통일로 10길
이상한 나라의
헌책방
네스토
커피 맥아더
우주미
할리스
table

맛있는 아지트
텐비스트로

🏠 서울시 은평구 은평로21길 57 태훈빌딩
🕐 11:30~ 23:00(둘째, 넷째 주 일요일 휴무)
📱 02-357-9566
🅿 주차 가능

🍴 콰트로 포르마지 16,000원, 새우 페스토 크림파스타 16,000원, 시푸드 리소토 16,000원
✪ 저녁에 가면 더 분위기가 있다. 맨 안쪽 구석 자리의 뷰가 제일 좋다. 화덕피자는 꼭 먹어볼 것!

#텐비스트로 #내집앞이태리 #은평구맛집 #화덕피자 #훈남셰프

내 집 앞 이탈리아 처음 가게에 들어서는 순간, 은평구 주민이 부러워진다. '집 앞에 이런 곳이 있으면 진짜 좋겠다.' 하는 마음에서다. 외관과는 다른 높은 천장과 럭셔리한 샹들리에, 빈티지풍의 인테리어와 따뜻한 조명, 그리고 시선을 압도하는 화덕이 이태리의 고급 레스토랑 못지않다. 겉옷을 걸고 자리에 앉으면 서 있을 때 본 것과는 다른 또 다른 뷰가 펼쳐진다. 벽에 붙은 코르크 마개들, 나뭇결이 보이는 탁자, 잔잔한 음악, 그리고 여유를 즐기는 사람들의 모습이 보인다. 메뉴는 한 명의 셰프가 만든다는 게 믿기지 않을 만큼 다양하다. 샐러드, 파스타, 리소토, 그리고 텐비스트로의 자랑인 화덕피자까지. 그 메뉴의 수가 약 30가지에 이른다. 화덕피자 전문인만큼 식전 애피타이저로 화덕에서 구운 빵이 나오는데, 쫄깃하다고 표현하기에도 모자랄 만큼 식감이 남다르다.

아무런 소스를 곁들여 먹지 않아도 그 본연의 빵 맛과 향만으로도 입 안이 즐겁다. 텐비스트로의 인기 메뉴인 치즈 피자의 끝판왕 '콰트로 포르마지'는 꼭 추천할만한 메뉴다. 프랜차이즈 피자는 저리 가라 할 정도의 빵 본연의 풍미와 오리지널 치즈의 조화가 환상적이다. 맛부터 분위기까지 모두를 사로잡은 텐비스트로. 이쯤 되면 텐비스트로는 은평구의 자랑이 아닐까 싶다.

맛있는 아지트
텐비스트로

텐비스트로는 지역구 단골은 물론 타 지역에서 오는 손님까지 생길만큼 유명세를 탄 은평구의 맛집이다. 가게 운영부터 요리까지 혼자 도맡아 하시는 사장님의 열정이 감동적인 곳, 텐비스트로를 소개한다.

Q 창업 배경은 무엇인가요?

원래 음식을 만드는 걸 좋아하고 맛있는 음식을 먹는 것도 좋아해서, 오랫동안 한곳에서 제가 만든 음식으로 고객들과 소통하고 싶었습니다. 마침 동네에 좋은 장소가 생겨서 조금은 급하게 창업을 하게 되었습니다. 프랜차이즈를 낸다거나 큰 이익을 내는 것보다는 항상 맛있는 음식을 제공하는 것이 저의 가장 큰 목표이며, 천천히 오래오래 자리를 잡아서 앞으로 더 좋은 음식과 장소를 제공하고 싶습니다.

Q 영업 철학은 무엇인가요?

모든 연령대의 고객들이 맛있게 드실 수 있게 하는 것입니다. 그리고 한국인의 입맛에 맞는 다양한 음식을 제공하는 것이 목표입니다.

Q 이곳의 대표 메뉴는 무엇인가요?

처음 방문하신 분이라면 샐러드 중에서는 버섯 샐러드를 추천해드립니다. 샐러드는 차갑다는 인식이 있는데 버섯 샐러드는 오리엔탈 소스로 조리한 따뜻한 상태의 버섯과 채소가 따로 제공

됩니다. 또, 피자 중에서는 다양한 맛을 즐길 수 있는 모든 피자인 스타지오네 피자를, 파스타 중에서는 새우크림파스타를 추천합니다. 시금치와 견과류를 넣은 페스토를 추가하여 담백하고 고소한 맛을 극대화시켜 많은 마니아층을 확보하고 있습니다.

Q 향후 목표가 있으신가요?

오랫동안 같은 장소에서 영업을 해 몇 십 년이 지나도 텐비스트로의 맛이 생각나시면 언제든지 오셔서 즐길 수 있도록 하는 것이 제일 큰 목표이고, 다양한 메뉴와 맛을 위해 연구하고 노력하는 텐비스트로가 되는 것이 목표입니다.

우리 주인이 미쳤어요
우주미

🏠 서울시 은평구 은평로 185
🕐 24시간
📱 02-354-7788
🅿 주차 가능

🍴 소고기 보신탕 7,000원, 곰국시 7,000원,
　 해물 갈비찜 35,000원
⭐ 고기는 소스에 따로 찍어 먹어야 제맛이다

#뚝배기보신탕 #주인이미쳤어요 #저렴하고든든한한끼 #세상은아직살만하다

미친 주인, 미친 한 그릇 일주일에 쌀 200kg을 사용할 정도로 인기 있는 은평구 맛집, 우주미. 어감이 예쁜 '우주미'라는 이름 뒤엔 '우리 주인이 미쳤어요.'라는 숨겨진 뜻이 있다. 연지곤지 찍듯 뿌려진 샛노란 겨자 소스와 감칠맛을 더해줄 깻가루가 섞인 빨간 고추장 소스, 댕강댕강 큼지막이 잘린 깍두기, 윤기가 흐르는 매콤한 부추 무침까지. 기본 반찬이 준비되고, 막 내온 뚝배기 한 그릇이 눈앞에 놓인다.

김이 모락모락 나는 따끈한 국물을 뒤적이니 보기만 해도 군침이 흐르는 야들야들한 고기가 끊임없이 나온다. 기름기 없는 살코기 부분만을 우려내서 그런지 국물은 진하면서도 뒷맛이 아주 깔끔했다. 국물 한 숟가락을 맛보고 나서 본격적으로 밥을 말고 그 위에 적당히 물러진 깍두기 하나를 올려 먹으면, 말이 필요 없는 맛이다. 보통 '보신탕'이라 하면 대부분 '개고기'를 떠올리곤 하는데, 이 가게 보신탕은 개고기가 아닌 소고기로 만든다. 채소나 양념은 '개 보신탕'과 같은 것을 쓰고, 고기는 도가니 수육만을 엄선해 남다른 조리 과정을 거쳐 소고기지만 개고기의 맛과 육질을 고스란히 살려냈다. 보신탕 한 뚝배기에 7,000원이면 수입산 소고기를 사용할 거라고 생각할 수 있지만, 이 가게에서 쓰는 소고기는 모두 국내산이다. 왜 주인이 미쳤다고 하는지 더욱 실감할 수 있을 것이다.

주인장이 만든 환상의 나라
이상한 나라의 헌책방

- 서울시 은평구 서오릉로 18
- 15:00~23:00(월·화·일요일 휴무)
- 070-7698-8903
- 주차 불가

- 그림책(2,000원~), 피규어(2,000원~), 책(4,000원~)
- 매주 둘째, 넷째주 금요일에 공연이 열린다.

#이상한나라의헌책방 #은평핫플레이스 #헌책방 #이상한나라의앨리스 #뽀글머리주인장

따분한 헌책방은 이제 그만 책방 입구 천장에 떨어지듯 매달려 있는 책들은 앨리스가 토끼굴로 떨어지는 장면을 연상케 한다. 앨리스 종이 인형이 달린 문을 열고 들어서면 '딸랑~' 하는 작은 종소리와 함께 새로운 세상이 펼쳐진다.

처음 문을 열고 들어서면 새 책은 풍기지 못하는 헌책의 묘한 색감과 책 냄새에 압도된다. 그리고 셀 수 없이 많은 앨리스에 또 한 번 압도된다. 이상한 나라의 헌책방은 헌책방인 동시에 주인장의 보고다. 그는 동화책, 만화책, 그림책, 레코드판, 퍼즐, 타로카드, 문제집 등 무려 300여 종의 앨리스 관련 자료들을 모았고, 그중 일부를 헌책방에 전시해두었다. 다소 우울한 인상의 앨리스부터 어린 아이 같지 않은 성숙해 보이는 앨리스까지 각 나라마다 다르게 표현한 것이 매우 흥미롭다. 평소 『이상한 나라의 앨리스』에 관심이 없는 사람도 관심을 갖게 만들 만큼 충분히 매력적이다.

실제로 이곳 주인장은 자신이 직접 읽고 고른 책들만 놓아둔다. 또, 이곳은 주인장의 서재이고 보고이자 '예술의 장'이기도 하다. 주인장에게 책을 들고 가면 단돈 5,000원에 책 머릿면에 '마블링'을 넣는 작업을 받을 수 있으며, 매주 둘째, 넷째 주 금요일 저녁에는 작은 공연도 열린다. 세월이 담긴 헌책들과 여러 수집품들이 여느 공연장 못지않은 환상적인 분위기를 자아낸다.

술 마시는 아지트
네스토

🏠 서울시 은평구 은평로13길 14

🕐 평일 17:30~02:00
　　주말 17:30~03:00(일요일 휴무)

📱 02-352-3662

🅿 주차 불가

🍴 각종 사케 20,000~60,000원, 찹스테이크 21,000원,
　　해산물 버터구이 18,000원, 나가사키 나베 17,000원

⭐ 사케의 반은 차게 먹고 반은 따뜻하게 데워 먹어보자.

#슬리퍼끌고 #동네친구랑 #동네이자카야 #분위기있는술집

한밤의 여유 갑자기 술이 당길 때 동네 친구 한 명 불러다 편하게 갈 수 있는 나만의 아지트 같은 곳. 이자카야 특유의 분위기와 사람들의 웅성거리는 소리, 잔 부딪히는 소리는 없던 술맛도 생기게 한다. 중국집에서 짜장면과 짬뽕이 항상 고민되듯이 저녁에 술안주로 고민되는 건 고기와 회다. 네스토 인근에 고깃집과 해산물집이 많지만, 고기와 회를 동시에 즐기고 싶을 땐 네스토에 가자. 동네 술집이지만 요리는 고급 술집 못지않은 퀄리티를 자랑한다. 얼큰하게 술안주로 먹기 좋은 나베 요리부터 찹스테이크, 사시미, 해산물버터구이 등 가성비 높은 요리들이 넘쳐난다. 또, 카르보나라 떡볶이나 생새우깡 등 주기적으로 추가되는 신메뉴를 맛보는 재미도 쏠쏠하다. 이자카야 하면 빼놓을 수 없는 '사케'의 종류도 다양하다. 반 정도는 얼음에 두어 차게 먹고 나머지 반은 따뜻하게 데워 먹어보자. 온도에 따라 느낌이 완전히 달라지는 사케의 치명적인 매력을 느낄 수 있다. 분위기에 한 번, 맛에 한 번 기분 좋게 취하는 네스토의 밤은 오늘도 여유가 가득하다.

커피를 아는, 커피맥아더
커피맥아더

🏠 서울시 은평구 은평로 13길 11
🕐 09:00~23:00
📱 02-352-1488
🅿 주차 가능

🍴 아메리카노 3,500원, 에스프레소 빙수 9,900원, 치즈 케이크 4,500원
⭐ 해 질 녘엔 테라스 쪽 자리에 앉아서 여유를 즐겨보자.

#나이키한정판모음 #원피스피규어 #작은갤러리 #직화커피 #사계절눈꽃빙수

맛과 향이 맥아더 장군감 마치 작은 갤러리에 온 듯, 아기자기한 피규어와 형형색색 한정판 신발들이 시선을 끈다. 저녁이 되면 테라스에서 노을을 보며 여유를 즐길 수 있다. 그렇게 눈 호강을 하고 나면 직화 로스팅 커피로 입이 호강할 차례다. 진정한 커피의 맛과 향을 찾는 사람이 늘고 있는 요즘, 만약 내가 그중 하나라면, 맛과 향이 맥아더 장군감인 '커피맥아더'의 커피를 한번 맛보길 권한다.

커피맥아더는 직화 로스팅 커피 전문점으로, 매장에서 직접 로스팅한 신선한 커피를 맛볼 수 있다. 핸드드립을 완벽히 마스터한 바리스타가 커피의 깊이 있고 풍미 있는 맛을 경험하게 해줄 것이다. 직화 로스팅 방식은 원두에 불이 직접 닿도록 열을 가해서 볶는 방식으로, 커피 고유의 향이 오랫동안 그대로 지속된다는 것이 장점이다. 진한 아메리카노 한 잔과 입 안에서 녹는 달콤한 치즈 케이크 한입은 세상 그 어떤 조합에 견주어도 지지 않을 환상의 조합이다. 또한 커피맥아더는 화덕에 직접 구운 화덕피자, 수제베이커리, 수제청 등 커피 한 잔에 어울리는 여러 정성 어린 먹거리도 제공한다. 계절에 상관없이 눈꽃 빙수를 사계절 내내 즐길 수 있다는 것도 특징이다.

서울의 핵심 산업단지로 우뚝 선 곳

구로구

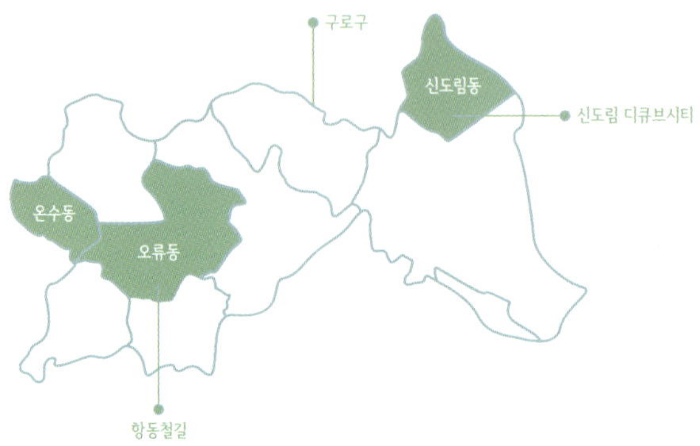

대한민국 경제의 중추적인 역할을 해 온 구로구, 이곳에 와 발걸음을 조금 늦추어 보니 바빠 보이는 사람들이 끊임없이 보인다. 세계 최대 규모의 공구상가가 있다는 것을 증명이라도 하듯, 그들을 보니 한국이라는 나라의 공업 역사가 그려진다. 듣기만 해도 가슴 아픈 일제 식민지를 벗어나 어렵지만 열심히 하루하루 살아갔던 그들. 그들이 있었기에 구로구는 서울의 핵심 산업 단지가 될 수 있었다. 구로구, 1960년대 이전에는 논밭과 야산이 전부였던, 그런 그곳에 땀 흘려가며 노력한 젊은이들은 공업 단지를 만들었고 도시화시켰다. 그들이 흘린 땀 한 방울 한 방울이 모여 이 곳을 대한민국 경제의 중추가 되는 곳으로 만들었다. 시간은 흘러가지만 그들의 그 땀 한 방울 한 방울의 소중한 가치만큼은 잊히고 흘러가서는 안 된다.

철마는 달려가게해요

항동철길

'힐링', 항동철길과 푸른 수목원을 가장 잘
표현하는 단어가 아닐까 싶다.
일에 치이고 사람에 치이며 살다 자연 속으로 들어가
힐링받고 싶다고 생각해보지 않은 사람은 없을 것이다.
도시 밖으로 가자니 시간이 허락하지 않는다.
그럴 때 누구나 찾아와 힐링을 받고 돌아갈 수 있는 곳,
항동철길과 푸른 수목원이다. 서랍 속에 묵혀 두었던
카메라를 들고 마음의 여유를 느껴 보는 것이 어떨까.
젊은 연인들은 철로를 나란히 밟으며 추억을 쌓고
나이가 지긋한 사람들은 향수에 젖어 추억을 떠올리기 바쁘다.
철로 위에는 "00살의 나를 만나다", "8살의 첫 등굣날",
"25살 청춘은 용감했다" 등 감성을 자극하는
문구들이 적혀 있어 추억을 떠올리며 걷다 보면
마치 영화 한 편이 머릿속에서 지나가는 듯 하다.
1959년에 만들어진 항동철길은 현재 군부대로 들어가는
화물이 있을 때만 비정기적으로 기차를 운행한다.
7호선 천왕역 2번 출구로 나와 주택가들 사이의
철길을 따라 걷다 보면 자신이 항동철길에 있음을 발견할 수 있다.

플리터 4기 공정현, 권시아, 김나영, 박윤정, 이은영, 진가윤

퓨전 다온
온수역 1호선
1번 출구
더 카페
카페 클래식
다원 국수
푸른 수목원
항동 철길

낮에는 돈가스를, 밤에는 맥주 두 잔
퓨전다온

🏠 서울시 구로구 부일로 871
🕐 11:00~10:00
　　(브레이크 타임 15:00~16:30)
📱 02-2682-7001
🅿 온수역 공영 주차장 이용

🍴 돈가스 7,000~9,000원, 차 3,000~4,000원,
　　스파게티 11,000원
⭐ 돈가스나 스파게티를 먹고 난 뒤 차 한 잔의 여유를
　　만끽해보자.

#주차장위에있는돈가스집 #일타삼피 #돈가스정식 #옛날스타일왕돈가스

커다란 돈가스 속의 어린 추억 퓨전다온은 온수역에서 가까운 돈가스집으로 주유소 2층에 있다. 들어가는 통로가 매우 잘 꾸며져 있어 눈이 즐겁다. 내부는 카페 같은 분위기를 물씬 풍기는데 커피 및 다양한 차 메뉴뿐만 아니라 돈가스, 스파게티 및 볶음밥 종류도 판매한다는 게 특징이다. 골라 먹는 재미가 있으며 돈가스의 경우 양이 매우 많다. 소스까지 얹어서 나오며 우리 입맛에 딱 맞는 것이 이 돈가스의 특징. 처음엔 고소한 수프로 입맛을 돋운 다음 달달한 소스가 어우러진 돈가스를 먹으면 입 안에서 돈가스가 살살 녹는다. 양도 많기 때문에 여자 2명이서 하나를 먹어도 충분할 정도이다.

돈가스를 다 먹었다면 디저트를 즐길 차례. 커피 및 차 종류도 판매하기 때문에 식사 후 아메리카노 한 잔으로 깔끔한 마무리를 지을 수 있다. 연인끼리 담소를 나누기도 부담이 없으며 저렴한 가격으로 풀코스를 즐길 수도 있다. 저녁에 식사를 한다면 안주를 비롯한 술도 판매를 하고 있으니 간단한 음주가무도 즐길 수 있는 모든 음식의 즐거움이 모인 곳이라면 이곳이다.

정겨움과 소중함이 느껴지는 한 끼

다원국수

🏠 서울시 구로구 경인로 22
🕐 월~금 11:00~20:00(월요일 휴무)
　주말 11:00~17:00
　브레이크 타임 15:00~17:00
📱 02-2060-0090

🅿 상가 앞 2~3대 주차 가능
🍴 잔치국수 4,000원, 비빔국수 5,000원
⭐ 15:00~17:00까지 준비 시간이니 이 시간은 피해야 한다
@ blog.naver.com/dawonnoodles

#탈대학가맛집 #쫄깃함부터가달라요 #잔치국수 #비빔국수

깔끔한 맛이 매력적인 다원국수 온수역 근처에 위치한 아기자기한 규모의 국숫집이다. 규모는 작지만 이 동네에서 가장 세련된 인테리어를 갖추었다고 해도 과언이 아니다. 내부 인테리어 또한 깔끔하게 통일된 나무색으로 이루어져 있다. 잔잔한 음악이 흐르며 5성급 호텔에서 식사를 하는 듯한 기분이 드는 곳이다.

대표 메뉴로 잔치국수와 비빔국수가 있다. 잔치국수의 경우에는 깔끔한 맛이 일품이다. 주인장의 자부심이 느껴진다. 전국의 맛집을 찾아다니면서 연구 끝에 자신의 맛을 개발하였다고 한다. 보통 소면의 경우에는 큰 차이를 못 느끼지만 이 집의 경우 면부터가 다르다. 그 쫄깃함이 다른 소면과는 비교를 할 수 없을 정도. 비빔국수의 경우 양념장이 맵지 않으며 달콤함이 입맛을 사로잡는다. 상추와 어우러져 한입 먹다 보면 어느샌가 입가에 미소가 떠오른다. 대학가임에도 불구하고 방학뿐만 아니라 주말에 타지에서 많은 손님들이 찾는다니 꼭 가봐야 하는 명소임이 틀림없다.

정겨움과 소중함이 느껴지는 한 끼
다원국수

잔치국수는 이 가격에 이 정도의 퀄리티를 주는 곳이 없다고 소문나 있고 마케팅도 전혀 하지 않는데, 순전히 순수 고객들의 입소문으로 유명해진 곳이라 진정한 소상공인 음식점이라고 생각해 인터뷰를 진행했다.

Q 다원국수를 시작하게 된 계기는 무엇인가요?

대기업에서 일하다가 구조조정 탓에 퇴직을 하게 되었어요. 흔히 요즘 사회에서 이야기하는 치킨집으로 수렴하는 대기업 직원과도 같은 경우였죠. 대기업에서의 만년 팀장보다는 앞으로 새로운 직업을 위해 나아가고 싶었습니다. 더 늦게 전에 내 사업을 갖고 싶다는 마음으로 식당을 생각하게 되어 이곳을 열게 되었죠.

Q 다원국수의 영업 철학이라고 할 만한 게 있을까요?

딱히 크게 내세울 건 없습니다. 그저 정직하고 열심히 음식을 만들어 파는 식당으로 키우고 싶어요. 저는 푸드 트럭으로 장사를 시작해 작은 10평짜리 식당을 만들게 되었는데 그 때문인지 땀 흘려 일하는 사람들을 존경합니다. 그분들 같이 되고 싶고 정직함을 저의 가치관의 잣대로 삼아 살아갈 겁니다.

Q 다원국수는 대표 메뉴는 무엇인가요?

잔치국수와 비빔국수입니다. 컨설팅에서 조언받았던 금액보다 싸게 팔고 있는데 실제 이윤은 거의 남지 않지만 서민의 음식으로 통하는 국수에 높은 가격을 받고 싶지는 않습니다.

Q 다원국수는 향후 목표는 무엇이 있을까요?

대기업에서 일할 때 배운 것이 앞으로의 비전을 세우는 것이었습니다. 그런 경험을 바탕으로 현재 가지고 있는 목표는 10~20년 후에 이 식당을 프랜차이즈로 만드는 것입니다. 10년 안에 5개가 일단 제 첫 번째 목표입니다.

철길 따라 삼천리
항동철길

🏠 서울시 구로구 오리로 1189
🕐 5:00~22:00
📱 02-2686-3200
🅿 수목원 주차장 이용

⭐ 철길마다 글씨들이 새겨져 있으니 보며 걸어 갈 것!
@ parks.seoul.go.kr/template/default.jsp?park_id=pureun

#서울속철길 #추억쌓기 #간이역 #구로구철길

도심 속 철길 탐방 항동철길은 구로구의 대표적인 감성 데이트 코스이다. 영화 〈건축학 개론〉에서 수지(서연 역)와 이제훈(승민 역)이 철길을 따라 길을 걷는 장면을 촬영한 곳으로 유명해졌다. 서로를 버팀목 삼아 철길 위를 걸어보며 영화 속 한 장면의 주인공이 되어보는 건 어떨까?
철길에는 다양한 볼거리가 있다. 우선 아이들이 직접 그린 그림이 동그랗게 말려있거나 등불을 감싸는 모양으로 걸려 있다. 철길이 차가운 인상을 주지만 그림을 면밀히 보다 보면 자신도 모르게 그 순수함에 빠져들곤 한다. 한편 앉아서 쉬어 갈 수 있게 간이역처럼 꾸며 놓은 곳도 있다. 또한 철길 위에는 몇몇 글귀들이 숨어 있는데 10

대부터 쭉 이어진 인생의 지점을 표현하고 있어 공감을 이끌어 낸다.

맛도 훌륭, 가격도 훌륭. 부족한 게 뭐니?
카페 더(CAFE THE)

🏠 서울시 구로구 경인로 31-32
🕐 9:00~23:00
📱 02-2618-5789
🅿 온수역 공영 주차장 이용

🍴 아메리카노 3,000원, 아이스크림 3,000원,
　브런치류 4,000~6,000원
⭐ 공부하기에도 좋고 카페가 역과 가까워
　약속 전에 잠시 들르기에도 좋다

#브런치맛집 #만남의장소 #공부하기좋은곳 #특색있는카페

커피와 함께할 수 있는 모든 즐거움 모든 건물을 카페로 사용한 이곳에 들어서면 오밀조밀 꾸며 놓은 것들이 많다. 스튜디오를 연상케 하는 내부에 깜찍한 피규어들이 곳곳에 배치되어 있어 재미를 느낄 수 있고 식물들도 무성하게 늘어져 있다. 2층에는 테라스가 있는데, 날씨만 조금 풀린다면 밖에 앉아 시원한 음료와 함께 바깥 풍경을 즐기고 싶은 마음이 절로 드는 곳이다.

다른 카페에 뒤지지 않는 매력적인 인테리어뿐만 아니라 가격 역시도 이 카페의 강점이라 할 수 있다. 모든 음료는 3천 원대이며 브런치 메뉴까지 다양하게 마련되어 있어, 카페에서 식사까지 해결할 수 있다. 이 두 가지 매력 때문인지, 카페 더는 인근 대학생들에게도 인기가 매우 좋다. 1만 원 이내에서 카페가 줄 수 있는 즐거움을 모두 누리고 싶은 알뜰족이라면 이곳을 적극 추천한다.

한가로운 오후, 달콤한 쿠키와 티파티 어때?
커피숍 클래식(Coffeeshop Classic)

🏠 서울시 구로구 경인로 18
🕙 10:00~22:00
📱 02-2618-2325
🅿 상가 내 몇 대의 주차시설 구비

🍴 차 종류 4,000원, 케이크 4,500원, 쿠키 800원, 수제요거트 4,000원대
⭐ 팝콘과 쿠키도 함께 시키자. 궁합이 좋다.

#디저트파라다이스 #수제차 #커피의클래식 #아기자기끝판왕

디저트의 A to Z 클래식은 다양한 디저트로 유명한 곳이다. 쿠키, 빙수, 케이크 등의 디저트는 물론 다른 카페에서는 흔치 않은 팝콘까지 있어 달콤한 것을 사랑하는 이들이라면 발걸음을 주저할 필요가 없는 곳이다. 〈이상한 나라의 앨리스〉를 연상시키는 카페의 인테리어는 사진을 취미로 하는 이들의 사랑을 한 몸에 받고 있으며 은은한 조명 덕분에 커플 사진부터 나만의 프로필 사진 촬영에도 제격이다.

클래식의 또 다른 매력은 카페에 온 것이 아닌, 가정집에 온 것 같다는 것이다. 선한 미소가 인상적인 주인 부부가 직접 담근 수제차는 지친 몸과 마음을 달래기에 제격이다. 디저트로 유명한 곳이기는 하나 식사 메뉴도 충분히 마련되어 있어서, 친구들과 연인과 수다를 떨다가 출출해진 배를 채울 수도 있다.

도시 속의 또 다른 도시
신도림 디큐브시티

이곳은 원래 하루 300만 장의 연탄을 생산하던 대규모 연탄 공장이 있던 자리다. 우리나라 경제의 중추적인 역할을 했던 곳이라 해도 과언이 아니다. 이곳에서 발걸음을 조금 늦추어 걷다 보면 그때 그 시절의 모습 그대로는 볼 수 없겠지만 그때 만큼 혹은 그보다 많은 사람들을 볼 수 있다.

우리 조상들의 땀 한 방울, 한 방울이 모여 나라를 끌어가던 이곳. 연탄 공장을 대신하여 누구나 즐길 수 있는 문화 공간, 디큐브시티가 자리 잡았다. 우리나라에서 가장 많은 유동 인구가 보이는 신도림역과 이어져 있고 쇼핑 및 아트센터부터 시작해 영화관과 유명한 맛집들, 그리고 호텔까지, 사람들의 마음을 사로잡을 시설이 즐비해 국내 최고의 복합몰이라고 해도 과언이 아니다.

오직 젊은이들만을 대상으로 하는 다른 복합몰들과 달리 가족을 대상으로 하고 있어 키즈카페 및 뽀로로 파크와 같은 아이들을 위한 장소들까지 갖추고 있어 가족들과 손잡고 와서 힐링하는 사람들의 모습을 쉽게 볼 수 있다.

플리터 4기 강혜지, 송지선, 이건행

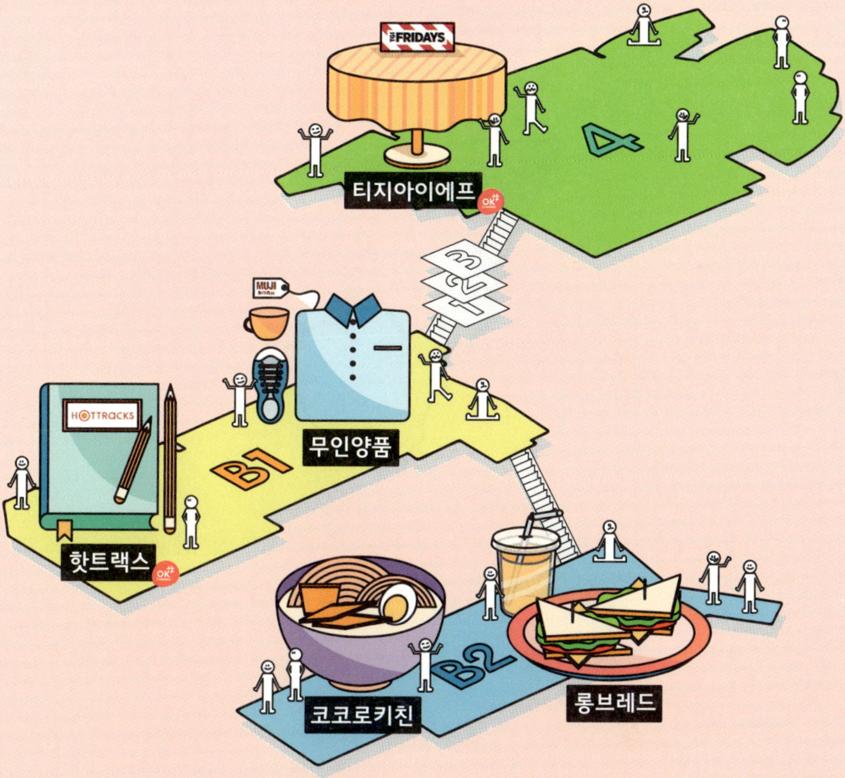

🏠 서울시 구로구 경인로 662
🕐 11:00~22:00
📱 02-2622-2233
🅿 지하 주차장 이용(최초 30분 무료, 이후 10분당 1,000원(24시간 운영))
📍 디큐브시티 일대는 전체가 금연 구역이니 주의하자
@ www.ehyundai.com/newPortal/DP/DP000000_V.do?branchCd=B00149000

제휴 정보 : 

우리나라 산업의 출발점, 금천구!

금천구

금천구 가산동

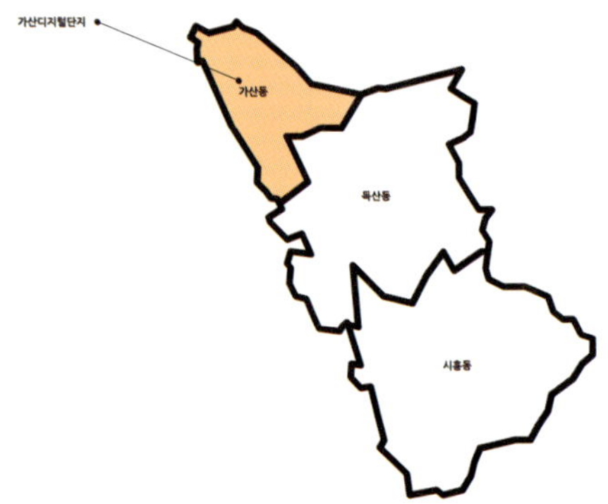

서울 남서쪽 끝자락에 위치한 금천구. 북동쪽에 동작구, 북서쪽에 구로구, 동쪽에 관악구, 서쪽에 광명시, 남쪽에 안양시와 경계를 이루고 있다. 금천구는 크게 가산동과 독산동, 시흥동으로 나뉜다. 예로부터 인근 지역 구로구, 영등포구, 동작구, 관악구, 광명시, 안양시 등을 전체적으로 관할하는 행정의 중심지였던 금천구는 유구한 역사와 문화유산을 가지고 있는 지역으로 알려져 있다. 그런데 1960년대 이후로 금천구는 구로구와 더불어 우리나라 산업의 중심지로 급부상했다.

금천구의 동서 간의 거리는 5.01km이고, 남북 간 거리는 5.90km이다. 시흥대로가 남부 순환 도로와 연결되어 있고, 동서 방향의 지선 도로가 발달해 있어 교통이 편리한 것이 특징이다. 현재 북서부의 한국 수출 산업 공단을 제외한 전역이 상업 지역과 주거지를 형성하고 있다. 경제 개발 5개년 계획에 의거하여 1965년부터 건설된 서울 디지털 사업 단지가 구로구와 각각 나뉘어 위치하고 있으며 오늘날 금속 및 섬유 등의 2만여 개의 업체가 입주, 종업원 수는 약 19만 명에 이르고 있다. 그 외 구내 여러 지역에 공장들이 있고, 1987년도에 시흥 3동에 대규모로 조성된 시흥 산업 용재 유통 센터와 중앙 철재 상가 등이 산업 유통 기지로서의 역할을 담당하고 있다.

2010년대 들어서는 금천구 가산디지털단지~마리오 아울렛 일대 사거리에 패션과 IT가 공존하는 '패션·IT 문화존'이 조성되었다. 마리오아울렛, 현대아울렛, 롯데팩토리아울렛, w몰 등 여러 아웃렛과 다수의 IT기업들이 입주해 있어 서울의 NO.1 문화 중심지로 자리 잡고 있는 형세이다.

90~50%
欢迎光临
市内退税须知
Downtown Cash Tax Refund
H
银联卡减 5%卡优惠
HYUNDAI OUTLETS
현대백화점 상용권
TAX Refund
사랑, 놀이가 되다.
Hyundai City Outlets
지금 현대시티아울렛
가입하시면 가입GIFT를
80

가산동 디지털단지 거리

'가산디지털단지'라부르는
이곳의 본래 이름은 '구로공단'이었다.
한국산업공단을 시작으로
수많은 IT 업체가 입주하면서 구로공단은
지금의 가산디지털단지로 변모해왔다.
온통 IT 단지로 이루어진 수 많은
건물들 사이에는 배고픈 직장인들을 위한
다양한 맛집들이 하나 둘 숨어있다.
또한 역에서 3~4분 정도 걸으면
가산디지털단지의 자랑이라 할 수 있는
대형 패션아웃렛 건물들이 눈에 보이기
시작한다. 대표적으로 마리오아울렛부터
현대아울렛몰, w몰까지 그 옛날 구로공단 시절
의류공장이었던 곳들이 도심형 쇼핑시설로
변모하면서 젊은 층을 끌어 모으고 있다.

플리터 4기 양진호, 왕아란, 이병철, 이현무, 임찬주, 장진화, 황희덕

가산 디지털단지 거리
가산디지털단지
⑦ ①
②
③
⑥
가산디지털단지
⑤
④
안양천
포차 인 닭갈비
차이나
롯데팩토리
아울렛
빌리엔젤
더제이케이
키친박스
3관
2관
마리오1관
마리오아울렛
퍼스트클래스
현대아울렛
가산점

갈비로 끝나는 말은~ 닭갈비, 고갈비!
포차인닭갈비

- 🏠 서울시 금천구 가산디지털1로 168 우림라이온스밸리
- 🕐 평일 10:00~02:00, 토요일 10:00~23:00(일요일 휴무)
- 📱 02-2026-0021
- 🅿 우림라이온스밸리 건물 내 유료 주차장 이용(1시간 무료)
- 🍴 고갈비 구이 14,000원, 철판 닭갈비 10,000원
- ✿ 점심 특선 메뉴가 있으니 참고하자.

#가산디지털단지 #닭갈비 #고갈비구이 #치즈

기업단지 내에서 즐길 수 있는 달콤한 닭갈비 포털 사이트에 가산동 닭갈비라 검색하면 제일 먼저 보이는 바로 그 집. 대표 메뉴인 치즈닭갈비는 군침 도는 색감과 거대한 양, 그리고 콘치즈 옥수수의 조화가 일품이다. 고갈비 구이는 밥 위에 얹어 한 숟갈 입에 넣으면 부드럽고 짭조름한 맛의 신세계가 펼쳐진다. 닭갈비는 각자의 기호에 따라 만두, 치즈, 우동, 라면 등을 추가해 먹을 수 있으니 참고하자. 필자의 경험으로는 닭갈비 후에 비벼 먹는 볶음밥 또한 꿀맛이니 이 집에 들르신다면 꼭 한번 드셔보시길!

가산동 차이나,
다른 중국집이랑 확실히 차이나!
차이나

- 🏠 서울 금천구 가산동 371-28
  우림라이온스밸리 A동 지하1층
- 🕐 월~금 10:00~22:00, 토 10:00~20:30(일요일 휴무)
- 📱 02-2026-2227
- 🅿 우림라이온스밸리건물 내 유료(1시간 무료)
- 🍴 탕수육 + 짜장면/짬뽕/볶음밥 중 2가지 선택 18,000원
- ✿ 세트메뉴로 시키면 할인 혜택을 받을 수 있다.

#중국집 #탕수육 #짜장면 #짬뽕 #코스 #차이나

쟈 찌앙 미엔, 중국 짜장면의 원조 가산동에는 여태껏 맛본 짜장면과는 차원이 다른 중국집이 있다. 가산디지털단지역과 빌딩이 연결되어 있어 찾아가기도 무척이나 수월했던 바로 그곳, 차이나. 가게 입구에서부터 사람들이 줄 서서 들어간다는 이곳은 정말 소문 그대로였다. 인당 15,000원에서 20,000원 하는 가격에 풍성한 코스메뉴를 제공한다. 일일이 나열하기도 힘들 정도로 다양한 메뉴를 풍성한 양, 저렴한 가격에 제공하는 차이나. 오늘 점심식사는 차이나에서 해결하는 건 어떨까?

앉아서 즐기는 15분 동안의 전신 안마 체험
퍼스트클래스(FIRST CLASS)

🏠 서울시 금천구 디지털로10길 9 현대아울렛 금천점
🕐 11:00~21:30
📱 02-2136-9981
🅿 현대아울렛몰 주차장 이용

🍴 아메리카노 3,000원, 카페라테 3,500원,
레모네이드 3,900원
⭐ 코스 선택에 따라 원하는 부위 집중 마사지가 가능하다.

#힐링카페 #마사지 #카페 #퍼스트클래스 #현대아울렛

영화 보기 전 잠시 머물기 좋은 힐링 카페 퍼스트클래스는 가산동 패션아울렛 단지 속 현대아울렛에 위치한 마사지 카페다. 의자에 가만히 앉아 있으면 기계가 작동하여 피로에 지친 전신을 마사지해준다. 카페 내 인테리어도 퍼스트클래스라는 이름에 맞게 비행기 1등석을 그대로 가져온 듯한 고급스러운 느낌으로 가득하다. 활력, 쾌적, 수면, 허리&힙, 목&어깨, 에어 등 안마의 종류도 여러 가지다. 필요에 따라 코스를 선택하면 시작되는 15분간의 안마 타임. 쿡쿡 몸을 눌러주는 듯한 기계의 낯선 마사지가 낯설면서도 무척이나 시원하다. 그렇게 꿈 같은 15분이 지나고 밖에 나오면 음료가 제공된다. 연인과 테이블에 둘러앉아 시원한 음료를 마시며 서로 후기를 공유하고 전과 다른 몸의 개운함에 웃음꽃을 피운다.

가산디지털단지에서 만나는 산책로 안양천!
안양천

🏠 서울시 금천구 가산동
🚲 자전거 전용 도로가 있으니 유의하자.

#안양천 #벚꽃명소 #직장인들힐링장소 #봄되면제대로매력발산

기업단지 내의 보물 같은 산책로 안양천? 경기도 안양에 흐르는 작은 냇가인가. 궁금증을 품는 사람들이 있을지도 모른다. 그러나 사실 안양천은 안양과 광명, 그리고 금천구를 가로지르는 강이다. 특히나 금천구 가산디지털단지 근처에 위치한 안양천길은 산책로로 유명하다. 가산디지털단지가 기업단지로 많이 알려져 있기 때문에 근처에 한적한 산책길이 있으리라고는 대부분이 상상하지도 못했던 일.

하지만 봄이 되면 많은 사람들이 이곳을 찾는다. 안양천이 여의도 부럽지 않은 벚꽃 명소이기 때문. 강을 따라 끝이 안 보인다고 느낄 정도로 많은 벚꽃과 개나리가 피는데 남녀노소 구분 없이 그 매력에 빠지기 충분하다. 또한 자전거 전용 도로와 보행자 도로가 구분되어 있고 봄이 아닌 여름에는 야외 물놀이장도 따로 개장하고 있다고 하니 이 정도면 테마파크라고 불릴 수도 있을 것 같다.

이탈리아산 재료로 조리하는 파스타와 피자의 향연
더JK키친박스

🏠 서울시 금천구 가산디지털1로 145 에이스하이엔드타워3
🕐 11:30~21:30(일요일 휴무)
📱 02-2624-0008
🅿 에이스하이앤드타워3차 내 유료 주차장

🍴 크림 폭탄 빠네 11,900원, 눈꽃 크림 파스타 7,900원, 핑크 레몬에이드 3,500원
⭐ 매운 것을 즐기는 사람은 '떡볶이 폭탄 빠네'에 도전해보시길 추천한다.

#가성비값파스타 #빠네는사랑입니다 #이태리파스타 #점심시간엔북적북적

진짜 이탈리아 음식들을 맛보고 싶은 너에게 근처 아웃렛에서 쇼핑을 마친 뒤 슬슬 배가 고파지면 항상 이곳을 찾는다.

눈꽃 크림 파스타, 눈꽃 카페 파스타 등 특이한 파스타 메뉴로 사람들을 유혹하고 있는 파스타 집, 더JK키친박스. 자리에 앉아 메뉴판을 펼치면 뭘 하나 고르기 힘들 정도로 다양한 메뉴들이 준비되어 있다. 대부분이 처음 보는 메뉴들이라 어안이 벙벙해지기 일쑤.

그중에서도 크림 폭탄 빠네는 가격도, 모양도, 크기도 '폭탄'이라는 콘셉트로 만들어진 것이며 오징어 먹물빵으로 만든 블랙 바게트 속의 크림파스타는 그 맛도 일품이지만 바게트를 크림소스에 찍어 먹는 맛 또한 최고다. 데이트 장소뿐만 아니라 소개팅 장소로도 좋은 곳. 이 세상의 모든 연인들에게 추천하는 장소다.

변화무쌍 서울 남부의 카멜레온

영등포구

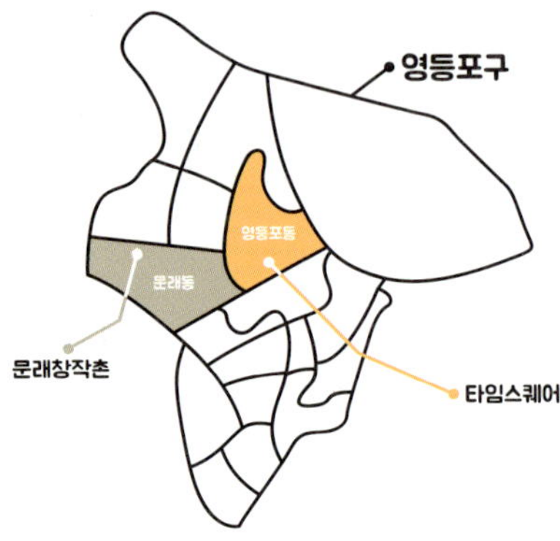

불과 40여 년 전, 풍부한 강물과 평평한 지대의 이점을 활용해 공업지대가 형성된 곳이 있다. 이곳은 오랫동안 텁텁한 모래밭을 군사기지 비행장으로 사용했던 곳이기도 한데 전국 각지의 물화가 끊임없이 쏟아져 들어오고 칼같이 텁텁한 모래바람이 불던 이곳에 1970년대, 새바람이 불기 시작했다. 바로 서울 시민의 휴식처로 여의도가 등장하게 된 것.

무더운 한여름 밤 열대야에 끙끙 앓던 사람들이 찾는 여의도 공원은 이제 가족도 연인도 친구들도 즐겨 찾는 도심 속 휴양지가 되었다. 분수대가 뿜어내는 시원한 물에 발을 담그고, 강바람과 함께 자전거를 타고 달리는 광경을 여의도에서도 볼 수 있게 된 것이다. 이뿐만 아니라 '신선이 유람한다.'는 전설을 가질 만큼 유려하고 아름다운 선유도공원 또한 스냅사진 촬영지와 데이트 코스로 인기 있는 곳이 되었다. 매해 봄에 열리는 '한강 여의도 봄꽃축제'와 가을에 열리는 '세계 불꽃축제'는 대한민국 국민뿐만 아니라 세계인의 관심을 사로잡고 있다. 한때 서울 남부의 경제 활동 중심 지구로 힘차게 굴러가던 영등포구는 이제 그 무게를 한 시름 내려놓고 쉼터로 다시 태어났다.

IBK 기업은행
래 벤 딩
2679-7676 . 2679-7878

투박해서 아름다운 것들
문래창작촌

귀를 울리는 쇳소리와
매캐한 철공소 냄새로 가득했던
문래동 골목에 언젠가부터
예술이 움트기 시작했다.
한국전쟁 이래로 대한민국 경제성장의
주축을 이뤄온 철강 산업의 쇠락과 함께
하나둘 생겨난 문래의 빈자리를 따뜻한
예술의 온기가 채우기 시작한 것이다.
허름한 철공소 사이로 고개를 내미는
아기자기한 벽화부터
포근한 인사를 건네는 갤러리, 카페들이
뒤로 보이는 철공소를 배경으로
묘하게 잘 녹아든다.
투박한 문래동 골목에 조용히 내려앉은
공방과 간판들을 따라 걷다 보면
소박하고 사소한 아름다움에
미소가 절로 지어진다.
플리터 4기 강혜지, 김태경, 송지선, 이종의, 이하영

2호선 문래역
에이스
테크노타워
감성 넘치는 맛집
"칸칸엔 인연"
table
편안하고 자유로운
"워리어"
맛있는 자연식
"심플맘"
table
손으로 빚는 도자기
"원재우C"
이 순간을 담는다, 갤러리
"빛타래"
문래공원
사거리
Handmade
손수 만드는 공방
"로코안경"
햇살가득 북카페
"치포리"
table

노크 한 번의 값어치
권재우 C

🏠 서울시 영등포구 문래동 도림로438-8번지

🕐 10:00~22:00(개인 작업실이기 때문에
주문량에 따라 차이가 있을 수 있음)

📱 010-4238-7559

🅿 문래 근린공원 공영 주차장 이용
(9:00~20:00/10분에 500원)

🍴 식기류 30,000~50,000원,
화분류 50,000~100,000원

⭐ 더 많은 작품 사진은 블로그에서 구경하는 게 편리하며
카카오톡으로 문의할 수 있다.

#수공예도자기 #사랑과영혼 #문래창작촌예술가 #신기한구경거리

문래의 물레가 돌아가는 소리 권재우C는 문래창작촌 예술가 중 한 명인 권재우 씨의 개인 도예 공방이다. 안으로 들어서면 작은 그릇부터, 큰 그릇까지 작가가 직접 만든 도자기들로 공간이 꽉 차 있다. 작업실 내부에는 도자기를 초벌, 재벌할 수 있는 가마까지 자리하고 있어 선반 사이로 물레를 돌리는 모습을 엿볼 수 있다.

이곳의 도자기들은 평소에 접하는 도자기와는 사뭇 달라보인다. 투박한 질감과 독특한 색깔의 컵부터 아주 세심하고 매끈하게 다듬어져 영롱한 색을 자랑하는 접시까지 제각각 용도에 따라 모양과 색을 달리하고 있어 하나하나 구경하다 보면 입을 다물 수가 없다. 특히나 고온의 가마에서 구워져 나온 도자기만의 투명하고 깨끗한 색감이 인상 깊다. 아마 인테리어에 관심 있는 사람이라면 이곳을 사랑하지 않을 수 없을 것이다.

인연이 깊어지는 단란한 식탁
칸칸엔인연

- 서울시 영등포구 당산로 8-8
- 월~금 11:30~21:00, 브레이크 타임 15:00~17:00
  토 12:00~20:00(일요일 휴무)
- 02-2675-8882
- 문래 근린공원 공영 주차장 이용
- 플레인함박스테이크 12,000원, 명란로제파스타 14,000원

#문래동맛집 #명란파스타맛집 #함박스테이크맛집

자극적이지 않은 외식이 그리울 때 '칸칸엔인연'은 '칸칸'에 개개로 존재하던 식재료들이 만나 요리가 되듯 사람이 만나 인연을 맺음에 감사하자는 의미로 지어졌다. 이곳의 함박스테이크는 17가지의 재료에 소고기와 돼지고기를 함께 다져 만든 패티를 자랑하는 도쿄식 함박스테이크이며 명란로제파스타는 '이미 먹어본 사람은 다 아는 최고 인기 메뉴'라 불리며 이곳을 대표하는 메뉴이다. 로제파스타치고는 토마토의 맛이 거의 나지 않으며 명란향이 강하게 나는 편으로 자극적이지 않은 맛과 가게의 아늑한 분위기가 매력적인 공간이다.

문래가 만들다. 문래를 만들다.
치포리

- 서울시 영등포구 도림로 428-1
- 월~금 10:00~23:00, 주말 11:00~23:00
- 02-2068-1667 주차 불가
- 커피류 3,000~4,000원,
  요거트 스무디 5,500~6,000원, 마카롱 1,500~2,000원
- 치포리는 대관료를 받고 카페를 대관해주기도 하니 참고하자!

#문래동북카페 #수제마카롱맛집 #주말보내기좋은곳

문래를 닮은 아늑한 북카페 치포리는 마을 북카페 겸 갤러리이다. 이곳에 있는 대부분의 도서는 문래동 예술가와 주민들이 기부한 것들이다. 치포리 내 갤러리에서는 신진작가들의 작품들이 끊임없이 전시되며 전시 수익금으로 문래동컬처매거진인『문래동네』를 발행한다.
치포리의 가장 큰 매력은 편안한 분위기다. 크고 빵빵한 음악소리도 없는, 북카페답게 조용하고 잔잔한 공기에 매료된다. 수제 마카롱은 과하지 않은 단맛을 자랑한다. 마카롱 외에도 파니니와 샌드위치, 그리고 맥주도 준비되어 있으니 요깃거리도 하고 책도 읽고 한적한 하루를 보내보자.

문래의 집밥
쉼표말랑

🏠 서울시 영등포구 도림로 438-7
🕐 화~토 11:30~21:30, 일 11:30~20:00(월요일 휴무)
　　브레이크 타임 15:30~17:30
📱 010-4645-2639
🅿 문래 근린공원 공영 주차장 이용(평일 09:00~20:00/10
　　분에 500원), 그 외 시간 무료 개방 또는 홈플러스 주차장 이용

🍴 식사류 8,000~9,000원, 차류 4,500~5,000원
⭐ 자연의 맛을 느끼고 싶으면 그때그때 메뉴를 시키고
　　고기가 먹고 싶으면 고기류도 가능하다.
　　애피타이저로 감자 고로케를 추천한다.

#제철음식 #건강식맛집 #분위기좋은맛집 #아기자기한정원

건강하게 맛있는 밥집 쉼표말랑은 겉은 한옥이지만 내부는 아기자기한 현대식 가옥 형태를 하고 있다. 꼼꼼하고, 세밀한 인테리어 아래, 계절에 맞는 식자재를 비롯한 주인장의 따뜻한 손맛이 일품이다.

이곳에서는 '그때그때 메뉴'라 하여 매일 새로운 메뉴를 접할 수 있다. 이곳의 장점은 계절에 맞는 식자재다. 주인장이 직접 제철에 맞는 식자재들을 엄선하여 조리하기 때문. 또한, 식자재들은 대형마트나 도매점에서 구매가 아닌 지인들을 통해 직거래로 구한다고 한다. 음식이 보약이라는 말이 있듯이 이곳의 음식을 음미하다 보면 어느새 나 자신이 건강해짐을 느낀다.

건강하지 않은 식단에 익숙해져 사는 현대인들에게 쉼표말랑이란 건강을 위한 하나의 쉼표인 셈이다.

여름 도심 피서지
카페 더 워리어

- 서울시 영등포구 도림로 438-12
- 월~수, 금~토 11:30~22:00, 목 11:30~14:00,
  일 11:30~20:00 010-2659-8237
- 문래 근린공원 공영주차장 이용
- 아메리카노 4,500원, 더치 아메리카노 5,500원
- 커피에 관심이 많다면 직접 볶은 생생한 원두를
  구매해보자.

#직접로스팅하는커피 #아기자기한카페

사람 냄새나는 진짜 커피 카페 워리어의 장점은 가게 내부에서 직접 원두를 볶는다는 것이다. 그 덕분에 프랜차이즈 커피의 맛과는 다른, 깊은 맛을 자랑한다. 더치 아메리카노라 하여 아메리카노 위에 생크림을 올린 커피가 독특한데, 한 모금 먹으면 처음엔 생크림으로 달콤하다가 나중엔 아메리카노의 본연의 맛이 느껴진다. 카페 내부에는 아기자기한 피규어가 전시되어 있고 남자의 로망이라 할 수 있는 슬램덩크 만화책전집이 있어 보는 재미가 쏠쏠하다.

안경도 만들고, 힐링도 하고
로코안경공방

- 서울시 영등포구 도림로 439-1
- 010-5824-1198
- 문래 근린공원 공영 주차장 이용
  (9:00~20:00/10분에 500원)
- 수제안경제작과정 약 24만원
- 나만을 위한 안경이니 제작과정에서 질문,
  요청 등은 부끄러워 말고 아끼지 않는 것이 좋다.

#이제는안경도DIY #세상하나뿐인안경

하나부터 열까지 나만을 위한 안경 만들기 로코안경공방은 수제안경공방이다. 천편일률적으로 제작되어 나오는 안경과 똑같은 제작 과정에 회의를 느낀 사장님이 3년의 준비 기간 끝에 문을 연 공방이다. 원하는 모양의 안경을 슥슥 그려드리면 일러스트 작업을 거쳐 그럴싸한 안경 도안으로 만든 뒤 30가지 이상의 세심한 작업을 거쳐 안경을 만든다. 일주일에 2번, 하루에 3~4시간 정도 시간을 낸다면 한 달 이내에 완성된 안경을 품에 안아볼 수 있다고 한다. 연인과 커플 아이템으로도 만들기 좋은 수제 안경 제작에 부담 없이 도전해보자!

TIMES SQUARE

모두가 만족하는 단 하나의 공간
영등포 타임스퀘어

영등포역 지하 통로 안으로 몇 걸음 걸어 들어가면 세련되면서도 거대한 공간이 눈앞에 펼쳐진다. 수많은 사람들의 발걸음을 이끄는 이곳은 2009년에 오픈한 국내 최대 규모의 복합 쇼핑몰 '영등포 타임스퀘어'다.

타임스퀘어는 단순한 쇼핑 공간을 넘어 패션, 문화, 외식, 엔터테인먼트 등을 함께 즐기고 싶어 하는 고객의 니즈를 충족시켜주는 공간이다. 신세계 백화점, 메리어트 코트야드 호텔, CGV, 교보문고, 이마트 등 200개 이상의 상권들이 들어서 있다. 1층에 위치한 400평 규모의 아트리움 홀에서는 매달 영화, 전시, 이벤트 등 다양한 문화 공연이 펼쳐진다. 도심 속에서 여유로움을 찾고 싶어 하는 고객들은 분수와 정원, 휴식광장, 테라스 등으로 자연과 함께하는 라이프스타일을 즐길 수 있다.

다양한 경험, 색다른 라이프스타일을 즐기고 싶다면, 모든 것이 존재하고 모두가 만족하는 단 하나의 공간, 영등포 타임스퀘어에 들러보자.

플리터 4기 곽민지, 김나운, 김지현

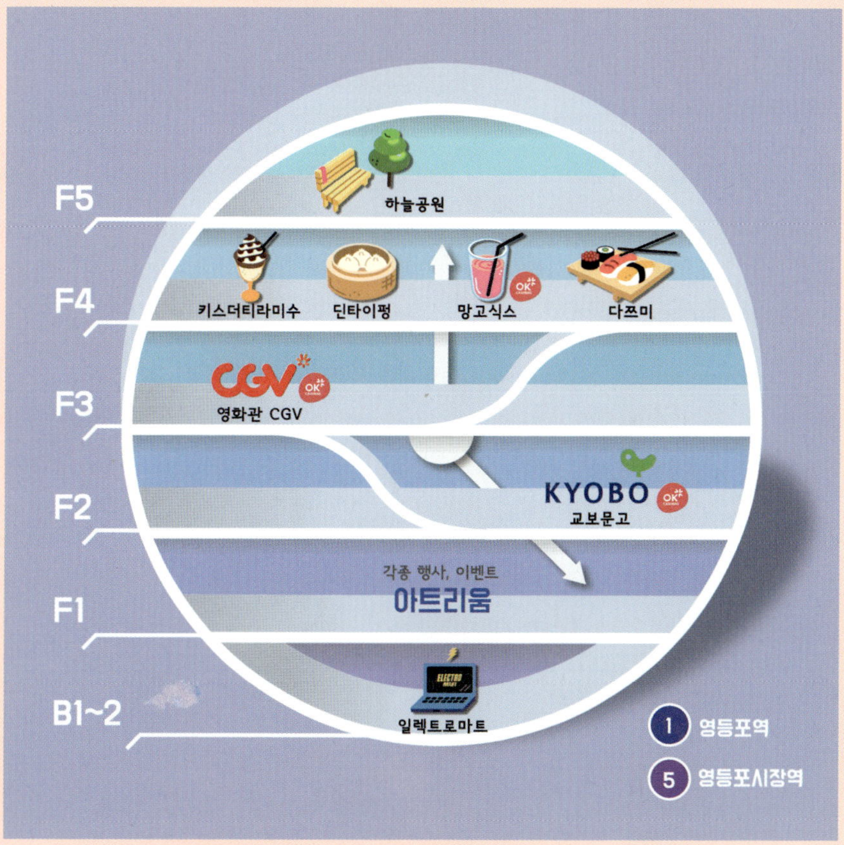

서울특별시 영등포구 영중로 15

10:30~22:00

02-2638-2000

주차장 이용(최초 30분 무료, 초과 시 10분당 1,000원), 매장 이용 시 주차 할인권 제공

각 매장별로 영업 시간 차이가 있다.

www.timessquare.co.kr

숫자 & 영어

b612 페이보리(b612favori) 089
Bin29 Lounge 035
JB파스타 012

ㄱ

강풀 만화 거리 076
계봉박두 찹쌀누룽지통닭 031
고른햇살 063
고양이랑 030
광진교&광나루 자전거 공원 086
권재우C 232
기막히계 055

ㄴ

날아라코끼리 071
남자가 쏘세지 굽는 집(남쏘집) 126
네스토 206
노량진 수산물 도매시장 096
녹차먹은토스트 105
놀숲 014
놈파스타 053

ㄷ

다람쥐길 063
다원국수 213
더 팔로우(THE 8LOW) 155
더JK키친박스 227
더멜팅팟(The Melting Pot) 111
더식당 089
더콜로니 121
덕봉식당 124
둘리뮤지엄 162
등갈비 달인 079
딸바의 유혹 140

ㄹ

레인드롭 052
로코안경공방 235
롯데월드&롯데월드타워 044
리틀파스타 171
릴루 112

ㅁ

마티스커피 116
매스플레이트 062
매운향솥 132
매화반점 135
멘야하나비 032
명봉 샤브샤브 양꼬치 134
목동 아이스링크 180
목동사격장 181
미쓰쭈 182

ㅂ

바나나 토크(BANANA TALK) 143
바람이 부네 150
바바플(BaBaffle) 127
박아저씨 과자점 197
베러스위트 021
베트남 쌀국수 Miss420 095
벨로마노 087
북정마을 055
블랙덕 104
비스트로 문화식당 050
비스트로 파니엔테 185
비쓰리펍 184
빌라 드 발자크(Villa de Balzac) 163

ㅅ

살롱드쥬 040
샤츠인젤 134
성북동디너쑈 068
세컨밀(2nd meal) 153
소르르카페 192
수상한 사진관 080
쉼표말랑 234
신도림 디큐브시티 218
신원시장 118
쌍문동 커피 165

ㅇ

아티온(ARTION) 069
안녕 식당 084
안양천 226
언니네함바그 020

엘리 034
영등포 타임스퀘어 236
영화장 018
옆 143
오후 다섯시 015
올림픽 공원 038
와라비키친 012
용마랜드 196
우주공간 071
우주미 204
우탁규동 120
원더러스트 023
월리테마파크 039
이상한 나라의 헌책방 205
인생포차 197
일미락 183
일상다반 174
일층집 022

정동진 098
정의여고 골목 160
제프리카벤디쉬런던 013
쭈꾸쭈꾸 080

차이나 224
추억이 흐르는 이발소 077
치포리 233
치폴레옹(CHIPOLEON) 102

카빙당 019
카페 가치(Gachi) 127
카페 더 워리어 235
카페 더(CAFE THE) 216
카페 드 나타(Café de nata) 061
카페 메종드한 042
카페 솔(SOL) 054
카페 이안 094
카페브레송 058
카페트램 194
칸칸엔인연 233

커먼그라운드 144
커피맥아더 207
커피숍 클래식(Coffeeshop Classic) 217
커피크림 081
컵밥 거리 097
쿠이도라쿠 060
키에리 152
키요이 113

텐비스트로 202
토끼의 앞치마 170

파크더블유 195
파티스리 마담비(Patisserie madamB) 066
팔팔낙지 097
퍼스트클래스(FIRST CLASS) 225
포차인닭갈비 224
퓨전다온 212
프라이팬고기 173
프랑세즈(Francaise) 103
프랑스홍합집 110

하루노히 142
항동철길 215
행복한 그릇 138
헝그리부쳐(Hungry Butcher) 067
호남집 영미네 119
호호분식 161
황해도빈대떡 125
히게즈라 172

당신의 **작은 실천**이
세상을 **행복하게** 합니다.

OK캐쉬백으로 **후원**하세요!

이제, **OK캐쉬백 앱에서**에서 간편하게 후원할 수 있습니다.

OK캐쉬백 후원, 이렇게 쉽습니다!

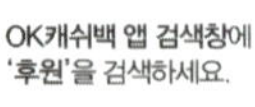

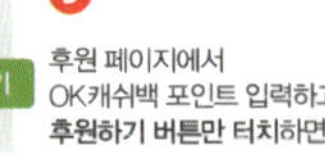

서울의 24개 구, 50개 골목에서 찾아낸
재기발랄 청춘들의
362개 핫 플레이스!

대학생 청춘들과 함께 소상공인을 위한 재능기부 프로젝트, 문화재를 조명하는 문화 테마지도 제작과 같은 다양한 활동을 해온 SK플래닛이 2016년 새롭게 향한 곳은 서울의 골목! <플래닛맵, 우리 골목에서 만나자>는 동네 주민들만이 아는 숨겨진 맛집과 골목 한 켠에 숨어있는 아기자기한 가게들까지 서울 시내 골목 구석구석을 조명한다. 젊은 감각으로 무장한 청춘들과 함께하는 SK플래닛의 따뜻한 행보, 그 속에 빛나는 서울을 만나보자!

     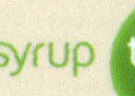 

값 16,900원

13980

ISBN 979-11-86517-93-2